周 期 表

10	11	12	13	14	15	16	17	18	族／周期
								4.003 2 **He** ヘリウム $1s^2$ 24.59	1
			10.81 5 **B** ホウ素 $[He]2s^2p^1$ 8.30 2.04	12.01 6 **C** 炭素 $[He]2s^2p^2$ 11.26 2.55	14.01 7 **N** 窒素 $[He]2s^2p^3$ 14.53 3.04	16.00 8 **O** 酸素 $[He]2s^2p^4$ 13.62 3.44	19.00 9 **F** フッ素 $[He]2s^2p^5$ 17.42 3.98	20.18 10 **Ne** ネオン $[He]2s^2p^6$ 21.56	2
			26.98 13 **Al** アルミニウム $[Ne]3s^2p^1$ 5.99 1.61	28.09 14 **Si** ケイ素 $[Ne]3s^2p^2$ 8.15 1.90	30.97 15 **P** リン $[Ne]3s^2p^3$ 10.49 2.19	32.07 16 **S** 硫黄 $[Ne]3s^2p^4$ 10.36 2.58	35.45 17 **Cl** 塩素 $[Ne]3s^2p^5$ 12.97 3.16	39.95 18 **Ar** アルゴン $[Ne]3s^2p^6$ 15.76	3
58.69 28 **Ni** ニッケル $[Ar]3d^84s^2$ 7.64 1.91	63.55 29 **Cu** 銅 $[Ar]3d^{10}4s^1$ 7.73 1.90	65.38 30 **Zn** 亜鉛 $[Ar]3d^{10}4s^2$ 9.39 1.65	69.72 31 **Ga** ガリウム $[Ar]3d^{10}4s^2p^1$ 6.00 1.81	72.63 32 **Ge** ゲルマニウム $[Ar]3d^{10}4s^2p^2$ 7.90 2.01	74.92 33 **As** ヒ素 $[Ar]3d^{10}4s^2p^3$ 9.81 2.18	78.96 34 **Se** セレン $[Ar]3d^{10}4s^2p^4$ 9.75 2.55	79.90 35 **Br** 臭素 $[Ar]3d^{10}4s^2p^5$ 11.81 2.96	83.80 36 **Kr** クリプトン $[Ar]3d^{10}4s^2p^6$ 14.00 3.0	4
106.4 46 **Pd** パラジウム $[Kr]4d^{10}$ 8.34 2.20	107.9 47 **Ag** 銀 $[Kr]4d^{10}5s^1$ 7.58 1.93	112.4 48 **Cd** カドミウム $[Kr]4d^{10}5s^2$ 8.99 1.69	114.8 49 **In** インジウム $[Kr]4d^{10}5s^2p^1$ 5.79 1.78	118.7 50 **Sn** スズ $[Kr]4d^{10}5s^2p^2$ 7.34 1.96	121.8 51 **Sb** アンチモン $[Kr]4d^{10}5s^2p^3$ 8.64 2.05	127.6 52 **Te** テルル $[Kr]4d^{10}5s^2p^4$ 9.01 2.1	126.9 53 **I** ヨウ素 $[Kr]4d^{10}5s^2p^5$ 10.45 2.66	131.3 54 **Xe** キセノン $[Kr]4d^{10}5s^2p^6$ 12.13 2.7	5
195.1 78 **Pt** 白金 $[Xe]4f^{14}5d^96s^1$ 8.61 2.28	197.0 79 **Au** 金 $[Xe]4f^{14}5d^{10}6s^1$ 9.23 2.54	200.6 80 **Hg** 水銀 $[Xe]4f^{14}5d^{10}6s^2$ 10.44 2.00	204.4 81 **Tl** タリウム $[Xe]4f^{14}5d^{10}6s^2p^1$ 6.11 2.04	207.2 82 **Pb** 鉛 $[Xe]4f^{14}5d^{10}6s^2p^2$ 7.42 2.33	209.0 83 **Bi** ビスマス $[Xe]4f^{14}5d^{10}6s^2p^3$ 7.29 2.02	(210) 84 **Po** ポロニウム $[Xe]4f^{14}5d^{10}6s^2p^4$ 8.42 2.0	(210) 85 **At** アスタチン $[Xe]4f^{14}5d^{10}6s^2p^5$ 9.5 2.2	(222) 86 **Rn** ラドン $[Xe]4f^{14}5d^{10}6s^2p^6$ 10.75	6
(281) 110 **Ds** ダームスタチウム $[Rn]5f^{14}6d^97s^1$	(280) 111 **Rg** レントゲニウム $[Rn]5f^{14}6d^{10}7s^1$	(285) 112 **Cn** コペルニシウム $[Rn]5f^{14}6d^{10}7s^2$	(278) 113 **Nh** ニホニウム $[Rn]5f^{14}6d^{10}7s^27p^1$	(289) 114 **Fl** フレロビウム $[Rn]5f^{14}6d^{10}7s^27p^2$	(289) 115 **Mc** モスコビウム $[Rn]5f^{14}6d^{10}7s^27p^3$	(293) 116 **Lv** リバモリウム $[Rn]5f^{14}6d^{10}7s^27p^4$	(293) 117 **Ts** テネシン $[Rn]5f^{14}6d^{10}7s^27p^5$	(294) 118 **Og** オガネソン $[Rn]5f^{14}6d^{10}7s^27p^6$	7

152.0 63 **Eu** ユウロピウム $[Xe]4f^76s^2$ 5.67 1.2	157.3 64 **Gd** ガドリニウム $[Xe]4f^75d^16s^2$ 6.15 1.20	158.9 65 **Tb** テルビウム $[Xe]4f^96s^2$ 5.86 1.2	162.5 66 **Dy** ジスプロシウム $[Xe]4f^{10}6s^2$ 5.94 1.22	164.9 67 **Ho** ホルミウム $[Xe]4f^{11}6s^2$ 6.02 1.23	167.3 68 **Er** エルビウム $[Xe]4f^{12}6s^2$ 6.11 1.24	168.9 69 **Tm** ツリウム $[Xe]4f^{13}6s^2$ 6.18 1.25	173.1 70 **Yb** イッテルビウム $[Xe]4f^{14}6s^2$ 6.25 1.1	175.0 71 **Lu** ルテチウム $[Xe]4f^{14}5d^16s^2$ 5.43 1.27	ランタノイド
(243) 95 **Am** アメリシウム $[Rn]5f^77s^2$ 6.0 1.3	(247) 96 **Cm** キュリウム $[Rn]5f^76d^17s^2$ 6.09 1.3	(247) 97 **Bk** バークリウム $[Rn]5f^97s^2$ 6.30 1.3	(252) 98 **Cf** カリホルニウム $[Rn]5f^{10}7s^2$ 6.30 1.3	(252) 99 **Es** アインスタイニウム $[Rn]5f^{11}7s^2$ 6.52 1.3	(257) 100 **Fm** フェルミウム $[Rn]5f^{12}7s^2$ 6.64 1.3	(258) 101 **Md** メンデレビウム $[Rn]5f^{13}7s^2$ 6.74 1.3	(259) 102 **No** ノーベリウム $[Rn]5f^{14}7s^2$ 6.84 1.3	(262) 103 **Lr** ローレンシウム $[Rn]5f^{14}6d^17s^2$	アクチノイド

b）電子配置には推定したものなどが含まれる.

高校理科365日

資質・能力を育てる高等学校の全授業

化学基礎編

後藤顕一／藤枝秀樹／野内頼一
佐藤　大／伊藤克治／真井克子 編

化学同人

授業で使える資料類は、化学同人のこの URL（QR コード）から
ダウンロードできます。
https://www.kagakudojin.co.jp/book/b641200.html
情報は随時更新していく予定です。

はじめに

日本の先生方に子どもたちにどんな力を付けてもらいたいかと質問すると、「主体的に自分で問いを見いだし、根拠をもって説明できるような力、諸問題を解決できる力を身に付けてほしい」といった答えが返ってきます。日本の先生方は、日々、その実現のために指導に当たり、諸外国と比較しても極めて高い水準で真剣に授業研究などに取り組んでいます。ところが、こと教科指導になると、探究型の授業を推進すること、生徒に主体的な学びを支援する自信の度合いが低いことが指摘されています。この理由としては、先生方自身が必要性を感じていない、指導の方法がわからない、といったことが挙がってきます。

これからの時代を見据えると「探究」は、まぎれもなく子どもたちが自分の力で生きていく能力を育む必要不可欠な学習活動の一つです。探究型の授業は、子どもたちにその後の人生を生きる基盤を提供し、大人たちにとっても新たな学びの機会を与えてくれます。学校教育に携わる先生方は探究型の授業を推進し、子どもたちの考えや感情に寄り添い、個別の支援を行う必要、多様な教育機会や環境を整える責任と義務を担っています。

本書は、高等学校「化学基礎」の日々の授業を探究型にしていくためのたたき台として、すべての授業をどのように構想し、実践していくかについて示した書籍です。いわゆる指導書的な「わかりやすさ」、専門書的な内容の「詳しさ」などは、他の優れた書籍に譲り、すべての授業に焦点を当て、徹底的に探究型の授業をいかに構想するかに向き合った、これまでに例を見ない日本初の書籍となっています。全国で日々探究型の授業に向き合い、奮闘されている先生方に生の実践を提供していただき、生徒の育成すべき資質・能力を１時間ごと明確化し、これからの時代にとって必要な学びとは何かを、学習指導要領の編集者や作成協力者が多数加わって「羅生門的手法」で徹底的に議論を尽くしました。その際、中学校からの接続、専門科目や大学の学問への橋渡しを意識し、各専門の先生方にも議論に加わっていただきました。書籍を構想、作成するのに議論にかけた時間は延べ2500時間を超えています。「生徒に届け、先生方に届け、未来に届け」という想い、責任と覚悟、魂を込め、ほとばしる熱い想いで、１時間１時間丁寧に作成しましたが、この議論を経て作成された本書は決して手本でもゴールでもありません。ひとえに先生方が探究型授業を構想するための更なる議論を展開する際のきっかけとなればと願い、作成しました。

本書は、「化学基礎」を主に指導される先生方はもちろんのこと、他科目を主に指導される先生方の日々の授業を探究型に変えていくための一助となれば幸いです。また、大学で理科指導法や専門科目を指導される先生方や、これから高等学校の教壇に立つことを考えている大学生や大学院生のたたき台として、模擬授業や教育実習授業などでのバイブルになることを目指しました。

本書を作成するに当たり、原案のたたき台を何度も粘り強く提出いただいた北海道札幌北稜高等学校　佐藤友介先生、レイアウト案をいただいた国立教育政策研究所　神孝幸先生、イラストをご提供いただいた石田理紗様、沖中聖様、校閲にご協力いただいた野々峠美枝様、困難な紙面制作を進めてくださった日本ハイコム様、いつも温かくしなやかに私たちの議論を見守ってくださった化学同人編集部の佐久間純子様、本書の出版をお認めいただいた化学同人様に心より感謝申し上げます。

2024年３月

編著者を代表して
後藤　顕一

○×班 考察 発表

1　高等学校理科の目的とは

何のための誰のための高等学校理科なのか、教師は意識する必要があろう。平成28年12月の学習指導要領改訂の答申（中央教育審議会）では、受験一辺倒の受動型の学びなどわが国の高等学校の学びに関する課題に向けて強い論調で改善、改革が求められた。受動型の学びから探究型の学びへの転換、すなわち教師が主体、主語ではなく、学習者が主体、主語となるための授業改善を求めている。学習指導要領改訂の理念である「社会に開かれた教育課程の実現」に基づいて、単に高等学校だけの視点ではなく、社会のニーズや国際的なニーズなど、多角的な視点から検討すべきでなのである。高等学校学習指導要領の理科に求められているのは、生徒の資質・能力を育成するために、中学校や大学等の各学校段階や社会との接続を意識しながら探究の過程を重視することと、理科を学ぶことの意義や有用性の実感及び理科への関心を高めるために日常生活や社会との関連を重視することによる一層の学びの充実である。

日本学術会議は、さまざまな視点を加味しながら、各学問の特徴とともに、わが国の学生の学士段階での各学問領域での達成目標「大学教育の分野別質保証のための教育課程編成上の参照基準」を示している。例えば、「化学分野の参照基準」では、高大接続を意識し、わが国が考える化学の本質とは何かについて示されている。ここでは、化学を大局的に捉え、「専門性と市民性を兼備するための教養教育」として、化学の学びを通じて獲得すべき探究の視点（日本学術会議報告では基本的能力とされている）として、「課題抽出能力、論理的思考力、課題解決能力、情報収集能力、解析力、判断力、創造力、発表力（プレゼンテーション力）、議論する能力（コミュニケーション力）の育成」を挙げている。これらの獲得には、一貫した連続的な学びが不可欠で、化学教育が高等学校だけで閉ざされていては成立せず、化学を含む高等学校理科の学び方を含めた改善を求めている。

一方、国際調査であるPISA調査では、義務教育終了段階の15歳の生徒が、身に付けてきた知識や技能を、実生活のさまざまな場面で直面する課題にどの程度活用できるかを測ることとしている。PISA調査における「科学的リテラシー」の枠組みを表1に示す。「科学的リテラシー」が中心のPISA2006、PISA2015 の枠組みは、ともに探究の過程が重視され、「探究」は生きていくうえで必要な力であることが示されており、高等学校理科が何のために「探究」を行うのかについて、国際的な視点から示唆を与えている。

本書は、高等学校理科の目的に沿って、生徒主体の学びや、探究型の授業を例示している。

表1　PISA調査「科学的リテラシー」の枠組み

	PISA2006	PISA2015
科学的能力	科学的な疑問を認識する	現象を科学的に説明する
	現象を科学的に説明する	科学的探究を評価して計画する
	科学的証拠を用いる	データと証拠を科学的に解釈する

2　学習指導要領実施状況調査から窺える高等学校理科の課題とは

現行（平成30年）改訂の近経である平成20年改訂の学習指導要領の検証である学習指導要領実施状況調査（国立教育政策研究所、2017）では、さまざまな課題が指摘された。学習指導要領実施状況調査は学習内容の理解度を把握するための「ペーパーテスト調査」と学習状況を把握するための「質問紙調査」で構成されている。ここでは、化学基礎を例に挙げて、生徒質問紙調査と教師質問紙調査との比較などから課題を明らかにする（表２）。

化学基礎に関する生徒質問紙によると、６割程度の生徒は化学基礎を「好き」ではない。さらに半数程度の生徒は「役に立つ」と思っていない。生徒質問紙で、化学実験は６割以上の生徒が「好き」と回答しているが、教師質問紙から、生徒実験の頻度は「１学期に１回以下」との回答が７割以上、「全くやっていない」との回答が7.6%あり、生徒と教師の間には意識の乖離が見られる。また、「生徒が主体となって取り組めているか」についての質問項目では、指導者は行っているつもりでも、学習者にはそれが伝わっていない現状が見て取れる。教科書の太文字など重要語句を一方的に教え、確認するだけの授業も散見されるのが現状である。一部の教師は、「生徒の学び方ばかりに意を注ぎ、内容が浅くなり、高大の接続につながらない。そもそもそんな時間がない。」との固執した論を張り、探究重視の動向や教育改革自体に疑義を呈し、背を向ける者がいるのも現実である。まずは、「指導者が一方的に授業で知識・技能を伝えれば、学習者である生徒には直ぐに理解して興味や関心を勝手に抱く」といった思い込みは捨て、生徒の学習活動に係る諸課題の克服や、探究型の授業への転換を図るよう、真摯に向き合う必要がある。高等学校の学びに求められているのは、生徒の学びの本来持つ意義や価値の再確認に加え、学習者が中心となる、主体となる、主語となる、主体的・対話的で深い学びの視点における授業改善であり、それは、教育界だけではなく、理科に携わる多くの方々からの要請であり、さらに社会的な要請だということを受け止める必要があろう。現行の学習指導要領の実施状況調査は今後実施されるが、その結果が改善されることを期待したい。

本書は、高等学校理科の現状と課題と向き合い、その解決に向けてのたたき台を提供する。

表２　学習指導要領実施状況調査（2017）の生徒質問紙、教師質問紙の同一質問回答の比較

生徒質問紙 N=6032	そうしている	どちらかといえばそうしている	どちらかといえばそうしていない	そうしていない
⑤実験や観察を行うときは、目的を十分に理解した上で行うようにしていますか	17.7	36.5	23.2	22.1
⑥実験や観察の結果について、自分で分析して解釈するようにしていますか	10.7	28.5	29.9	30.4

教師質問紙 N=198	そうしている	どちらかといえばそうしている	どちらかといえばそうしていない	そうしていない
④観察・実験を行うときは、生徒が目的を十分に理解したうえで行うように指導していますか	32.8	53.5	7.6	5.6
⑤観察・実験の結果について生徒が自分で分析して解釈するように指導していますか	17.7	51.0	19.2	11.1

3　学習指導要領で求められる資質・能力と高等学校理科教育との関係とは

現行の学習指導要領（平成29・30年告示）では「社会に開かれた教育課程の実現」を目指し、「子供たち一人一人の可能性を伸ばし、新しい時代に求められる資質・能力を確実に育成」することとしている。育成すべき資質・能力を三つの柱（「知識及び技能」「思考力、判断力、表現力等」「学びに向かう力、人間性等」）（図1）として明確化し、それら三つの柱を学校生活全体で育むこと、全教科・全校種にわたり「主体的・対話的で深い学び」を通して学んでいくことが構造的に示されているのが大きな特徴である。改訂に向けた学習指導要領の方向性については、教育課程全体や各教科等の学びを通じて「何ができるようになるのか」という観点から育成すべき資質・能力を整理し、その上で、「何を学ぶのか」という必要な指導内容等を検討し、その内容を「どのように学ぶのか」という子供たちの具体的な学びの姿を考えながら構成することとされた（図2）。

また、平成28年12月の中央教育審議会答申では、理科における「探究の過程」として、「資質・能力を育成するために重視すべき学習過程のイメージ（高等学校基礎科目の例）」（図3）が示され、高等学校学習指導要領解説にも掲載された。ここでは、探究をどのように進めていくべきかについて、「学習過程例（探究の過程）」とともに「理科における資質・能力の例」、「対話的な学びの例」を示している。

本書では、学習指導要領の趣旨と目指すべき方向性、探究の過程である学習過程をしっかり踏まえた内容構成にしている。具体的には、内容のまとまりごと（本書では中項目ごと）で捉え、求められる資質・能力を明確にしている。また、授業1時間ごとに焦点化する資質・能力を明確にし、当該授業のねらいに応じた展開と板書の例、授業の工夫や学習評価の例を示している。

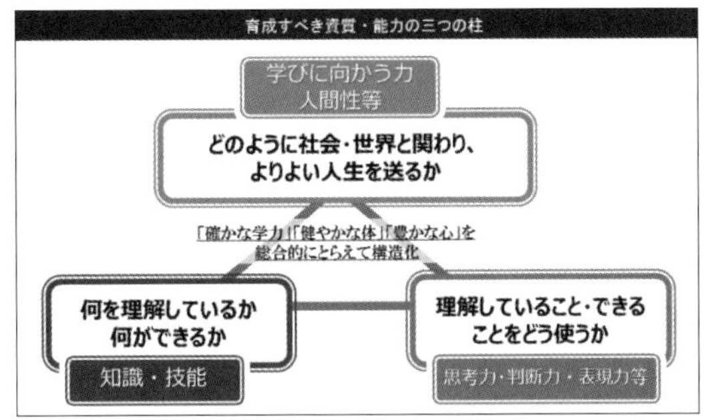

図1　育成すべき資質・能力の三つの柱

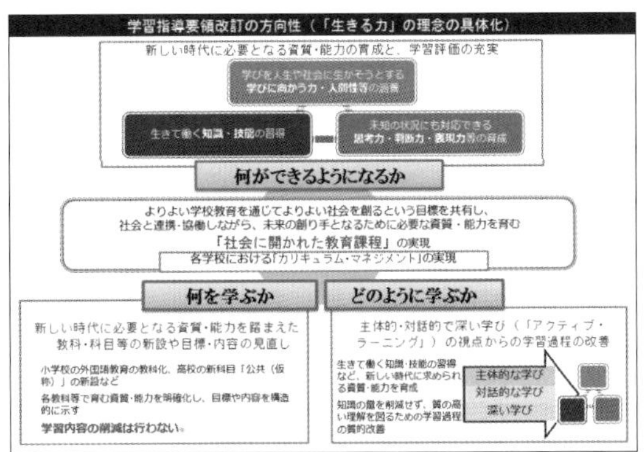

図2　学習指導要領改訂の方向性

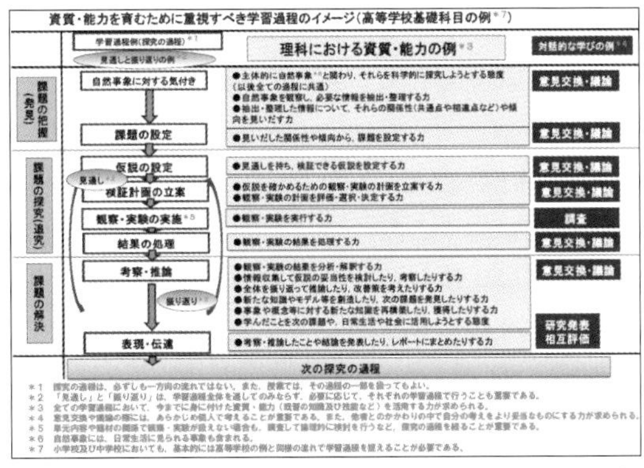

図3　資質・能力を育成するために重視すべき学習過程のイメージ

4　令和の教育政策動向（「令和の日本型学校教育」答申、GIGAスクール構想）と理科教育とは

中央教育審議会の答申「『令和の日本型学校教育』の構築を目指して～全ての子供たちの可能性を引き出す、個別最適な学びと、協働的な学びの実現～」（文部科学省、2021）では、「社会の変化が加速度的に増し、複雑で予測困難となってきている」といった変化を前向きに受け止め、どのように子供たちの学びの環境を良くしていくべきかという議論になっている。そして、全ての子供たちの可能性を引き出す、個別最適な学びと、協働的な学びの実現に向けて改革の方向性を示している。とりわけ重視しているのはICTの活用である。ICTは学校教育の基盤的なツールとして不可欠なものと位置付けられ、これまでの実践とICTとを最適に組み合わせていくことで、Society 5.0時代（※サイバー空間とフィジカル（現実）空間を高度に融合させたシステムにより. 経済発展と社会的課題の解決を両立する「人間中心の社会（Society）」）にふさわしい学校の実現が果たされるとしている。さらには、学校や教師がすべき業務・役割・指導の範囲・内容・量の精選・縮減・重点化を果たすことを示している。また、例えば、「一斉授業か個別授業か」「デジタルかアナログか」「履修主義か修得主義か」「遠隔・オンラインか対面・オフラインか」などの二項対立の陥穽（かんせい）に陥らないよう、どちらの良さも適切に生かしていくことが求められている。

また、GIGAスクール構想を加速し、１人１台端末の活用等による児童生徒の特性・学習定着度等に応じたきめ細かな指導の充実等、必要な通信環境の整備、学校におけるICT活用の効果を最大化する少人数による指導体制の計画的な整備等、効果的なオンライン教育を早期に実現するとしている。特に日本でも2020年１月に初めての感染者が確認された新型コロナウイルス感染症は世界を一変させ、人々の暮らしや社会だけでなく価値観や考え方をも変え、学校教育にも大きな影響を及ぼした。この先は新型コロナウイルスと共生しながら、教育活動や研究活動を行っていくことになるであろう。この間、急速かつ確実に進んだのは、GIGAスクール構想に代表される「学校のオンライン化」である。「学校のオンライン化」の加速は、学校教育を大きく飛躍させる可能性があるとともに、一方で特に理科教育では、従来の実験、観察の重視と理科で育成を目指す資質・能力の本質を見極め、現状の課題に正対してその解決を目指す具体的かつ効果的な取り組みが進まなければ、わが国の培ってきた理科教育を停滞させかねない。急速に進むわが国の「学校のオンライン化」を取り巻く教育政策動向を見据えながら、コロナ禍を超えて、求められる授業の在り方について検討する必要に迫られている。

本書では、これらの教育政策動向をしっかり踏まえた内容構成を示している。具体的には、教育政策動向に対応するだけではなく、不易に相当する部分は従来のわが国の授業研究の良さや価値をしっかりと示し、流行に相当する部分は精査した上でこれからの生徒が獲得すべき資質・能力に応じた授業の工夫や新たな提案を示している。

5　今次改訂の学習指導要領で求められた小・中学校理科の学びとは

高等学校理科においては、小・中・高等学校の全体を見通し、「自然の事物・現象に関わり、理科の見方・考え方を働かせ、見通しを持って観察、実験を行うことなどを通して、自然の事物・現象を科学的に探究するために必要な資質・能力を育成する」ことを目指している。特に、高等学校では「探究の過程」を通した学びの充実が求められている。生徒は「探究の過程」における学びを通して、粘り強く考えたり自己調整したりすることの意義や価値に気付くことができるだろう。教師は、生徒が時間をかけて一つの課題を考え抜くような学習機会や、観察、実験等を行い、その結果や考察から課題を再設定したり、観察、実験の計画を再度立案したりするような学習機会や、振り返りの学習機会などを意図的に設定することが考えられる。今次改訂の学習指導要領では、このような「探究の過程」を踏まえた不断の授業改善が期待されているが、このことは小学校理科や中学校理科についても同様である。高等学校理科の学習内容は小・中学校理科の学習内容の積み上げの結果でもあるので、高等学校の理科教師は小・中学校理科の学びを理解しておく必要がある。

義務教育段階では各学年で育成を目指す資質・能力を明確化しているのが特徴の一つである。

まず、中学校理科では、３年間を通じて計画的に、科学的に探究するのに必要な資質・能力を育成するために、各学年で主に重視する探究の学習過程の例を以下のように整理している。

中学校　第１学年：自然の事物・現象に進んで関わり、その中から問題を見いだす
中学校　第２学年：解決する方法を立案し、その結果を分析して解釈する
中学校　第３学年：探究の過程を振り返る

次に、小学校理科では、各学年の学習内容を以下の学習活動等を通して学ばせることにより、資質・能力の育成を目指している。

小学校　第３学年：比較しながら調べる活動
小学校　第４学年：関係付けて調べる活動
小学校　第５学年：条件を制御しながら調べる活動
小学校　第６学年：多面的に調べる活動

また、小・中・高等学校を通じて、エネルギー領域、粒子領域、生命領域、地球領域の内容の構成を示し、系統的に学びを深める工夫をしている。さらに、新学習指導要領では、見方・考え方を働かせて資質・能力を育成することを目指している。

本書では、生徒にとって必要な資質・能力を育成するための学習活動として、できるだけ具体的に例示することを心がけた。しかし、学習活動には唯一の正解があるわけではなく、本書の事例をたたき台にして工夫・改善していただき、より良い学習活動を目指していただきたい。

6　「指導と評価の一体化」のための学習評価とは

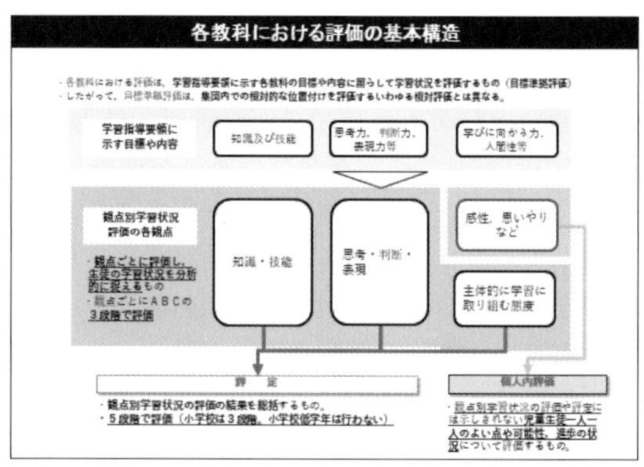

図４　各教科における評価の基本構造

今次学習指導要領改訂を受けて、各教科における評価の基本構造を図示化したものが図４である。

学習評価の目的として、生徒の主体的・対話的で深い学びの実現に向けた授業改善を行うとともに、単元や題材など内容や時間のまとまりを見通しながら、評価の場面や方法を工夫して、学習の過程や成果を評価することが求められている。具体的には「内容のまとまり（単元や題材）ごとの評価」について教科会や授業担当者間で検討し、評価規準を作成する必要があろう。その際、学校や生徒の実態を捉え、「単元や各授業のねらいは何か」、「各授業で育成すべき資質・能力は何か」、「単元の中で３観点の評価それぞれについて『記録に残す評価』をどこに位置付けるか」、「『記録に残す評価』はどのような学習場面を設定し、どのような方法で学習評価を行うのか」等を検討する必要があろう。そして、さらに、実践後は授業改善に向けたカリキュラムマネジメント（PDCA）に繋げていく必要があろう。

高等学校理科における３観点の評価については、以下のようなことが考えられる。

⑴「知識・技能」の評価

自然の事物・現象についての理解を深め、科学的に探究するために必要な観察、実験などに関する技能を身に付けているかを評価するものである。具体的な評価の方法としては、ペーパーテストにおいて、事実的な知識の習得を問う問題と、知識の概念的な理解を問う問題とのバランスに配慮する。その他、生徒が文章による説明をしたり、観察、実験したり、式やグラフで表現したりするなど、実際に獲得した知識や技能を活用する場面を設けるなど、多様な方法を適切に取り入れていくことが考えられる。

⑵「思考・判断・表現」の評価

科学的に探究するために必要な思考力、判断力、表現力等を身に付けているかを評価するものである。具体的な評価の方法としては、ペーパーテストのみならず、観察、実験等の論述やレポートの作成、発表、グループでの話合いなどの工夫が考えられる。

⑶「主体的に学習に取り組む態度」の評価

自然の事物・現象に主体的に関わり、科学的に探究しようとする態度を養うことができたかを評価するものである。理科の評価の観点の趣旨に照らして、「① 知識及び技能、思考力、判断力、表現力等を身に付けたりすることに向けた粘り強い取り組みを行おうとしている側面」、「② ①の粘り強い取り組みを行うなかで、自らの学習を調整しようとする側面」という二つの側面で評価することが求められる。具体的な評価の方法としては、ノート、ワークシートやレポート等における記述、授業中の発言、教師による行動観察や生徒による自己評価や相互評価等の状況を、教師が評価を行う際に考慮する材料の一つとして用いることなどが考えられる。

さらに「記録に残す評価」として、観察、実験等における思考のプロセスを記述させるようなワークシート作成の工夫等を行い、生徒の学習状況把握や授業改善につなげることも考えられよう。

このような取り組みは、まさに「指導と評価の一体化」の実現に向けての確実な第一歩となろう。

本書では、「何ができるか」への教育の質的転換の実現のためにも、生徒の資質・能力の育成や学習の成果を的確に捉えること、指導の改善を図ること、生徒が自らの学びを振り返って次の学びに向かうことができるような学習評価の在り方、これらが極めて重要なのであり、そのための具体例を示している。学習評価については「何のために、何を、どのようにして」という視点を持ち、生徒主体の学び、教師の指導改善の双方の実現を目指したい。

本書の使い方―指導計画のページ（その１）

本書は、化学基礎の全単元・全授業について、単元の構想と各時間の板書のイメージを中心とした本時案を紹介します。各単元の冒頭にある授業の指導計画ページの活用のポイントを示します。

単元名
単元は、平成30年度告示の学習指導要領に記載されている順序で示しています。実際に授業を行う際には、各学校の実態に応じて工夫してください。

単元で生徒が学ぶこと
生徒に育成したい資質・能力の視点から、単元のねらいを示しています。

この単元で（生徒が）身に付ける資質・能力
「知識及び技能」「思考力、判断力、表現力等」「学びに向かう力、人間性等」で身に付ける資質・能力をそれぞれ示しています。

単元を構想する視点
教師がこの単元を構想するのに重要なポイントを示しています。

第３編　物質の変化とその利用　(イ)化学反応
２章　酸と塩基（９時間）

1 単元で生徒が学ぶこと

酸や塩基についての観察、実験などを通し、酸と塩基の性質及び中和反応に関与する物質の量的関係を理解させるとともに、それらの観察、実験などの技能を身に付けさせる。また、酸や塩基の物質の変化における規則性や関係性を見いだして表現させる活動などを通し、思考力、判断力、表現力等を育成することが主なねらいである。

2 この単元で（生徒が）身に付ける資質・能力

知識及び技能	化学反応について、酸・塩基と中和を理解するとともに、それらの観察、実験などに関する技能を身に付けること。
思考力、判断力、表現力等	化学反応について、観察、実験などを通して探究し、物質の変化における規則性や関係性を見いだして表現すること。
学びに向かう力、人間性等	化学反応の学びに主体的に関わり、科学的に探究しようとする態度を養うこと。

3 単元を構想する視点

この単元では、「化学反応」の単元を、物質の変化に関する基本的な概念や原理・法則について、物質の具体的な性質や反応と結び付けて理解させ、それらを活用する力を身に付けさせるため、さらに細分化して「酸と塩基」を内容のまとまりとした単元として設定している。

本単元においては、中学校で学ぶ酸やアルカリの性質や中和により水と塩が生成すること、pHは７を中性として酸性やアルカリ性の強さを表していることなどの学習を踏まえ、酸や塩基に関する実験などを行い、酸と塩基の性質及び中和反応に関与する物質の量的関係について理解させることがねらいである。酸や塩基については、水素イオンの授受による定義や、酸や塩基の強弱と電離度の大小との関係を扱う。また、pHと水素イオン濃度や水の電離との関係にも触れる。中和反応については、酸や塩基の価数と物質量との関係を扱う。その際、反応する酸や塩基の強弱と生成する塩の性質との関係にも触れる。ここで扱う実験としては、例えば食酢の中和滴定の実験などが考えられるが、その際、得られた結果を分析して解釈し、中和反応に関与する物質の量的関係を理解させることが考えられる。その際、器具の扱い方や溶液の調製方法など滴定操作における基本的な技能を身に付けさせることも大切である。

いずれの場合も、これまでに学習した「物質の構成粒子」、「物質と化学結合」、「物質量と化学反応式」の単元との関連を図りながら、生徒が見通したり振り返ったりするなどの科学的な探究活動を通して、実感を伴った理解につなげることが重要である。

108　第３編　物質の変化とその利用

4 本単元における生徒の概念の構成のイメージ図

酸と塩基

・酸と塩基の定義が広がるんだな。
・酸・塩基の強弱と酸性・塩基性の強さは別の考え方なんだね。
・水素イオン濃度を使うと、酸・塩基の強弱の程度がわかるね。

中和反応

・H^+ と OH^- の数に着目すると、量的な関係がつかみやすいね。
・中和することと、ちょうど中和するということは意味が違うんだね。
・ちょうど中和したとしても、中性とは限らないんだね。

5 本単元を学ぶ際に、生徒が抱きやすい困り感

中学校で学んだ酸・アルカリ、中和と何が違うのかわかりません。

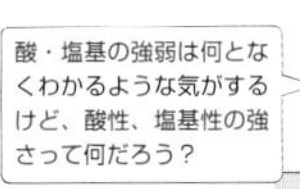
酸・塩基の強弱は何となくわかるような気がするけど、酸性、塩基性の強さって何だろう？

中和して中性にならないってどういうこと？

中和滴定の操作は、なぜこんなに複雑なんだろう。

6 本単元を指導するにあたり、教師が抱えやすい困難や課題

これまでに学習したことを、生徒がすっかり忘れてしまっていて困ります。

中学校でどこまで学んでいるのか掴めていません。

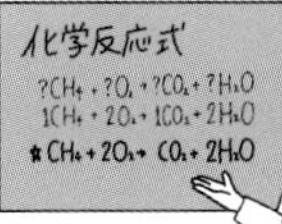
化学反応式
計算はできるようになるけど、なんか生徒がわかっているような感じがありません。

中和滴定の操作だけでなくて、生徒が見通しをもって主体的に実験に取り組ませるにはどうすればよいのか悩みます。

3編 2章 酸と塩基

第2章 酸と塩基 109

本単元における生徒の概念の構成のイメージ図

本単元における生徒の概念の構成を視覚的に示しています。

本単元を進める際に、生徒・教師それぞれが抱えやすい困難さ

生徒と教師それぞれの立場から示しています。

本書の使い方―指導計画のページ（その２）

本書は、化学基礎の全単元・全授業について、単元の構想と各時間の板書のイメージを中心とした本時案を紹介します。各単元の冒頭にある授業の指導計画ページの活用のポイントを示します。

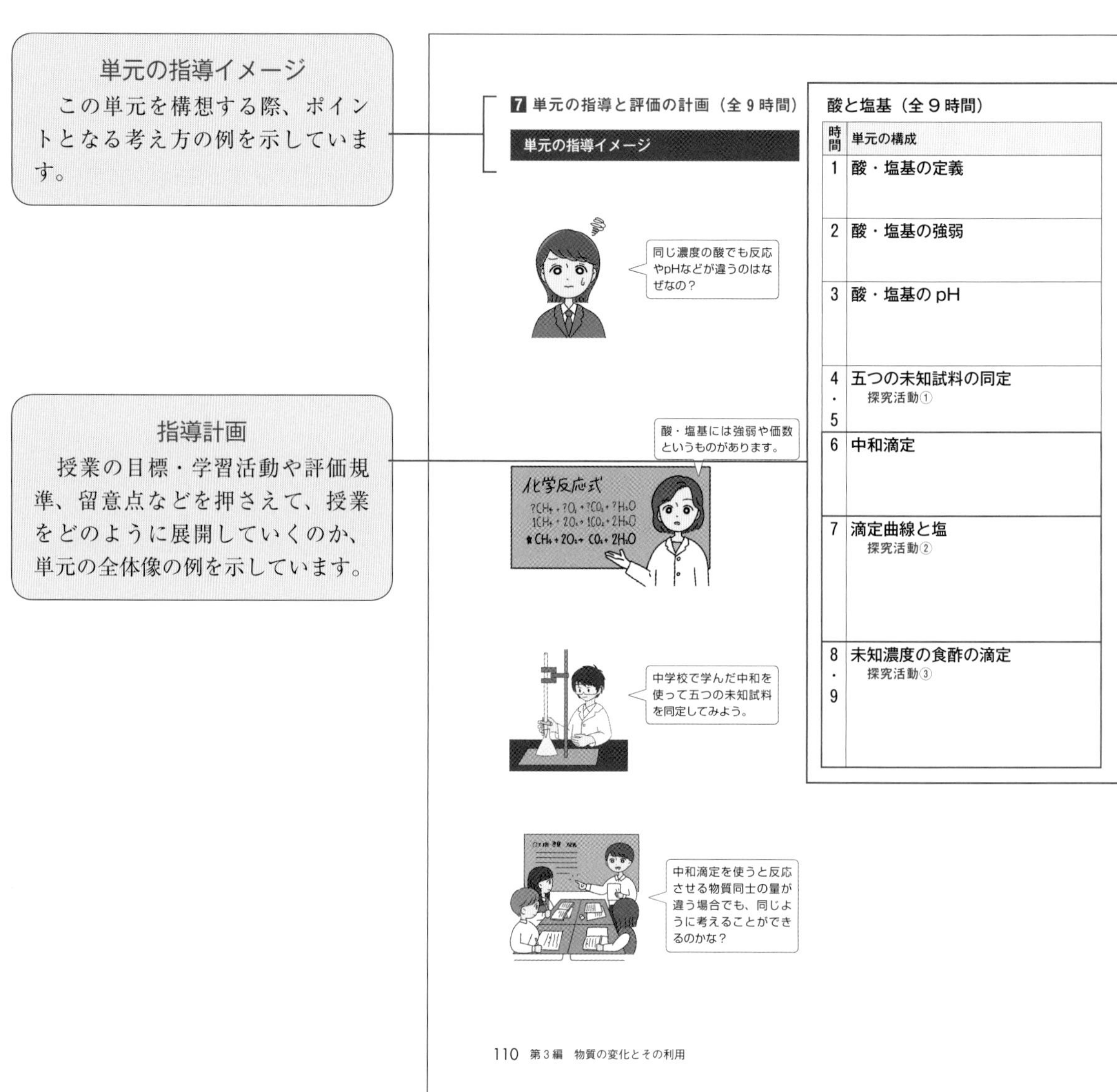

単元の指導イメージ
この単元を構想する際、ポイントとなる考え方の例を示しています。
指導計画
授業の目標・学習活動や評価規準、留意点などを押さえて、授業をどのように展開していくのか、単元の全体像の例を示しています。

7 単元の指導と評価の計画（全９時間）

単元の指導イメージ

同じ濃度の酸でも反応やpHなどが違うのはなぜなの？
酸・塩基には強弱や価数というものがあります。
化学反応式
中学校で学んだ中和を使って五つの未知試料を同定してみよう。
中和滴定を使うと反応させる物質同士の量が違う場合でも、同じように考えることができるのかな？

酸と塩基（全９時間）

時間	単元の構成
1	酸・塩基の定義
2	酸・塩基の強弱
3	酸・塩基の pH
4・5	五つの未知試料の同定 探究活動①
6	中和滴定
7	滴定曲線と塩 探究活動②
8・9	未知濃度の食酢の滴定 探究活動③

110　第３編　物質の変化とその利用

本時の目標・学習活動	重点	記録	備考（★教員の留意点、○生徒のB規準）
酸・塩基の定義を理解する。	知		★どのような物質が酸または塩基と呼ばれるかを粒子の視点で理解させる。また、酸・塩基の定義の違いを理解させる。
電離度と酸・塩基の強弱の関係を見いだし表現する。	思		★酸・塩基の強弱について、実験を通して相違点があることを実感させ、その理由について表現させる。
pHの値を水素イオンの粒子と関連付けて表現する。	思		★同じ濃度の酸であってもpHが異なることを実感させる。水素イオンという粒子の感覚を持ちながら実験や考察を進められるようにする。
五つの酸・塩基未知試料を同定する方法について、見通しをもって試行錯誤しながら、実験計画を改善しようとする。	態		★既習事項の価数や中和を用いて、未知試料を同定する方法を試行錯誤できるようにする。
中和滴定の実験を通して、滴定操作の基本的な技能を身に付ける。	知	○	○滴定の操作を行い、実験の失敗例などから生徒自身が気付いた操作のポイントをもとに、正しく操作する技能を身に付けている。
滴定曲線の形と塩の液性の関係を見いだして表現する。	思	○	○実験結果から、滴定曲線の形と塩の液性の関係を見いだして表現している。 ★中和点が必ずしもpH 7とはならないことや、中和点における塩の液性と関連付けることで、中和滴定のしくみをより深く考えさせる。
未知濃度の食酢の滴定の実験について、実験操作の意味や意図について考える場面を設定し、科学的に探究する。	態	○	○酸・塩基に関する知識及び技能を活用して、実験操作に関する新たな疑問をもとに、科学的に探究しようとしている。 ★実験操作の意図や必要性を考えさせる場面を設定することで、科学的に探究しようとする態度を育成する。

重点、記録、備考

本時の目標・学習活動に対応する評価を右隣りの欄に示しています。記録に残すための評価は「○」で示しています。

備考欄の「★」は、教師の留意点を示し、「○」は、「生徒のB規準」の具体例を示しています。

本書の使い方——本時案のページ

単元の各時間の授業案を、板書案を中心し、目標や評価、授業の流れを合わせて、見開きで構成しています。各単元の本事案の活用の仕方を紹介します。

本時の目標、身に付ける資質・能力、評価規準

左のタグは、本時の評価の観点（「知・技」「思・判・表」「主体的」）を示しています。

●本時の目標を具体的に示しています。

●生徒が本時で身に付ける資質・能力（「知識及び技能」、「思考力、判断力、表現力等」、「学びに向かう力、人間性等」）を示します。

●本時の授業構想を教師の視点で示しています。

●本時の評価規準のB規準の例を生徒の姿で示しています。

授業の流れ

ここでは、1時間の授業をどのように展開していくのか四つのコマに分けて示しています。時間配分の目安、学びに必要なポイントを、教師と生徒の会話で表現しています。

中学校からのつながり

学習内容の系統性に留意できるよう示しています。

ポイント

教師が授業を行ううえで、重視したい点を示しています。

2章　物質と化学結合 ①時　イオン結合 1

知・技　思・判・表　主体的

●本時の目標：　イオン結合の仕組みを物質の性質と関連付けて説明する。

●本時で育成を目指す資質・能力：　思考力、判断力、表現力等

●本時の授業構想

NaClの結晶は電流が流れないが、融解したり水溶液にしたりすると電流が流れる。それらについてイオンの動きに関連付けて説明させる。

●本時の評価規準（B規準）

実験結果から、イオン結合の仕組みを物質の性質と関連付けて説明している。

・本時の課題

食塩の結晶の中で、陰イオンと陽イオンはどのように結び付いているのか、説明できるだろうか。

【課題の把握】（5分）

①予想してから実験を行う。

実験1：純水、NaClの結晶、NaCl水溶液、融かしたNaClに電圧をかけ、電流が流れるかどうか、生徒に予想させ実験を行う。

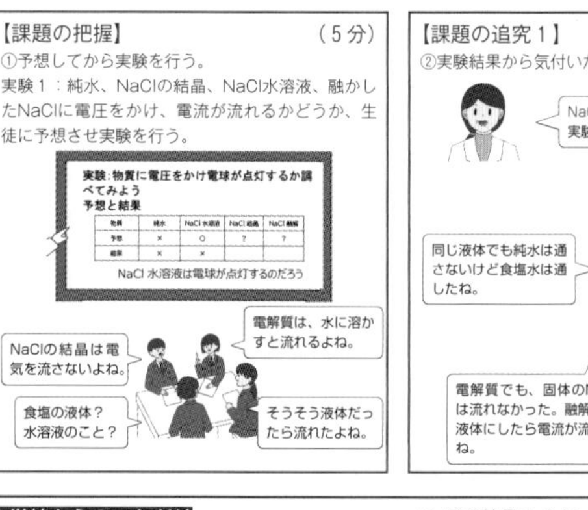

実験：物質に電圧をかけ電球が点灯するか調べてみよう
予想と結果
NaCl 水溶液は電球が点灯するのだろう
電解質は、水に溶かすと流れるよね。
NaClの結晶は電気を流さないよね。
食塩の液体？水溶液のこと？
そうそう液体だったら流れたよね。

【課題の追究 1】（15分）

②実験結果から気付いたことを共有する。

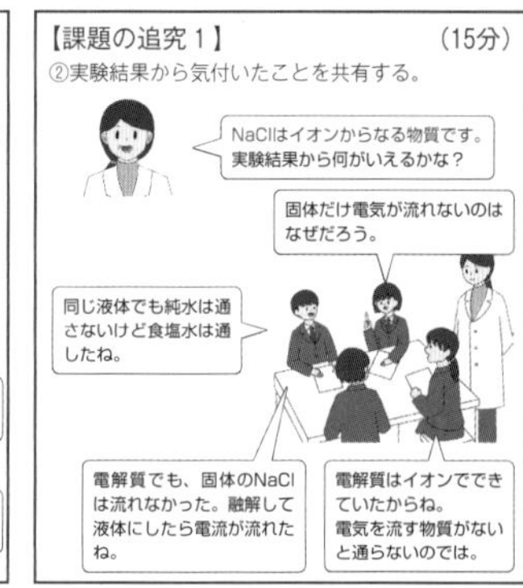

NaClはイオンからなる物質です。実験結果から何がいえるかな？
固体だけ電気が流れないのはなぜだろう。
同じ液体でも純水は通さないけど食塩水は通したね。
電解質でも、固体のNaClは流れなかった。融解して液体にしたら電流が流れたね。
電解質はイオンでできていたからね。電気を流す物質がないと通らないのでは。

中学校からのつながり

中学校では、「分子からなる物質」、「分子を作らない物質」、NaClの結晶構造などについて学習している。

ポイント

電流が流れるときの粒子の振る舞いについて、生徒のイメージを豊かにすることを念頭に授業を行うとよい。特に、電解質の水溶液と、融解したイオン結晶の相異について考えさせ共通点として電流が流れるしくみ、異なる点として溶媒（水）の存在の有無についてイメージさせるとよい。

純水に固体のNaClを加えて溶かした水溶液や溶融させたNaClでは、電流が流れることから、NaClの結晶はイオンで構成されていること等を確認させる。

結晶模型等を用いながら結晶中でのイオンの配列をイメージさせ、NaCl結晶中でNa^+とCl^-が交互に規則正しく並んでいることを確認させる。

NaClの結晶のへき開実験を通して、Na^+とCl^-が交互に並んでいる結晶構造で硬いがもろい性質であることを確認させる。

44　第2編　物質の構成

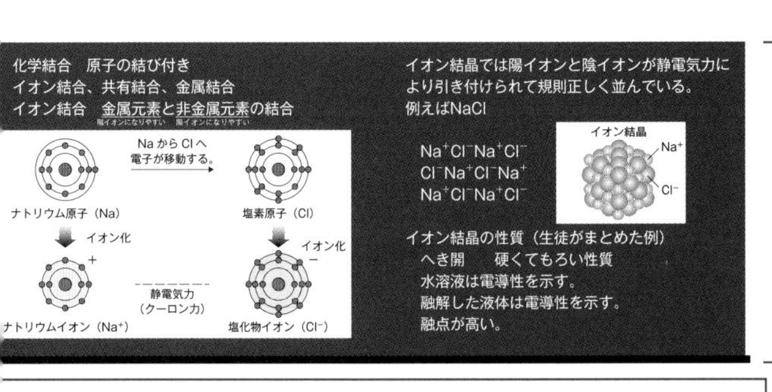

化学結合　原子の結び付き
イオン結合、共有結合、金属結合
イオン結合　金属元素と非金属元素の結合
Na から Cl へ
電子が移動する。
ナトリウム原子（Na）
塩素原子（Cl）
イオン化
イオン化
静電気力
（クーロン力）
ナトリウムイオン（Na⁺）
塩化物イオン（Cl⁻）
イオン結晶では陽イオンと陰イオンが静電気力により引き付けられて規則正しく並んでいる。
例えばNaCl
$Na^+Cl^-Na^+Cl^-$
$Cl^-Na^+Cl^-Na^+$
$Na^+Cl^-Na^+Cl^-$
イオン結晶
Na^+
Cl^-
イオン結晶の性質（生徒がまとめた例）
へき開　　硬くてもろい性質
水溶液は電導性を示す。
融解した液体は電導性を示す。
融点が高い。

本時の板書例

生徒の主体的な学びを引き出すため、本時の学習課題と重要ポイントを板書で、視覚的に把握できるように示しています。

【課題の追究２】　（20分）
③へき開の実験をもとに議論する。
イオン結晶
Na^+
Cl^-
NaClの固体は図のような造りなっています。これとへき開の実験を基に固体のNaClについてさらに議論を深めてみましょう。
結晶を用いてへき開の実験を行い、硬くてもろい性質を確認する。
Na^+とCl^-は１個ずつでペアになっているんじゃないかな。
同じ電荷同士はくっつきにくいんじゃないかな。
これだけ固体で陽イオンと陰イオンが規則正しく配列していたら動きづらそうだね。
陽イオンと陰イオンの大きさは同じなのかな？
【課題の解決】　（10分）
④イオンの動きに関連付けて説明する。
固体のNaCl、融解したNaCl、NaCl水溶液のイオンの動きに関連付けて図やことばで説明しなさい。
固体のNaClに電流が流れなかったのはイオンが動かなかったからだと考えます。
水がなくても、イオンが動ければ、電流は流れるんだね。
融解したNaClに電流が流れたのは、イオンが動けたからだと考えます。

本時の評価（指導に生かす場合）

固体である岩塩は電流が流れないが、岩塩を融解させたり、水溶液にすると電流が流れる。それらの性質の違いについてイオンの動きに関連付けて説明しているかを見取る。

電流が流れるときの粒子の振る舞いについて、生徒のイメージを豊かにすることを念頭に授業を行っている。特に、電解質の水溶液と、融解したイオン結晶の相異について考えさせ、共通点として電流が流れる仕組み、異なる点として溶媒（水）の存在の有無についてイメージさせるとよい。

授業の工夫

「とける」という意味、溶解と融解の違いは理解が進んでいない場合があることに留意して授業を展開する。ルーペ等で食塩や岩塩結晶の外観を観察し、関心意欲をより高めることもできる。

生徒の素朴概念を刺激する場面を設定し、生徒の興味関心を喚起させ、探究的な学びにつなげていくことが大切である。

本時の評価

本時の評価は、「記録に残す場合」と、「指導に生かす場合」の二つを例示しています。

授業の工夫

教師が授業を展開するうえでの工夫を示しています。

目次

コラム目次
COLUMN

「授業づくり」という仕事

飯田　寛志
（静岡市立高等学校　校長）

高等学校理科の大目標は、科学的に探究する力を育成することとされています。そのために、教師は授業を計画して実践し、生徒が科学的に探究する力を身に付けたかどうかを確かめながら自身の実践を振り返り、改善して次の授業の計画に向かう。教師は日々、生徒のそのときどきに応じて、学習内容や学習活動を変化させながら授業を展開していきます。教師はこの営みのなかで「授業づくり」という仕事を探究し続けているのです。

戦後のわが国の学校教育で探究が導入されたのは、1970 年告示の学習指導要領理科だそうです。当時の目標は「自然の事物・現象の中に問題を見いだし、それを探究する過程を通して科学の方法を習得させ、創造的な能力を育てる」とされていました。以来、理科では探究が受け継がれて今に至っています。その間、教師は探究に真摯に向き合い、科学を探究するために必要な力の育成に取り組んできました。生徒が帰納的推論を活用して仮説を設定したり、設定した仮説の正しさを確かめるための実験を計画し、演繹的推論を活用して実験の結果を予想したりしながら、科学探究的なプロセスを体験する。授業を通して科学的に探究する力を生徒に身に付けさせようと、多くの教師が実践に取り組み、そのなかで教師自身も力量を高めてきました。若手教師は同僚である先輩教師から学ぶなかで、中堅教師は授業実践を省察して改善するなかで、経験豊かな教師は若手や中堅教師を導く立場や役割を果たすなかで、それぞれが職能成長してきたのです。

高等学校の基礎を付した科目で、生徒が探究する際にひとりではなく他者と協働して取り組むように、教師も「授業づくり」という仕事を探究する際に、一人ではなく同僚教師と協働することが、大きな成果につながる契機となります。若手、中堅、経験豊かな教師、職場内外でそれぞれが協働し、それぞれの立場で授業づくりに取り組み成果を共有する。そんな教師の探究への取り組みが、これからもわが国の理科教育を支えていくことになるのです。

第 1 編

化学と人間生活

第 1 章　化学と物質

第1編　化学と人間生活
1章　化学と物質（9時間）

1 単元で生徒が学ぶこと

化学を学び始める化学びらきにあたって、化学とはどのような学問であるのか、中学校理科の学習内容を復習しながら想起させる。また、物質の分離・精製、単体と化合物、熱運動と物質の三態の学習を通して、化学が大切にする「粒子」に注目して考えることを学ぶ。その際、日常生活とのつながりを意識しながら、探究活動等を通して生徒の自主性・自発性を引き出したい。

2 この単元で（生徒が）身に付ける資質・能力

知識及び技能	化学と人間生活について、化学の特徴、物質の分離・精製、単体と化合物、熱運動と物質の三態を理解するとともに、それらの観察、実験などに関する技能を身に付けること。
思考力、判断力、表現力等	化学と人間生活について、観察、実験などを通して探究し、化学と人間生活における規則性や関係性を見いだして表現すること。
学びに向かう力、人間性等	化学と人間生活に主体的に関わり、科学的に探究しようとする態度を養うこと。

3 単元を構想する視点

この単元は、「化学の特徴」と「物質の分離・精製、単体と化合物、熱運動と物質の三態」の大きく二つに分けられる。

「化学の特徴」では、中学校で学習した観察や実験を振り返り整理しながら、「粒子」領域で学習した内容から化学が「物質」を対象とする科学であることを見いださせたい。加えて、日常生活において最も身近な物質の一つである「水」に注目し、「安全な水を取り出すには」という課題に対して探究活動を行うことで、化学を学ぶ意義を理解させたい。

「物質の分離・精製、単体と化合物、熱運動と物質の三態」では、中学校での学習内容を振り返り、それを発展させながら、混合物を分離・精製するにはどのような操作があるのか、「物質」を構成する成分を検出する方法にはどのようなものがあるか、固体・液体・気体中に含まれる粒子はどのように振る舞っているのか等の学びを深めていけるよう支援したい。

化学基礎の最初の単元であることを考慮し、できるだけ生徒にとって身近な物質や現象を取り上げ、自主的・自発的に学ぶ姿勢を育みたい。また、探究活動を取り入れることで、科学的な研究の手法や考察の仕方を身につけさせたい。

4 本単元における生徒の概念の構成のイメージ図

化学の特徴	・化学は身の回りの物質すべてについて考えていく分野なんだね。
物質の分離・精製	・物質にはそれぞれ固有の性質があって、その違いを利用することによって分離することができるんだね。 ・性質の違いはいろいろあるから、分離の方法も工夫しないとね。
単体と化合物	・120 種類足らずの元素で、この世の物質すべてができているってすごい！ ・元素の組み合わせがポイントなんだな。
熱運動と物質の三態	・状態変化は小中学校でも学んだけど、高校で新しく学ぶことは何なの？

5 本単元を学ぶ際に、生徒が抱きやすい困り感

そもそも、なぜ化学を学ぶ必要があるの？

同じ元素からできているのに性質が異なる物質があるのはなぜ？

混合物を分離する方法、なんでこんなにたくさんあるの？

液体を加熱しているのに、温度が上がらなくなるのはなぜ？

6 本単元を指導するにあたり、教師が抱えやすい困難や課題

中学校でどこまで学習していて、高校ではどこから学習するのか、整理がつきません。

化学を好きにさせたいけど、どうすればいいかなぁ。

化学反応式
?CH₄ + ?O₂ → ?CO₂ + ?H₂O
1CH₄ + 2O₂ → 1CO₂ + 2H₂O
☆CH₄ + 2O₂ → CO₂ + 2H₂O
生徒が学びたいと思えるような身近な物質を活用した指導計画がイメージできません。

どんな実験や探究活動が効果的なのかな。アイデアが浮かびません。

7 単元の指導と評価の計画

単元の指導イメージ

中学校のとき、化学が苦手だったんだよなぁ。高校でもついていけるか心配……。

化学は身近な物質や現象について考える学問だよ。

化学反応式

$?CH_4 + ?O_2 \rightarrow ?CO_2 + ?H_2O$

$1CH_4 + 2O_2 \rightarrow 1CO_2 + 2H_2O$

★ $CH_4 + 2O_2 \rightarrow CO_2 + 2H_2O$

減塩しょう油というから、しょう油には塩化ナトリウムが含まれているんだよね。実際に確かめてみよう。

物質が状態変化しているときに温度が上がらないのは、加えた熱が分子間力を切るために消費されているから。

化学と人間生活（全9時間）

時間	単元の構成
1	化学の特徴
2	物質の分離・精製1
3～5	物質の分離・精製2 探究活動①
6	単体と化合物
7	元素の確認 探究活動②
8	物質の三態
9	実験レポートの書き方1

本時の目標・学習活動	重点	記録	備考（★教師の留意点、〇生徒のB規準）
中学校で学習した観察、実験を想起し、物質を対象とする科学である化学の特徴を見いだして表現する。	思		★安全な水を取り出す方法については、化学基礎の最後の授業でもう一度考え、自分の記述の変容を比較させることで、化学基礎を学習した成果やその意義を実感させる。
身の回りのほとんどの物質は混合物であることに気付き、物質固有の性質により分離できることを説明する。	思		★身近な物質を取り上げることで、化学に対する興味・関心を高めるとともに、化学を学ぶ有用性を感じさせる。
分離の原理を基に粘り強く探究しようとする。	態		★生徒にとって身近な物質の一つであるしょう油に含まれる食塩（塩化ナトリウム）を題材とすることで、自主的・自発的に学ぶ姿勢を引き出す。
「元素」「単体」「化合物」「同素体」について理解する。	知	〇	〇元素の意味について理解している。また、純物質が単体と化合物に分類されることや、同素体とは何かについて理解している。
未知試料に含まれる元素の適切な検出方法を見いだしたり、実験結果を振り返ったりするなど、科学的に探究しようとする。	態	〇	〇未知試料に含まれる元素を推論して実験計画を立て、実験結果を振り返って物質を同定しようとしている。
粒子の熱運動と温度との関係、粒子の熱運動と物質の三態変化との関係について、科学的に考察し表現する。	思		★固体・液体・気体中の粒子の振る舞いは中学校でも学習している。高校では、「粒子間にはたらく力（分子間力）」の視点を導入し、固体を加熱したときの温度変化に対する理解を深める。
実験レポートの作成を通し、科学的、論理的に考察し、表現する。	思	〇	〇実験レポートの作成を通し、目的に正対した実験操作と実験結果を基として、科学的に考察し、表現している。 ★レポートの質を高め、生徒同士をつなぐことを目指し、相互評価活動を取り入れることも考えられる。

1章　化学と人間生活 ①時　化学の特徴

知・技

思・判・表

主体的

●本時の目標：　中学校で学習した観察、実験を想起し、物質を対象とする科学である化学の特徴を見いだして表現する。

●本時で育成を目指す資質・能力：　思考力、判断力、表現力等

●本時の授業構想

　中学校で学習した観察、実験を題材に、「粒子」領域で学習した内容の共通点についてグループで話し合い、化学は物質を対象とする科学であることを見いだし表現させることで、化学基礎の学習の動機付けとなるようにする。また、化学基礎の最終単元の「化学が拓く世界」でも本時の内容を踏まえて、振り返ることも考えられる。

●本時の評価規準（B規準）

　化学は物質を対象とする科学であることを見いだして表現している。

・本時の学習課題

化学基礎では、どのようなことを学ぶのだろうか。

【課題の把握１】　（20分）

①中学校で学習した観察、実験を想起して共有する。

（想起している様子）

だ液の実験、マグネシウムの燃焼、月の満ち欠けなどやったな。

（共有している様子）

だ液の実験をしました。

炭酸水素ナトリウムを加熱して分解の実験をしました。

毎時間、気温、湿度を黒板に記載しました。

【課題の把握２】　（５分）

②想起した内容をもとに、粒子領域に該当する項目を選ぶ。

皆さんが挙げた観察、実験のうち、「化学変化や物質」の学びである化学に該当するものに○を付けましょう。

【グループで協議する】
個人で考えた以外に、
協議で上がったことを書いてみましょう。

○酸素と水素を混ぜたら水になった。
○銅と加熱したら黒くなった。

○水素にマッチを近づけたら音をたてて燃えた。
○硫黄と鉄を加熱したらしげき臭がした。
高いところからレールを使って球を落とし、速さを調べた。
○化学電池を作り、電球に電気をつけた。

中学校では理科でいろいろな実験をしました。化学の内容には、どのような共通する特徴があるのかな。

中学校とのつながり

　中学校では、エネルギー・粒子・生命・地球の四つの領域を通じて、自然事象をとらえるさまざまな観察、実験を行っている。

ポイント

　中学校理科での観察、実験を振り返らせ、化学に関するものを挙げさせ、それらに共通する特徴を話し合わせることなどが大切である。ここでいう化学の特徴とは、中学校までの学習で想起される程度のものであり、例えば、原子、分子、イオンに関すること、さまざまな物質の性質に関することなどが考えられる。

　このような活動を通して、生徒の中学校までの学びの実態を把握することが重要である。

中学校で学習した観察、実験

＜みなさんの考え＞

・フックの法則
⊙銅の酸化
・光合成
・金星の満ち欠け
⊙電池
・地層の広がり
・エネルギー

共通すること
→ 物質に関係している。
化学変化に関係している。

これからの学習では、
物質や化学変化について学ぶ。
身近な例として、物質や化学変化に着目して安全な水を取り出すためには、どんな方法があるか考えてみよう。
〈みなさんの考え〉
・ろ過
・蒸留

【課題の追究】（15分）

③化学の内容の特徴について見いだしたことを話し合い、共通点をまとめる。

○の付いたものの共通点を考えましょう。

薬品を使って実験していることかな。

共通点は物質の性質を考えているね。

化学変化に関することもだね。

物質の性質や物質の変化が特徴だと思います。どちらも、物質が関わっているんですね！そういえば身の回りにあるのは全部物質だよな…。身近な物質といえば、まずは水かな？

【課題の解決】（10分）

④日常生活における化学の役割について、話し合う。

物質を身近なものとしてとらえて、考えるのはとても大切ですね。
例えば、雨水や河川の水を物質としての「安全な水」として得るためには、どうしたらよいでしょうか。

ゴミを取り除くのに、ろ過などの方法があるかな。

加熱して、殺菌させることもあるね。他にどのような方法があるのかな。

これから化学基礎の学びを通して、日常生活と結び付けながら、物質の視点から考えることができるようになるといいですね。どんなことを考えたか記録に残しておきましょう。

本時の評価（指導に生かす場合）

生徒の活動やワークシートの記述等から、「化学の特徴」について見いだしているかを生徒の発言や記述を通して見取る。

授業の工夫

本授業では、物質を扱う学問である化学への期待を高めさせたい。

中学校での観察、実験を想起させる際には、まずはじめに、個人で十分考えさせ、さらにグループによる話し合いを通じて生徒の自由な発想を引き出し、共有することが重要である。

中学校の学びの想起が難しい場合は、教員があらかじめ中学校で取り組んでいた観察実験のカードを作成しておき、班ごとに配布して分類をする学習活動に取り組ませることも考えられる。

化学びらきにおける話し合い活動の実施には不安があるかもしれないが、これまでの物質に触れた体験をもとに、具体的に中学校での学びの内容について話し合わせることで、生徒の生き生きとした自然観を見取りたい。そのためにも、生徒同士が話し合いたくなるような場面設定が大切である。

なお、生徒の発言や記述については記録に残しておき、化学基礎の最後の単元「化学が拓く世界」で振り返らせると効果的である。

1章　化学と人間生活　②時　物質の分離・精製１

知・技

思・判・表

主体的

●本時の目標：　身の回りのほとんどの物質は混合物であることに気付き、物質固有の性質により分離できることを説明する。

●本時で育成を目指す資質・能力：　思考力・判断力・表現力等

●本時の授業構想

　中学校で学習した内容を想起させ、身の回りの物質に意識を向けさせる。分離の方法については原理に着目し、物質固有の性質の違いを利用することによって分離することができること、利用する性質ごとに分離の方法が異なることを説明させる。

●本時の評価規準（Ｂ規準）

　分離法とその分離の原理について説明している。

・本時の学習課題

目的の物質を手に入れるにはどのような方法があるだろうか。

【課題の把握】　（10分）

①中学校までに学んだ分離の原理を意識する。

中学校の学びを振り返ります。まずは、視点を変えて整理してみましょう。分けることができる原理を常に考えて説明できるようにしましょう。

砂の上に食塩をこぼしてしまった場合、食塩を取り出すときに使う方法と操作を考える。

このままでは、砂と食塩の粒の大きさは同じくらいだから分けることができない。
水に溶かせば、砂の粒は大きいから、ろ過で砂を取り除けるね。
水を蒸発させれば、食塩が取り出せるね。
ろ液には食塩と水が混ざっている。

ものを分けるには、何かの違いを利用して分けるんだね。

他に分けるための視点はないかな。

【課題の追究１】　（15分）

②物質の状態変化の利用を考える。

今度は食塩水から水と食塩を取り出したいな。

水と食塩の沸点の違いを利用すれば、蒸留で水を取り出せるね。
中学校で赤ワインからエタノールを取り出す実験をやったね。液体と液体、だから、水とエタノールも沸点の違いで分けられそうだ。

液体同士の沸点の違いを利用した物質の分離方法を分留といいます。石油の精製も分留で行います。
固体から気体への状態変化もあったよね。この状態変化を利用すれば取り出せるものもあるかな？

例えば砂とヨウ素が混ざってしまった場合、気体になりやすいヨウ素だけを取り出すことができます。この方法を昇華法といいます。

まだまだ分けるための視点がありそうだな。

中学校とのつながり

　中学校では、「純粋な物質」「混合物」の用語、および分離の方法「ろ過」「蒸留」「再結晶」について学んでいる。

ポイント

　中学校で学んだ分離の方法を活用する学習場面を設定する。その際、単なる復習ではなく、物質を分離する実験計画を立てさせたり、分離の原理（例えば溶解度の違いや粒子の大きさの違い）に気付かせたりする展開を心掛け、高校で学ぶ新たな分離の方法（分留、昇華、抽出、クロマトグラフィー等）への橋渡しとしたい。

　物質の分離とは、混合物から純物質を取り出す操作であること。それぞれの分離の原理の理解を広げ、深めさせることで生徒の興味関心をさらに高めることが期待できる。自然の事物現象を粒子の視点で見る大切さやおもしろさに気付かせたい。

○分離の方法

⑴粒子の大きさの違い：ろ過
　例）泥水 ⇒ 泥と水

⑵状態変化
沸点の違い：蒸留
　例）食塩水 ⇒ 食塩と水
　液体同士の沸点の違い：分留
　例）石油の精製
固体↔気体への変化：昇華法
　例）砂の混ざったヨウ素を分離

⑶溶けやすさ
有無：抽出
違い（温度による溶解度の差）：再結晶

⑷くっつきやすさ（吸着力）
有無：吸着
違い：クロマトグラフィー

【課題の追究2】（15分）

③さらなる視点を出し合う。

ものを分けるには、何かの違いを利用すれば分けることができるんだね。

違いの種類と違いの程度によって分離する方法はいろいろあるので調べてみましょう。

溶けやすさの有無や違いを利用すれば分けることができます。

成分の溶けやすさの有無による抽出という方法があります。

成分の溶けやすさの違い（溶解度の差）による再結晶という方法があります。

くっつきやすさの有無や違いを利用すれば分けることができます。

くっつきやすさ（吸着力）の有無による吸着という方法があります。

くっつきやすさ（吸着力）の差によるクロマトグラフィーという方法があります。

【課題の解決】（10分）

④分離の原理を説明する。

学んだことを利用して次の時間に実験をしますので、提示した物質の分離方法を考え、どのような原理で分離ができるか説明し合ってみましょう。

課題：しょう油から食塩を取り出す方法を計画しなさい。
※取り出した食塩の質量も測定する。

しょう油って有機物と無機物が混ざっているんだよね。

水を取り出すためには蒸留が良いかな。

しょう油成分の色を除くためには、ろ過が良いかな。

食塩は水を蒸発させればよいはずね。質量にも気を配らなければいけないね。

次の時間は、減塩しょう油と薄口しょう油と濃口しょう油の塩分の違いを実験していきましょう。

本時の評価（指導に生かす場合）

分離法とその分離の原理について、物質の性質の違いに言及して説明している様子を見取り評価する。

授業の工夫

この授業では化学基礎に対する興味関心を高めるとともに、化学基礎を学ぶ有用性を感じさせたい。そのために、中学校と高校の学びのつながりを実感する場面を設定し、中学校の学びでは説明できない事物現象へと学びを広げていく展開にした。視点や考え方を広げていくことで、生徒の物質観の醸成を目指したい。分離を理解し説明させるためには、物質の性質や構造の深い理解が必要となる。今後の学習につなげていけるような工夫を重ねたい。

1章　化学と人間生活　③～⑤時　物質の分離･精製 2（探究活動①）

知・技

思･判･表

主体的

●本時の目標：　分離の原理を基に粘り強く探究しようとする。

●本時で育成を目指す資質・能力：　学びに向かう力、人間性等

●本時の授業構想・・３時間の授業として構想する。

　分離に関するこれまでの学習を踏まえ、しょう油から食塩を分離する。この際、生徒が試行錯誤しながら実験手順を考え、「仮説の設定→検証計画の立案→実験の実施→結果の処理→考察・推論→修正・振り返り」の探究の過程を経験する。

●本時の評価規準（Ｂ規準）

　しょう油から食塩を分離する方法を、原理を基に粘り強く探究しようとしている。

・本時の学習課題

減塩しょう油と薄口しょう油と濃口しょう油から食塩を分離し、含まれる食塩の量を比較するにはどのような方法があるだろうか。

【課題の把握】　（50分）

これまで学習してきたことを活用すると、しょう油から食塩を分離することができます。分離の原理を基に、実験手順を考えてください。考えられれば、手順をフローチャートに書いたのち、実験してみてください。

成分の溶けやすさの有無による抽出という方法があります。

しょう油に含まれている成分を調べてみよう。

食塩水にできれば、あとは水を蒸発させればいいね。よし、決まった。やってみよう。

ろ過で取り除けないかな？ろ過すれば終わりでしょ。

実験をしてみたら…

うまくいかないな。ろ過しても色がそのままだ。

ろ過だけではだめなようだね。

【課題の探究】　（50分）

調べてみると、しょう油に含まれている成分のうち、食塩と水は無機物だけど、それ以外は有機物だね。

有機物は燃焼されるけど、無機物は燃焼されないという違いがあったね。まず燃焼させてみたらどうかな。

燃焼させたものを水で溶かして、ろ過してみたらいいんじゃない。

決まったね。ではやってみよう。

修正したフローチャートもタブレットに書いておいてくださいね。

計画を修正することができたね。

結果もうまく出せたようだね。しょう油の種類による塩分を比べる実験もしてみよう。

中学校とのつながり

　中学校では、有機物と無機物に触れており、その違いの一つとして燃焼するか否かということを学んでいる。

ポイント

「しょう油から食塩を分離する」という課題の設定を行い、生徒に「仮説の設定→検証計画の立案→実験の実施→結果の処理→考察・推論→修正・振り返り」の探究の過程を３時間で経験させる。分離に関する中学校での学び及び前時の学習内容を踏まえ、仮説の設定から結果の処理まで実際に行わせる。その際、実験手順をフローチャートにまとめさせるが、前時の重要な考え方「どのような分離方法であっても、混合している物質の性質の違いを利用している」という分離の原理を想起させ、これも併せて記入させる。

　２時間目に行う計画の実験手順の修正を行う際には、分離の原理には物質の性質が重要になるため、まずは、物質を知る必要があるということ、まったく未知である物質を分離することはできないということに気付かせたい。

　３時間目では結果のまとめの時間はしっかりとりたい。レポートの書き方を学ぶ時間にすることも考えられる。また、追加の問いについて考えさせる。その際、物質の性質が異なる場合には分離の方法も異なることを、身近な例を用いて再確認

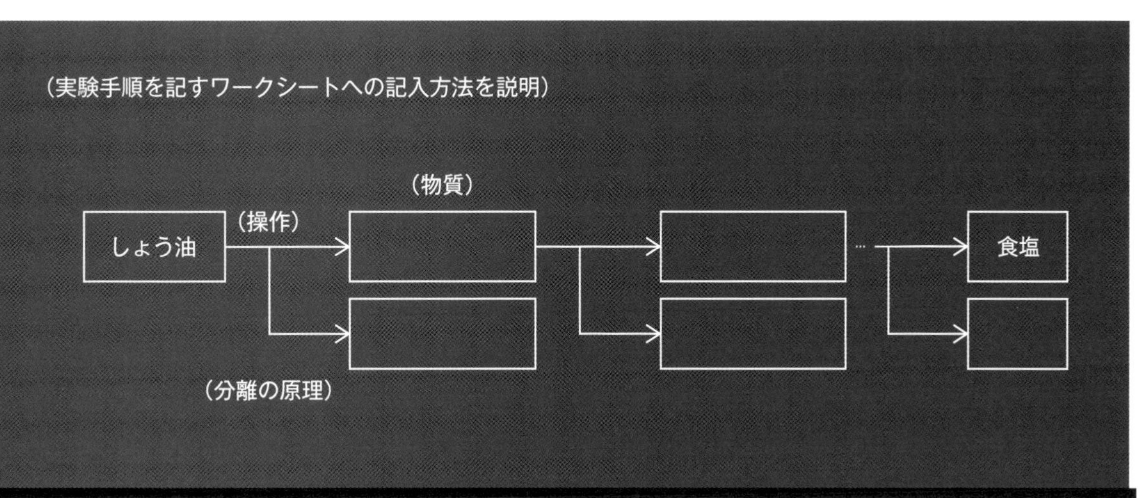

（実験手順を記すワークシートへの記入方法を説明）
（物質）
（操作）
しょう油
食塩
（分離の原理）

【課題の解決】
（40分）
分離した食塩の質量を量り、質量パーセント濃度を算出し、醤油の製造会社のホームページにある値と比較しましょう。
予想と違って、濃口しょう油に比べて、減塩しょう油に含まれていた食塩が多かった。
うす口しょう油にも意外と多く食塩が含まれているんだね。「薄」ではなく「淡」という意味だったんだ。
どのしょう油でも実験で分離できた食塩の量は、ホームページにある値より少なかった。
そもそも分離できたものは食塩なの？調べる方法はあるのかな？

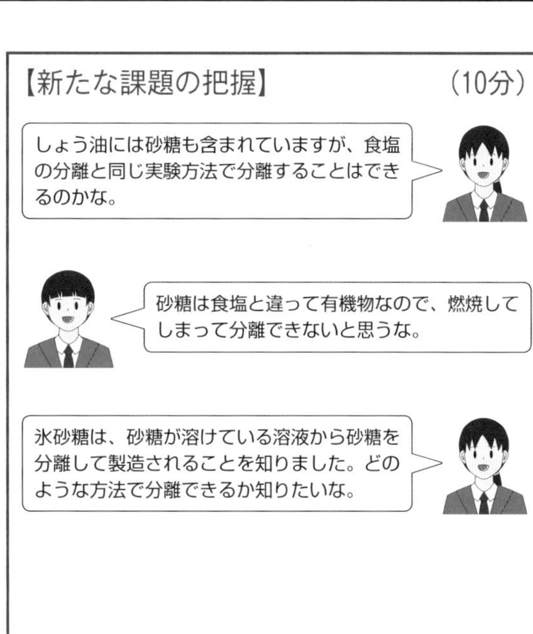

【新たな課題の把握】
（10分）
しょう油には砂糖も含まれていますが、食塩の分離と同じ実験方法で分離することはできるのかな。
砂糖は食塩と違って有機物なので、燃焼してしまって分離できないと思うな。
氷砂糖は、砂糖が溶けている溶液から砂糖を分離して製造されることを知りました。どのような方法で分離できるか知りたいな。

させておく。

本時の評価（指導に生かす場合）

しょう油から食塩を分離する手順について、フローチャートでどのようにまとめていったのかを、フローチャート及び振り返りのシート等の記述で見取り評価する。

授業の工夫

この３時間の授業では、生徒が探究の過程を経て身近に感じることができる課題を、自らの力で解決する体験として化学基礎の序盤に置き、以降の学習への期待を持たせることをねらっている。また、課題を解決するためには、個別の知識だけでなく、一般化できる考え方などを事前に習得しておく必要があることに気付かせ、今後の学習の必要性も感じさせたい。

1章　化学と人間生活　⑥時　単体と化合物

知・技
思・判・表
主体的

●本時の目標：　「元素」「単体」「化合物」「同素体」について理解する。
●本時で育成を目指す資質・能力：　知識及び技能
●本時の授業構想

未習の元素にも話題を広げ、元素の意味について理解を深める。また、単体と化合物についての学びを振り返るとともに、同素体を取り上げ、実験を通して生徒の実感を伴った理解につなげる。

●本時の評価規準（B規準）

元素の意味について理解している。また、純物質が単体と化合物に分類されることや、同素体とは何かについて理解している。

・本時の学習課題

物質は、どのような成分でできているのだろうか。
また、同じ元素でできていれば同じ性質であるのだろうか。

【課題の把握 1】　（5分）

①周期表から元素についての気付きを促す。

物質を構成する基本的な成分は元素でした。元素の周期表を見ながら気付いたことを挙げてみましょう。
中学校で見ていない元素も、こんなにたくさんあるんだね。
それぞれ、どんな物質に含まれているのかな？
ダイヤモンドも炭素でできているのか。ダイヤモンドも燃えちゃうと二酸化炭素になるのかな。
オゾン層で有名なオゾンも酸素だけでできているのか。

いろいろなことに気付けましたね。

【課題の把握 2】　（10分）

②単体と化合物についての気付きを促す。

純物質は単体と化合物に分類されるのでしたね。
水を電気分解すると、水素と酸素が生成した。
水素H_2と酸素O_2は単体、水H_2Oは化合物だね。

単体の酸素O_2は空気中にあるよね。

単体の酸素O_2とオゾンとはどう違うのかな。

中学校からのつながり

物質を構成している基本的な成分として、また、原子の種類として「元素」を学習している。

ポイント

元素の周期表を活用して、生徒の元素に対する興味関心を高める活動を導入として設定した。その活動を通して、同じ元素のみでできていても性質が違う物質が存在することに気付かせたい。さらに、周期表にある元素を確認しながら、中学校で学習していない元素へと話題を展開していく。

「単体」と「化合物」についても、生徒たちは中学校で学習している。例えば、塩酸は混合物、含まれている塩化水素や溶媒の水は純物質（化合物）であるなど、図を用いながら整理していくとわかりやすい。

例えば、「水素」など、その言葉が元素を指しているのか、単体を指しているのか判断しにくい場合もある。粒子モデルを示しながら、物質そのもの（もしくは分子）を指しているのか、物質中の粒子（もしくは原子）を指しているのかを生徒が理解できるようにしておきたい。

元素
物質を構成している基本的な成分
もしくは、原子の種類
現在、約120種類が確認されている。

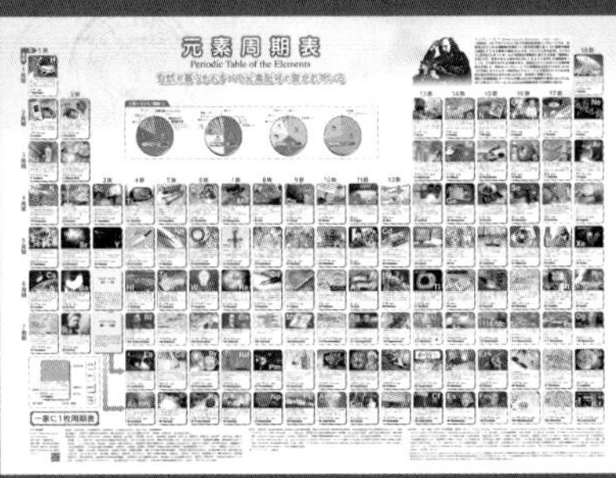

単体と化合物
単　体…１種類の元素からできているもの
化合物…２種類以上の元素からできているもの

同素体
同じ元素からできている単体で、互いに性質の異なるもの
C（ダイヤモンド、黒鉛、フラーレン）
O（酸素、オゾン）
P（黄リン、赤リン）
S（斜方硫黄、単斜硫黄、ゴム状硫黄）

【課題の探究】（25分）
③硫黄の同素体を作る実験を行う。

酸素とオゾンのような関係は他の元素でもあります。
硫黄で試してみましょう。単斜硫黄とゴム状硫黄を作って、できあがった物質について絵や言葉で表現してみましょう。

同じ粉末から作ったけど、外観がぜんぜん違うね。

外観だけでなく、形や粘度もぜんぜん違うね。

（生徒スケッチの例）　単斜硫黄　ゴム状硫黄

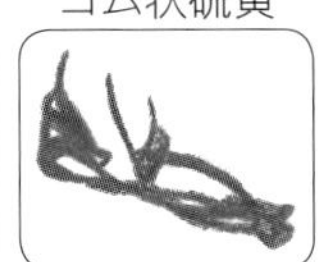

【課題の解決】（10分）
④同素体について整理する。

同じ元素からできた単体で、互いに性質の異なるものを同素体といいます。

実験では２種類の硫黄の同素体を学びましたが、教科書では斜方硫黄という同素体もあります。

炭素には、フラーレンとかカーボンナノチューブなどの同素体もあるね。

鉛筆の芯の主成分である黒鉛と、宝石のダイヤモンド。同じ炭素Cからできているとは思えないね。

黒鉛とダイヤモンド、何が違うから、色も硬さもこんなに違うのかな？

本時の評価（記録に残す場合）

次の状況を、生徒の記述や発言から理解していることを見取る。

① 元素が物質を構成する基本的な成分であること
② 純物質が単体と化合物に分類されること
③ 同素体は同じ元素からなる単体であるが性質が異なること

授業の工夫

斜方硫黄を作る際には有毒な二硫化炭素を使用することや、大きな結晶を得るには時間がかかることから、あらかじめ教師が作っておき、それを生徒たちに観察させる方法もある。結晶を観察する際、色や形などそれぞれの結晶の特徴がわかるようにスケッチさせる活動のなかで、生徒同士が相互評価をすることで、理解をより深めることもできる。

同素体は高校で新しく学習する内容であることから、具体例を挙げながら学んでいくとよい。なお黒鉛とダイヤモンドの違いは「化学結合」の単元で学習する。それを予告することで、今後の授業にわくわく感を持たせたい。

同素体については、次の論文も参考になる。

https://www.jstage.jst.go.jp/article/kakyoshi/64/12/64_610/_pdf
https://www.jstage.jst.go.jp/article/kakyoshi/61/12/61_KJ00008992797/_pdf
2024年３月７日現在

1章　化学と人間生活　⑦時　元素の確認（探究活動②）

知・技
思・判・表
主体的

●本時の目標：　未知試料に含まれる元素の適切な検出方法を見いだしたり、実験結果を振り返ったりするなど、科学的に探究しようとする。
●本時で育成を目指す資質・能力：　学びに向かう力、人間性等
●本時の授業構想
　成分元素を検出する反応について学習したことを活用する場面として、未知の水溶液に含まれる元素を推論する探究活動を位置付ける。
●本時の評価規準（B規準）
　未知試料に含まれる元素を推論して実験計画を立て、実験結果を振り返って物質を同定しようとしている。

・本時の学習課題

物質に含まれる元素を検出する方法にはどのようなものがあるだろうか。

【課題の把握】　（５分）
①花火の炎色反応について議論する。

花火には、赤色や黄色、紫色などがあるよね。

色の違いは何の違いなのだろう？

花火は、含まれている金属元素の種類によってさまざまな色が出ます。この性質を利用すると物質にどんな元素が入っているか、わかることがあります。

【課題の探究１】　（10分）
②元素を見いだすことのできる反応について議論をする。

元素を検出する反応は他にもあります。例えば、水溶液中の物質に塩素が含まれていると、硝酸銀水溶液を加えたときに白く濁ります。

小中学校でヨウ素デンプン反応を学びました。

中学校で実験した石灰水の白濁も同じかな？

塩化コバルト紙で水があるかがわかります。

リトマス紙、BTB、フェノールフタレインでも、何が入っているかわかるかもね。

検出反応を活用して、含まれている成分元素が何かを考えられそうだね。

中学校からのつながり
　代表的な金属や気体の性質について学習している。

ポイント
　生徒に物質や元素に興味を持たせるため、生徒にとって身近な夏の風物詩である花火の話題から授業を始めている。
　探究活動が含まれている金属元素の違いによるものであることを通して、生徒の物質や元素に対する興味・関心を高めたい。
　授業の前半で元素の検出方法（定性実験）として炎色反応と沈殿反応を学習する。その知識を活用する場面として、水溶液に含まれる溶質を同定する実験を行うことで、既習知識の理解を深めさせたい。
　炎色反応は、その色の違いがわかりにくいものもあるので留意が必要である。
　既習知識を活用する場面として、探究活動を設定する。その際、どのような実験を行えば含まれている物質（元素）を見つけることができるか、実験計画を立てる場面を作る。定型文等を用いて実験結果を予想させる（仮説を立てさせる）とさらによい。また、グループでの協議を促し、議論を深める意義を伝えたい。

炎色反応

ある種の元素を含んだ物質を炎の中に入れると、その元素に特有の色が現れる現象

リチウムLi	赤色
ナトリウムNa	黄色
カリウムK	赤紫色
カルシウムCa	橙赤色
ストロンチウムSr	深赤色
バリウムBa	黄緑色
銅Cu	青緑色

沈殿の生成による元素の検出

① 炭素の検出

ある気体を石灰水に吹き込むと、白色の沈殿が生じた。

→ この気体には炭素Cが含まれていた。

② 塩素の検出

ある水溶液に硝酸銀水溶液を加えると、白色の沈殿が生じた。

→ この水溶液には塩素Clが含まれていた。

【課題の探究２】 （25分）

③未知試料を同定する実験計画を立案する。

ここに、塩化ナトリウム、硫酸ナトリウム、塩化リチウムを含む三つの水溶液があります。この中から塩化ナトリウムが含まれている水溶液を見つけるためには、どんな実験をすればいいですか？

未知試料に炭素もヨウ素も含まれていないから、石灰水やヨウ素デンプン反応は関係ないね。
塩化ナトリウムは炎色反応と沈殿反応で判断ができそうだな。
リチウムも、炎色反応でわかりそうだな。
塩素は、硝酸銀水溶液を加えたときの白濁でわかりそうだね。

【課題の解決】 （10分）

④実験結果を整理する。

それでは実験をして結果を整理してみましょう。

炎色反応の結果はＡとBが黄色、Ｃが赤色だったよ。
硝酸銀水溶液を加えたとき、AとCは白い沈殿ができたけど、Bは何も起きなかったね。
結果をまとめると、塩化ナトリウムが入っていたのはAの水溶液だ。
他の元素はどうやって見つけるのかな？硫酸イオンは、水酸化バリウムを加えたときの沈殿で確認ができそうだ。

授業の評価（記録に残す場合）

元素を検出するための適切な方法（実験計画）を立て、粘り強く実験結果から物質を同定しようとしている姿を見取る。

授業の工夫

元素を検出する方法を組み合わせ、粘り強く課題解決に向けた取り組みを通して、科学的に探究しようとする場面を設定した。

小学校や中学校の水溶液の単元で、水溶液に溶けているものに着目し、水溶液の性質や働きの違いを多面的に調べる探究活動を行っている。硫酸バリウムの沈殿反応も学習しているので、他の元素を検出する実験にはどのようなものがあるのかについても、グループで協議し実験計画を立てる時間が取れるとよい。

なお、実験計画の立案に当たっては、生徒による相互評価を活用し、より妥当な実験計画の立案につなげるなどの方法も考えられる。

炎色反応や硫酸バリウムについては次の論文が参考になる。

https://www.jstage.jst.go.jp/article/kakyoshi/65/3/65_132/_pdf/-char/ja
https://www.jstage.jst.go.jp/article/kakyoshi/53/1/53_KJ00007744161/_pdf/-char/ja
2024年３月７日現在

1章　化学と人間生活 ⑧時　物質の三態

知・技

思・判・表

主体的

●本時の目標：　粒子の熱運動と温度との関係、粒子の熱運動と物質の三態変化との関係について、科学的に考察し表現する。

●本時で育成を目指す資質・能力：　思考力、判断力、表現力等

●本時の授業構想

　中学校までの学習内容を、分子の熱運動と粒子の視点、分子と分子の間に働く力の視点で捉えなおす。固体、液体、気体中の粒子の振る舞いを「熱運動」と「分子の間に働く引力」の二つの視点で考察させる。

●本時の評価規準（B規準）

　粒子の熱運動と粒子間に働く力との関係によって物質の状態変化が起こることを、モデル図で表現している。

・本時の学習課題

温度変化により粒子の熱運動はどう変化しているだろうか。固体、液体、気体中の分子はどのように振る舞っているだろうか。

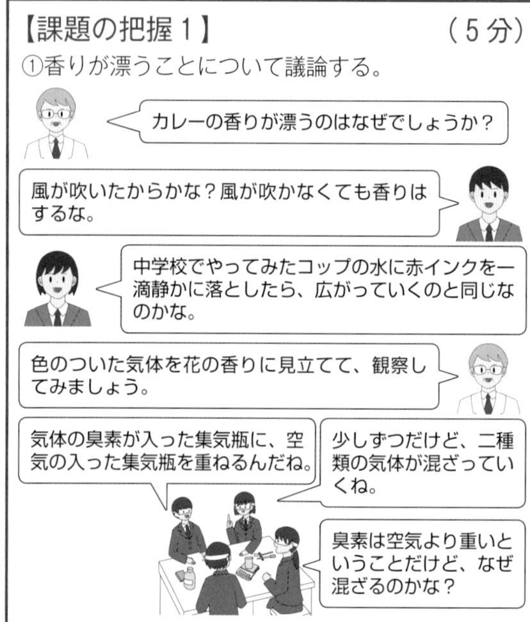

【課題の把握１】　（５分）
①香りが漂うことについて議論する。
カレーの香りが漂うのはなぜでしょうか？
風が吹いたからかな？風が吹かなくても香りはするな。
中学校でやってみたコップの水に赤インクを一滴静かに落としたら、広がっていくのと同じなのかな。
色のついた気体を花の香りに見立てて、観察してみましょう。
気体の臭素が入った集気瓶に、空気の入った集気瓶を重ねるんだね。
少しずつだけど、二種類の気体が混ざっていくね。
臭素は空気より重いということだけど、なぜ混ざるのかな？

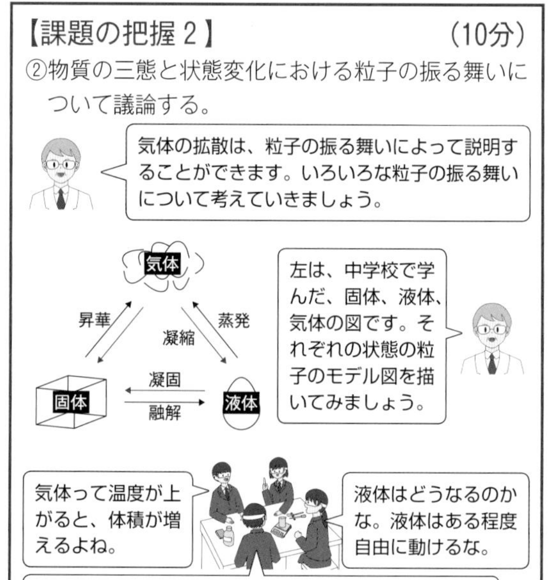

【課題の把握２】　（10分）
②物質の三態と状態変化における粒子の振る舞いについて議論する。
気体の拡散は、粒子の振る舞いによって説明することができます。いろいろな粒子の振る舞いについて考えていきましょう。
気体
昇華
蒸発
凝縮
凝固
融解
固体
液体
左は、中学校で学んだ、固体、液体、気体の図です。それぞれの状態の粒子のモデル図を描いてみましょう。
気体って温度が上がると、体積が増えるよね。
液体はどうなるのかな。液体はある程度自由に動けるな。
固体を温めると液体に。液体を温めると気体になるね。

中学校からのつながり

　小・中学校では、「金属、水及び空気は、温めたり冷やしたりすると、それらの体積が変わるが、その程度には違いがあること。水は、温度によって水蒸気や氷に変わること。また、水が氷になると体積が増えること。」を学んでいる。また、固体、液体、気体の性質について基本事項を学んでいる。さらに、気体分子の熱運動や物質の状態を熱運動の違いで学習している。

ポイント

　授業の冒頭にあった「カレーの香りってすぐにわかるよね！」といった、生徒にとって身近な現象を取り上げるとよい。

　臭素の拡散は時間がかかる。実験後にタイムラプス撮影した動画を提示すると変化が観察しやすい。

　生徒が疑問を持ったことに関して、化学基礎を超える内容については、この後の授業に生かしていくことが考えられる。

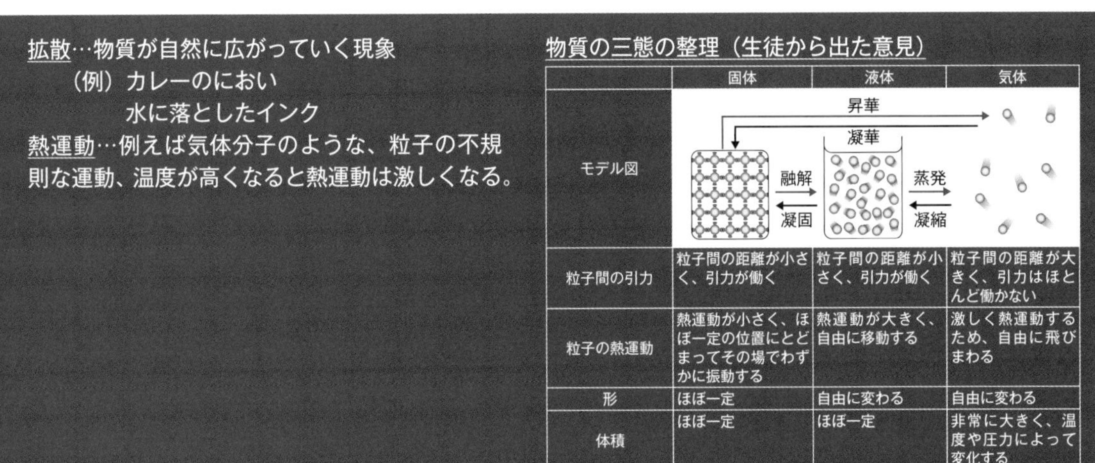

拡散…物質が自然に広がっていく現象
（例）カレーのにおい
水に落としたインク
熱運動…例えば気体分子のような、粒子の不規則な運動、温度が高くなると熱運動は激しくなる。

物質の三態の整理（生徒から出た意見）

	固体	液体	気体
モデル図	昇華 凝華 融解 凝固	蒸発 凝縮	
粒子間の引力	粒子間の距離が小さく、引力が働く	粒子間の距離が小さく、引力が働く	粒子間の距離が大きく、引力はほとんど働かない
粒子の熱運動	熱運動が小さく、ほぼ一定の位置にとどまってその場でわずかに振動する	熱運動が大きく、自由に移動する	激しく熱運動するため、自由に飛びまわる
形	ほぼ一定	自由に変わる	自由に変わる
体積	ほぼ一定	ほぼ一定	非常に大きく、温度や圧力によって変化する

【課題の追究１】（15分）

③状態変化と温度変化の関係について議論する。

分子などの間には、粒子と粒子の間で引き合う力が働いています。分子の間に働く力と粒子の熱運動とに着目して議論を深めていきましょう。

分子の間に引き合う力があるということは、互いに集合し合おうとするんだね。

温度が高くなると粒子の熱運動が活発になるんだね。粒子がバラバラになる。

その二つの傾向の大小関係で、物質の状態が決まるんだね。

拡散もこの熱運動で説明できそうかな？

【課題の追究２】（20分）

④状態変化と粒子の熱運動について議論を深める。

図は、水に熱を加えたときの状態と、温度変化とをグラフで表したものです。それぞれの状態の粒子の様子を描いてみましょう。また、疑問を出し合ってみましょう。

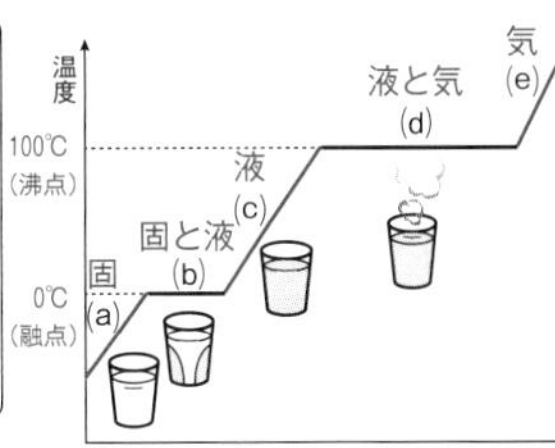

これまで学んだことが結び付いた気がします。

融点や沸点があることも粒子の振る舞いと関係があるからなのですね。

状態変化が始まると何で温度が変化しなくなるのかな？

別のことに使われたのかな？

本時の評価（指導に生かす場合）

粒子の振る舞いを、物質の三態と結びつけてイメージ図で示すことができているかどうかを見取る。

授業の工夫

加熱しているのに温度が上がらない（熱運動が激しくならない）ということから、加えたエネルギーが別のことに消費されていることに気付かせたい。

本時は、粒子の振る舞いを何らかの形でイメージさせたい。単に物質の三態の名称などを覚えさせることにとどまらず、多くの気付きや疑問を持たせて、物質の三態の概念をしっかりつかませたい。

1章　化学と人間生活 ⑨時　実験レポートの書き方１

知・技

思・判・表

主体的

●本時の目標：　実験レポートの作成を通し、科学的、論理的に考察し、表現する。
●本時で育成を目指す資質・能力：　思考力、判断力、表現力等
●本時の授業構想

相手に伝わる結果や考察の記述方法の習得を目指し、論理的な思考・表現の要素を整理して示すとともに、記述の構造を理解させ、自ら記述をすることを通して記述の作法、スキルを学ぶきっかけとさせる。年間を通して３回の指導を計画する。

●本時の評価規準（Ｂ規準）

実験レポートの作成を通し、目的に正対した実験操作と実験結果を基として、科学的に考察し、表現している。

・本時の学習課題

化学実験レポートはどのように記述すればよいのだろうか。

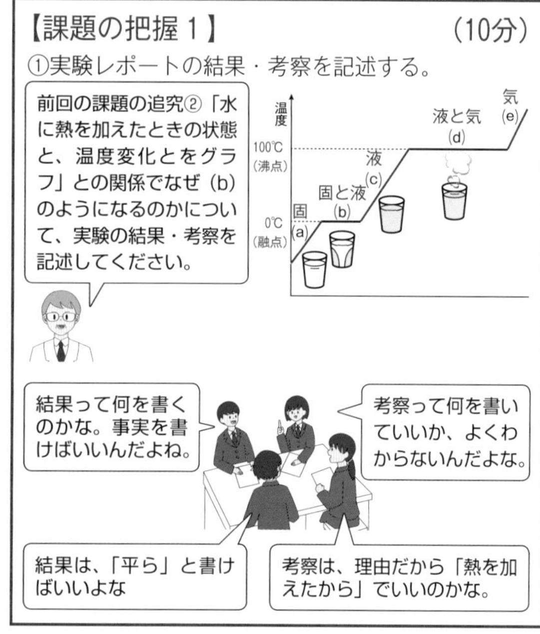

【課題の把握１】
(10分)
①実験レポートの結果・考察を記述する。
前回の課題の追究②「水に熱を加えたときの状態と、温度変化とをグラフ」との関係でなぜ（b）のようになるのかについて、実験の結果・考察を記述してください。
温度
100℃（沸点）
0℃（融点）
固 (a)
固と液 (b)
液 (c)
液と気 (d)
気 (e)
結果って何を書くのかな。事実を書けばいいんだよね。
考察って何を書いていいか、よくわからないんだよな。
結果は、「平ら」と書けばいいよな
考察は、理由だから「熱を加えたから」でいいのかな。

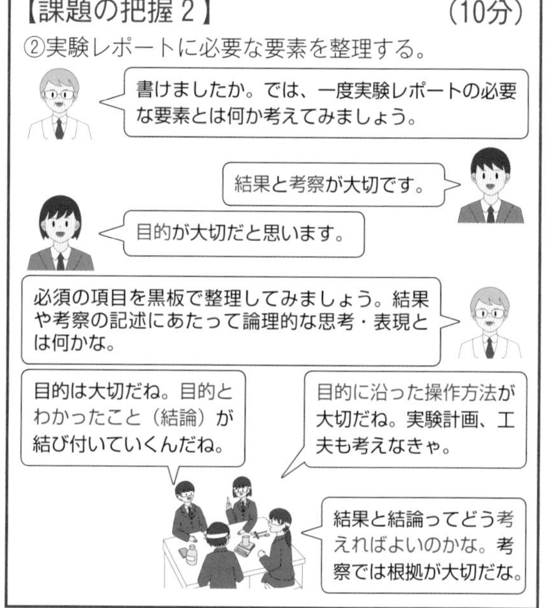

【課題の把握２】
(10分)
②実験レポートに必要な要素を整理する。
書けましたか。では、一度実験レポートの必要な要素とは何か考えてみましょう。
結果と考察が大切です。
目的が大切だと思います。
必須の項目を黒板で整理してみましょう。結果や考察の記述にあたって論理的な思考・表現とは何かな。
目的は大切だね。目的とわかったこと（結論）が結び付いていくんだね。
目的に沿った操作方法が大切だね。実験計画、工夫も考えなきゃ。
結果と結論ってどう考えればよいのかな。考察では根拠が大切だな。

中学校からのつながり

中学校では、実験を行った際に、結果、考察を記述させている。

ポイント

理系大学生を対象に実施した化学実験レポートの結果や考察の書き方についての学習経験をたずねるアンケートからは「高校までに学習した経験はほとんどない」との回答が大半を占める。化学基礎を通じて意図的・計画的に学ばせることは意義がある。論理的で科学的な表現力を獲得できなければ、その後の学習に大きな影響を与えかねない。

松原らは、化学実験レポートの結果・考察の課題をまとめ、具体的な改善を示している。

①高校生までの結果・考察の記述の課題

単語しか書かず文章になっていない。

結果の記述に自分の意見が混在している。

結論の記述に主語が入っていない。

結果や考察の記述に何をどう書けばよいかわかっていないのが現状である。

②課題を改善するための学習者の視点

目的と考察(結論)の対応を意識すること。

目的の重要性を確認すること。

目的に沿った操作方法を意識すること。

実験レポートに必須な項目
目的：考察する内容
操作：実際に行った手順
結果：観察した事実
考察：科学的根拠を踏まえた主張（結論）とその説明（根拠）
――→ 目的に対応した考察
レポートの要素の構造

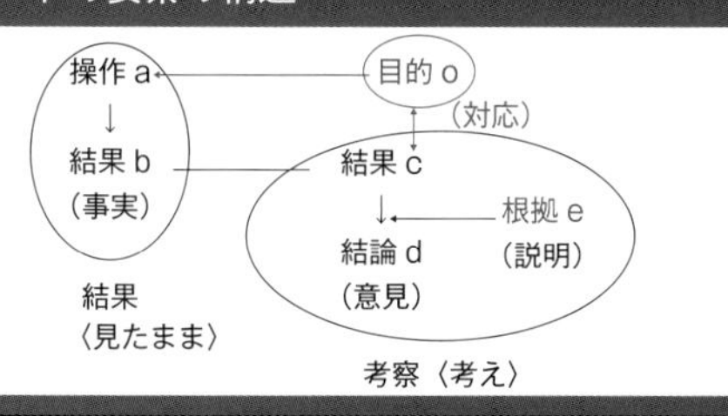

実験レポートでの表現方法
結果の記述方法
a（操作）をしたら、b（結果）になった。
考察の記述方法
（結果）から、d（結論）と考えた。
その理由は、e（根拠）だからである。

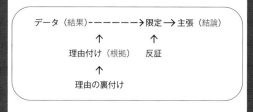

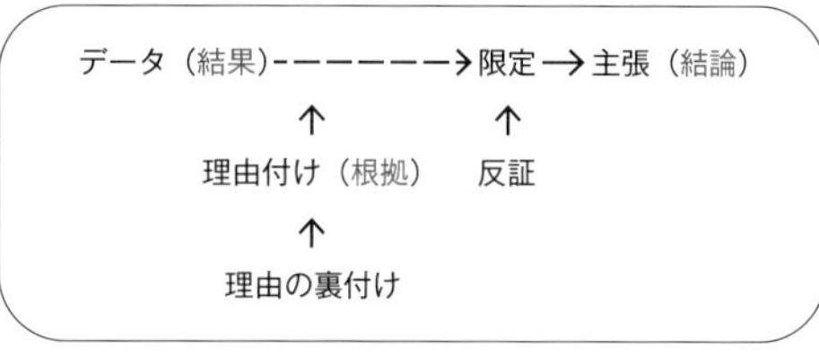

【課題の追究１】（15分）
③化学実験の結果や考察の書き方を参考に表現する。

化学実験の結果や考察の書き方の例を示します。参考にしてみるのもよいでしょう。

分子の間に引き合う力があるということは、互いに集合し合おうとするんだね。

結果は、「氷を熱すると氷が融け0℃でしばらく一定の温度になり、温度は再び上昇した」と書けるね。

考察記述にも挑戦しよう。

氷を0℃で熱すると、氷は融けて水になり、温度は一定になった。その理由は、エネルギーが氷の分子間の結合を断つのに使われたと考えられるからである。

【課題の追究２】（15分）
④結果や考察の書き方について振り返る。

これが正解というわけではないですが、一度、これに沿って書いてみることをお勧めします。また、論証モデルとして有名な「トゥールミン・モデル」との比較をしてみましょう。

なるほど。結果は簡単に書けるようになった。

論証モデルは、ディベートやスピーチ・コミュニケーション、数学での証明にも対応しているね。

考察記述も整理ができて書きやすくなった。

でも考察記述はしっかり根拠を調べないと書けないね。

本時の評価（記録に残す場合）

結果は、「a（操作）をしたら、b（結果）になった。」

考察は、「（結果）から、d（結論）と考えた。その理由は、e（根拠）だからである。」

といった書き方に倣い、何をどのように書けばよいかを踏まえて表現しているかを評価する。

なお、実験レポートの評価を複数行う場合には、１回目の評価については、定型に沿って記述されていることを見取り、知識及び技能の評価とすることも考えられる。

授業の工夫

大学生でのアカデミック・ライティングには課題があることが指摘されている。高等学校で意図的に学ばせる必要がある。

年間３回にわたり、科学的表現力の育成を目指していく。松原は、化学実験での結果や考察の記述方法を「定型文」と命名している。定型化することで、書き方がわかっていない生徒には大きな効果が得られることがわかってきている。松原静郎（2019）に沿った学習活動を展開する。

参考：松原静郎、理科における持続発展教材と定型モデル化学習の実践－資質・能力の向上を目指して－、桐蔭横浜大学出版会、2019.

探究活動における相互評価の価値とは

伊藤　克治
（福岡教育大学 教授）

将来予測が困難な時代といわれるなか、学校教育現場では、生徒が試行錯誤を伴いながらチームで課題を解決していく探究的な学びが重視されています。この際、チームのパフォーマンスを上げるためには、失敗を気にすることなく、お互いに安心して意見を言い合える環境（心理的安全性）も大事になるといわれています。このような環境下では、チームで課題に取り組む際に「頑張ろう」と励まし合うことは当たり前ですが、さらに一歩進んで、「何をどのように頑張るのか」という視点からの評価規準をチーム内で共有できれば、難易度の高い課題解決につながることが期待されます。

先日、私もメンバーになっている相互評価の研究会（代表：東洋大学・後藤顕一教授）において、ある高校の先生が課題の相互評価で用いる評価規準を生徒自身が考え、さらに探究を進めるような授業を行ったところ、想定を超える学びが見られたと報告されました。教師は自分が持っている評価規準の枠内で生徒を評価するのが一般的ですが、生徒同士が行う相互評価の中で、評価規準を生徒に考えさせることは生徒の主体性を育むうえでも大切だと感じました。普段の授業では、そのような場面は限られるでしょうが、特に課題研究や探究活動には取り入れやすいのではないかと思います。

後日、その高校を訪問して、論文要旨の作成における相互評価の活動を参観しました。生徒同士、生徒と教師がとても楽しそうに議論している姿が印象的でした。そこには心理的安全性が担保されており、まさに、質の高い課題研究はこのような雰囲気で行われるのだと感じました。

研究チームのメンバーによる相互評価の実践報告では、探究力の向上だけでなく、学習者同士の関係性の向上も必ず見られます。一般的には、「評価」と聞くと何か厳しいイメージを持たれがちですが、私は「相互評価活動」とは「具体的・論理的に励まし合う、元気が出る活動」であると捉えています。これによって、探究力とチーム力は、相互に関係しながら向上していくと考えています。

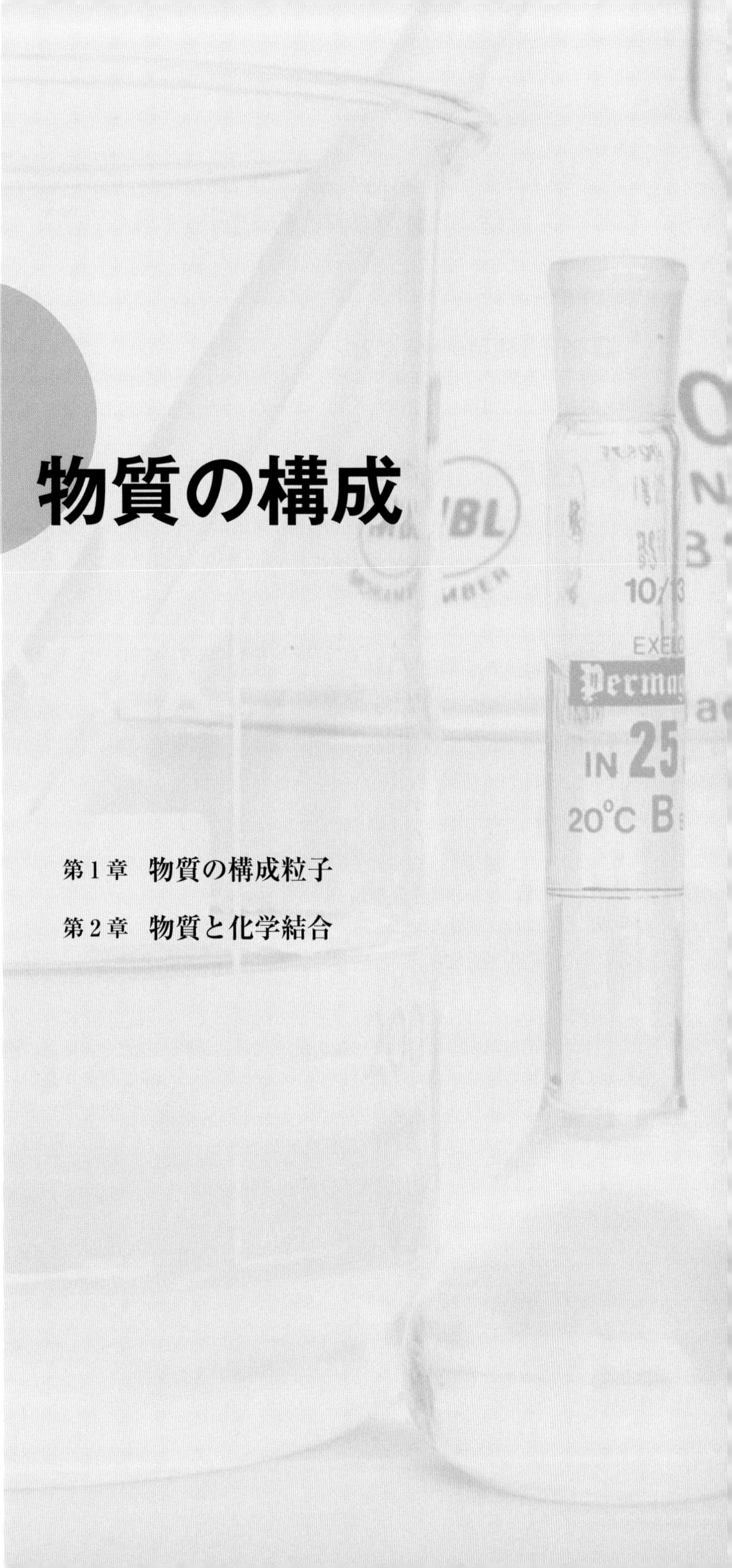

第2編

物質の構成

第２編　物質の構成
１章　物質の構成粒子（８時間）

1 単元で生徒が学ぶこと
物質を構成する粒子に関する歴史的な実験や、簡単な観察と実験を通して、原子の電子配置や元素の周期表との関係などを理解させ、思考力、判断力、表現力等を育成することが主なねらいである。

2 この単元で（生徒が）身に付ける資質・能力

知識及び技能	物質の構成粒子について、原子の構造、電子配置と周期表を理解するとともに、それらの観察、実験などに関する技能を身に付けること。
思考力、判断力、表現力等	物質の構成粒子について、観察、実験などを通して探究し、物質の構成粒子における規則性や関係性を見いだして表現すること。
学びに向かう力、人間性等	物質の構成粒子に主体的に関わり、科学的に探究しようとする態度を養うこと。

3 単元を構想する視点
この単元では、原子の構造や電子配置と周期表について学ぶ。原子を構成する粒子では、中学校では、物質は原子や分子からできていることや、原子は原子核と電子からできていること、原子核は陽子と中性子からできていること、同じ元素でも中性子の数が異なる原子があることについて学習している。また、原子には多くの種類が存在することを、周期表を用いて学習している。

ここでは、原子の構造及び陽子、中性子、電子の性質を理解させることがねらいである。原子の構造については、簡単な原子を取り上げ、原子と原子核の大きさや、原子を構成する陽子、中性子、電子の質量や電気の量を扱う。また、原子番号や質量数も扱う。その際、電子や原子核の発見の歴史にも触れることが考えられる。同位体については、水素、炭素、酸素などの身近な元素を扱う。放射性同位体については、例えば、年代測定や医療などへの利用方法に触れる。

さらに、元素の周期律及び原子の電子配置と周期表の族や周期との関係について理解させることがねらいである。原子の電子配置については、原子の簡単なモデルを用いて、原子番号20番までの代表的な典型元素を扱う。元素の周期律については、元素の性質が最外殻電子数と関連していることや、原子の電子配置と周期表の族や周期との関係を扱う。その際、周期律と関連付けて、イオン化エネルギーの変化にも触れる。

4 本単元における生徒の概念の構成のイメージ図

単元のねらい

物質を構成する原子の構造を学び、元素の周期律及び原子の電子配置と周期表の族や周期との関係について理解させる。

原子の構造

・原子は原子核と電子から、原子核は陽子と中性子からできているんだね。
・陽子と電子はそれぞれ正と負の電荷を帯び、電子は陽子に比べて無視できるほど軽いんだね。

電子配置と周期表

・原子の電子配置は、周期的に変化するんだね。
・周期表は、元素の性質と関係があるんだね。

5 本単元を学ぶ際に、生徒が抱きやすい困り感

それぞれの原子の電子配置を暗記するのは難しいよ。

原子の電荷や質量と聞いただけで難しそう。中学校でも苦手なところだったから大変だな。何か決まりがあるの？

中学校でも周期表は見たけれど、たくさんの元素記号を覚えなくてはいけないのかなあ。

一つの元素記号の四隅に数字や符号が付いているので面倒だな。

6 本単元を指導するにあたり、教師が抱えやすい困難や課題

	1	2	3	4	5	6	7	8	9	10	11	12	13	14	15	16	17	18
1	1 H																	2 He
2	3 Li	4 Be											5 B	6 C	7 N	8 O	9 F	10 Ne
3	11 Na	12 Mg											13 Al	14 Si	15 P	16 S	17 Cl	18 Ar
4	19 K	20 Ca	21 Sc	22 Ti	23 V	24 Cr	25 Mn	26 Fe	27 Co	28 Ni	29 Cu	30 Zn	31 Ga	32 Ge	33 As	34 Se	35 Br	36 Kr
5	37 Rb	38 Sr	39 Y	40 Zr	41 Nb	42 Mo	43 Tc	44 Ru	45 Rh	46 Pd	47 Ag	48 Cd	49 In	50 Sn	51 Sb	52 Te	53 I	54 Xe
6	55 Cs	56 Ba	…	72 Hf	73 Ta	74 W	75 Re	76 Os	77 Ir	78 Pt	79 Au	80 Hg	81 Tl	82 Pb	83 Bi	84 Po	85 At	86 Rn
7	87 Fr	88 Ra	…															

どのような実験が効果的なのか悩んでしまいます。

中学校で学んだ元素記号すら、生徒がすっかり忘れてしまっていて困ります。周期表の規則性や関係性を生徒に見いださせたいのですが、どのようにすればいいかわかりません。

実験をしたいのですが、時間が足りません。

7 単元の指導と評価の計画

単元の指導イメージ

それぞれの原子の構造を理解するには、それを構成する陽子、中性子、電子の性質を理解するのがポイントね。

イオンに関する実験は、中学校でも学んだなあ。

単体の性質をいろいろ調べてみると面白いよ。原子番号との関係をグラフにしてみましょう。

単体の性質をまとめてみましょう。そして、周期表との関係を見いだして発表してみよう。

物質の構成粒子（全８時間）

時間	単元の構成
1	原子を構成する粒子
2	原子の構造
3	同位体
4	電子殻と電子配置
5	イオンの生成
6・7	周期表と電子配置
8	同族元素の性質

本時の目標・学習活動	重点	記録	備考（★教師の留意点、〇生徒のB規準）
物質を構成する基本的な粒子にはどのような性質があるのかについて推論する。	思		★陰極線の実験とラザフォードの実験を客観的に考察し、原子のモデルを類推することができるようにする。
物質を構成する粒子について理解する。	知		★原子を構成する陽子、中性子、電子の性質と、元素記号の表し方を理解できるようにする。
原子の構造の理解をもとにして、質量数の異なる同位体の特徴について表現する。	思		★核図表や、放射性同位体の利用などについても調べさせるとよい。
電子配置には規則性があることを理解する。	知	〇	〇電子配置の規則性について、電子殻の構造と関連付けて理解している。 ★貴ガスの電子配置とその性質との関係を理解できるようにする。
イオンの生成を電子配置と関連付けて表現する。	思	〇	〇典型元素の単原子イオンの生成を、電子配置と関連付けて表現している。 ★原子とイオンの電子配置の関係から、イオンの生成を表現できるようにする。
原子の電子配置と周期表の族や周期との関係について科学的に探究しようとする。	態	〇	〇原子の電子配置と周期表の族や周期との関係について科学的に探究しようとしている。 ★原子番号といろいろな性質との関係性を見いだすことで、周期表の役割を探究できるようにする。
同族元素の単体の性質を通して、周期表との関係について科学的に探究し、説明する。	思		★ 17 族の元素の単体について、その化学的性質と、原子の電子配置や周期表の位置との関係について気付かせる場面を設定する。

1章　物質の構成粒子 ①時　原子を構成する粒子

・本時の学習課題

物質を構成する基本的な粒子には、どのような性質があるのだろうか。

知・技

思・判・表

主体的

●本時の目標：　物質を構成する基本的な粒子にはどのような性質があるのかについて推論する。

●本時で育成を目指す資質・能力：　思考力、判断力、表現力等

●本時の授業構想

　原子を構成する粒子に関して、中学校の学びを思い出させながら、研究者がその性質を見いだしてきた歴史的背景等と関連付けて調べさせる。

●本時の評価規準（B規準）

　原子を構成する粒子の性質について、研究者が調べてきた歴史的背景と関連付けて推論している。

【学習の振り返りと課題の設定】　（10分）

①原子がどのようなものかイメージを記述する。

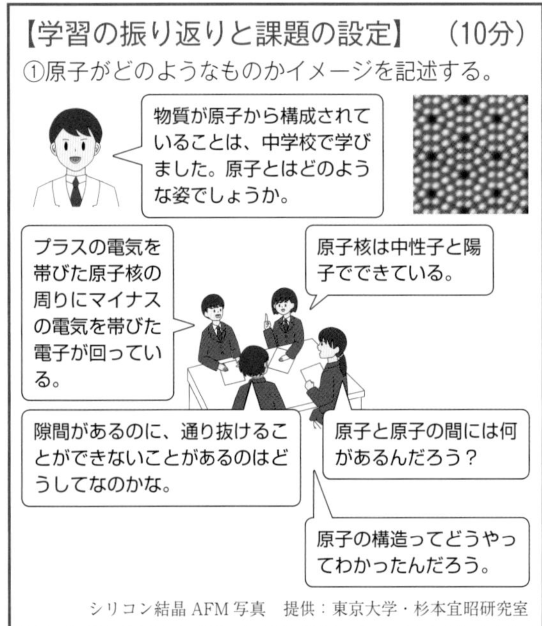

物質が原子から構成されていることは、中学校で学びました。原子とはどのような姿でしょうか。
プラスの電気を帯びた原子核の周りにマイナスの電気を帯びた電子が回っている。

原子の構造ってどうやってわかったんだろう。

シリコン結晶 AFM 写真　提供：東京大学・杉本宜昭研究室

【課題の追究１】　（10分）

②電荷を帯びた粒子の性質について整理する。

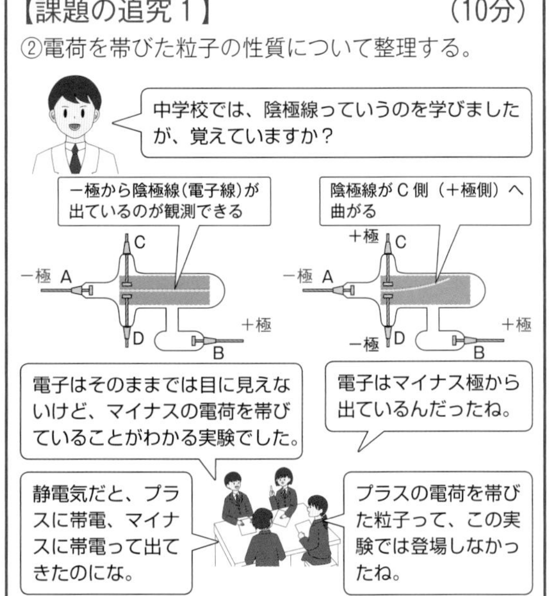

中学校では、陰極線っていうのを学びましたが、覚えていますか？
－極から陰極線（電子線）が出ているのが観測できる
陰極線がＣ側（＋極側）へ曲がる
－極 A
C
D
＋極
B
－極 A
＋極 C
－極 D
＋極
B
電子はそのままでは目に見えないけど、マイナスの電荷を帯びていることがわかる実験でした。
電子はマイナス極から出ているんだったね。
静電気だと、プラスに帯電、マイナスに帯電って出てきたのにな。
プラスの電荷を帯びた粒子って、この実験では登場しなかったね。

中学校からのつながり

　中学校では、静電気の実験やクルックス管の実験を通して、電子などの存在を学んでいる。

ポイント

　中学校での学びを振り返らせ、物質を構成する粒子には、正負の電荷を帯びたものがあることを類推させる。同符号の電荷は反発し、異符号の電荷は引き合うことを確認する。また、電子の流れについては、陰極線の上下に電圧をかけることで、負の電荷を帯びた粒子の流れであることを確認する。

　生徒の実態によっては、クルックス管の実験を見せてもよい。

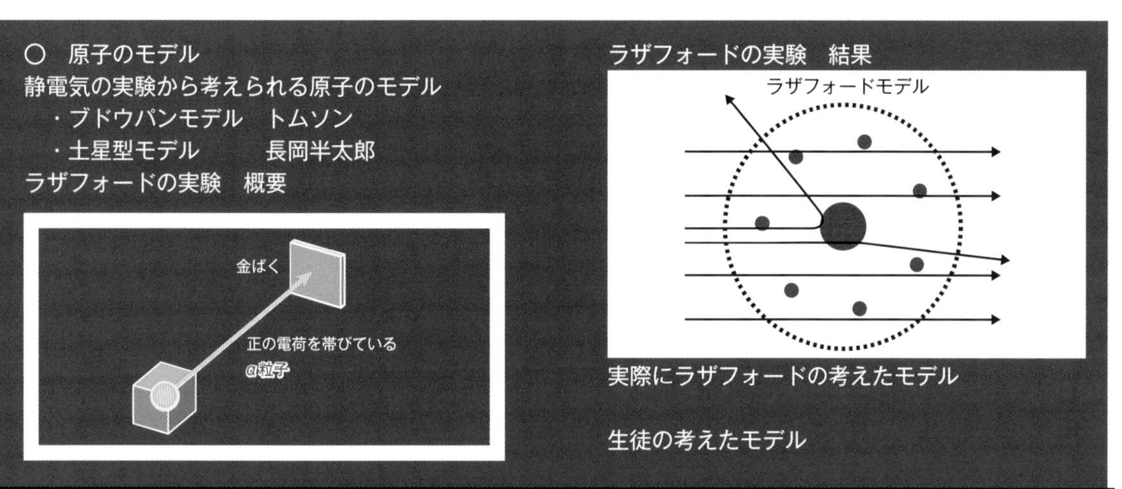

【課題の追究２】（15分）

③ラザフォードの実験からわかることを整理する。

原子核の存在は、20世紀の初め、ラザフォードが調べています。
金箔に、α粒子を当てる実験です。

ほとんどが通り抜けたということは、金ぱくの粒子の間がスカスカだってことだよね。

金ぱくに触っても、指は通過しないから、α粒子って、すごく小さいのかもしれないね。

α粒子がぶつかる対象の大きさがすごく小さいのかもしれないね。

アルファ粒子が跳ね返ったり、曲がったりしたのは、どうしてなんだろう。

原子の大きさってどうとらえたらいいのかな。

【課題の追究３】（15分）

④電荷を帯びた粒子とラザフォードの実験とを関連付けて推論し表現する。

α粒子って、正の電荷を帯びたヘリウムの原子核なんだよ。

曲がるということは、重たいだけじゃなくて、電子の反発があるのかもしれないね。

金ぱくを触って通り抜けられないのは、指も原子でできているからじゃないのかな。

原子と原子の間はすきまがたくさんあるのに、通過したり通過できなったり。深いなぁ。

次の時間から、原子の構造と物質の性質の関係について、詳しく学んでいきましょう。

本時の評価（指導に生かす場合）

電子の存在は、中学校で学んだことを振り返って整理できているか。陰極線の実験とラザフォードの実験を客観的に考察し、科学的に原子のモデルを類推することができるかどうかで見取る。

授業の工夫

学校現場でラザフォードの実験を再現することはできないが、いくつか工夫することはできる。例えば、２枚のガラス板に金ぱくをはさんでおき、回覧して観察させるとよい。緑がかった色を呈すること、そして透き通っていることを観察できる。また、アルファ粒子が正（プラス）の電荷を帯びたボールとして、どのようなモデルを考えるとすり抜けたり曲がったり、あるいは跳ね返るのかを考えさせるとよい。

1章　物質の構成粒子 ②時　原子の構造

知・技

思・判・表

主体的

●本時の目標：　原子の構造について理解する。

●本時で育成を目指す資質・能力：　知識及び技能

●本時の授業構想

　原子を構成する粒子に関連付けて、中学校の学びを思い出させながら、話し合いを通して、原子の構造を理解させる。

●本時の評価規準（Ｂ規準）

　原子を構成する粒子に関連付けて、原子の構造を理解している。

・本時の学習課題

物質を構成する基本的な粒子には、どのような性質があるのだろうか。

【課題の把握】　（５分）

①中学校の学習内容を想起する。

物質を構成している基本的な成分を元素と言いました。では、原子と聞いて思い浮かぶことは何ですか。挙げてみてください。

とても小さい。軽い。

いろんな種類がある。

元素記号で書く。

なんかモデル図で表したな。

原子を構成する粒子のうち、物質の性質に直接関わる粒子は何でしょうか。

【課題の追究１】　（10分）

②原子を構成する粒子の基本的な性質を確認する。

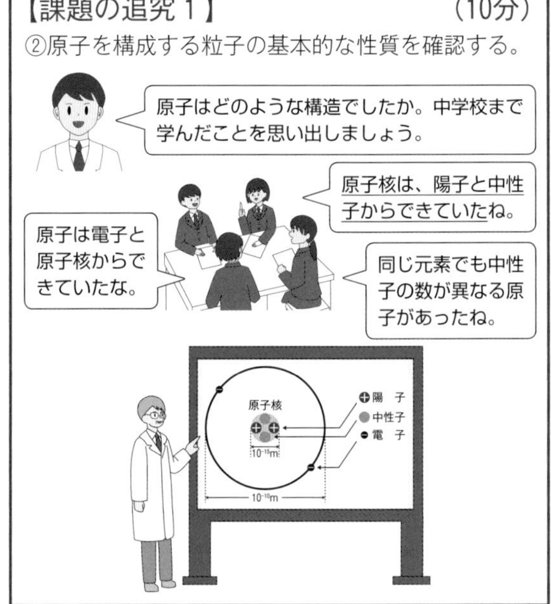

原子はどのような構造でしたか。中学校まで学んだことを思い出しましょう。
原子核は、陽子と中性子からできていたね。
原子は電子と原子核からできていたな。
同じ元素でも中性子の数が異なる原子があったね。
原子核
陽　子
中性子
電　子
10^{-15}m
10^{-10}m

中学校からのつながり

　中学校では、物質は原子や分子からできていることや、原子は電子と原子核からできていること、原子核は陽子と中性子からできていることについて学んでいる。

ポイント

　中学校での学びを振り返らせ、原子を構成する粒子のうち、陽子と電子は電荷を帯びており、中性子は電荷を帯びていないことを振り返らせる。また、陽子と中性子の質量はほぼ等しく、電子はこれらの粒子の1/1840程度であることを資料から気付かせる。

○　原子の構造の資料からわかることをまとめましょう。

生徒によるまとめの例

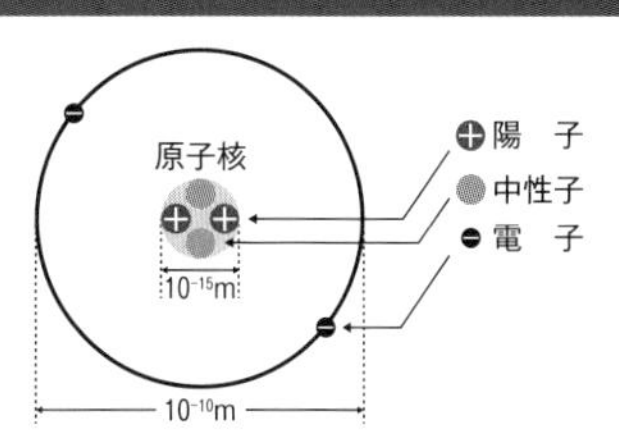

質量（g）	質量の比	電荷の比
1.673×10^{-24}	1	＋1
1.675×10^{-24}	約1	0
9.109×10^{-28}	約 $1\frac{1}{1840}$	－0

生徒による気付きの例
陽子と中性子は小さいがほぼ同じ質量である。
電子は陽子と比べて非常に小さい質量である。

2編　1章　物質の構成粒子

【課題の追究２】　（20分）

③原子を構成する粒子の性質を調べる。

原子核を構成する陽子と中性子、その周りにある電子の資料を示します。これからわかることって何かな。挙げてみましょう。

陽子と中性子は質量が小さいけど、ほぼ同じだな。

電子は、陽子や中性子に比べて質量がすごく小さい。

電子と陽子は粒の数は同じだな。中性子はどうかな。

プラスとはマイナスは反発するよね。電子と陽子は粒子の数が同じなら電気的には打ち消しあうんだね。

電子は原子核のサイズに比べると、とても遠くにあるんだね。

【課題の追究３】　（15分）

④原子番号と質量数の考え方について話し合う。

原子番号と質量数は次のように表します。これを見てわかることを話し合ってみましょう。

$^{4}_{2}He$　$^{40}_{18}Ar$

質量数は左上に書くんだな。

陽子は左下に書くんだね。

質量数から陽子を引けば中性子の数がわかるんだね。

数字と記号だけでこれまで学んだことがすべてまとめられているんだね。

本時の評価（指導に生かす場合）

原子番号と質量数を含む元素記号の見取りから、物質を構成する粒子について、原子の構造と関連付けて理解しているかを評価する。

授業の工夫

化学基礎を学んでいる生徒にとって、指数表記は、数学Ⅱで学ぶ内容であるため、気を配る必要がある。指数の数字が一つ大きくなるだけで10倍も変わることを以降の授業とも結び付けながら丁寧に指導することが大切である。

1章　物質の構成粒子 ③時　同位体

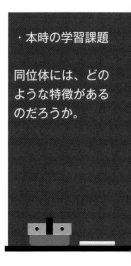

知・技
思・判・表
主体的

●本時の目標：　同位体の特徴を表現する。
●本時で育成を目指す資質・能力：　思考力、判断力、表現力等
●本時の授業構想
　陽子と中性子の関係を表すグラフなどを用いた話し合いを通して、同位体に関する共通点、相違点を見いだして表現できるようにする。
●本時の評価規準（B規準）
　同位体の特徴を、原子の構造と関連付けて表現している。

・本時の学習課題

同位体には、どのような特徴があるのだろうか。

【課題の把握】　（15分）
①グラフから見いだせることを共有する。

原子核には構成する陽子と中性子があることを学びました。ここに原子核の陽子数と中性子数について表したグラフを黒板に示します。何か気付くことはありますか。

陽子の数が増えると中性子の数が増えているな。

陽子の数が同じでも中性子の数が違うものがあるね。「同位体」っていうんだよね。

陽子の数が20以上のものは陽子より中性子のほうが多いね。

陽子の数が20くらいまでは陽子と中性子が同数のものが多いな。

【課題の追究１】　（10分）
②同位体のいろいろな特徴を調べる。

よく考えていますね。さらに同位体について、物理的な性質や化学的な性質を視点に話し合ってみましょう。

同じ元素の同位体が複数ある場合、どれも同じくらいあるのかな。

同位体同士の質量はそれぞれ違っているんだよ。

電子との関係はあるのかな？

同位体同士は、化学的な性質は異なるのかな？

調べてみたら、同じ元素の同位体が複数ある場合、資料にある通り存在割合が決まっているね。

調べてみたら、同じ元素の同位体が複数ある場合、化学的な性質は同じこともわかりました。

中学校からのつながり

　中学校では、同じ元素でも中性子の数が異なる原子があることを学んでいる。また、放射線の利用についても学んでいる。

ポイント

　陽子数と中性子数を示したグラフや同位体の存在比を示した表をもとに、生徒同士が意見交換を行う学習活動を設定することで、生徒自らが同位体の性質を見いだし、理解を深めることが大切である。

　半減期等の問題を扱う際には、問題を解くことを目的化せず、生徒の理解度に応じて教科書にある題材をもとに放射性同位体の利活用に触れて、化学を学ぶ意義を感じさせたい。また、学校の実態に合わせて深く原理について学ばせるなどの工夫も考えらえる。

問い　原子核の陽子数と中性子数について表したグラフからわかること、見いだせることを挙げてみましょう。

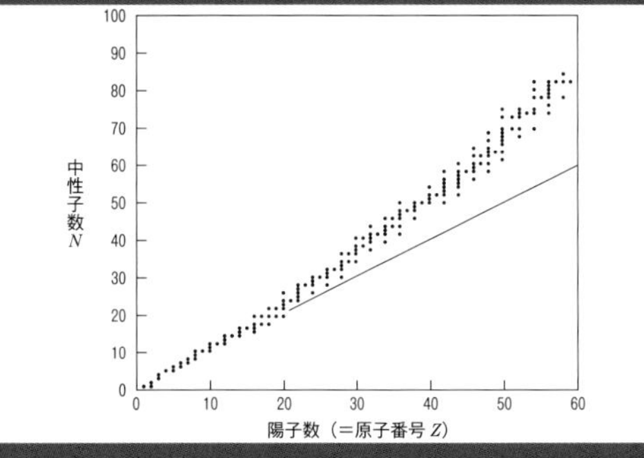

同位体：
質量数（陽子数＋中性子数）の異なる原子のこと

同位体の存在比

元素	同位体	質量数	存在比（%）
水素 $_{1}H$	^{1}H	1	99.9885
	^{2}H	2	0.0115
	^{3}H	3	ごく微量
炭素 $_{6}C$	^{12}C	12	98.93
	^{13}C	13	1.07
	^{14}C	14	ごく微量
酸素 $_{8}O$	^{16}O	16	99.757
	^{17}O	17	0.038
	^{18}O	18	0.205
塩素 $_{17}Cl$	^{35}Cl	35	75.76
	^{37}Cl	37	24.24

放射性同位体
・原子核が不安定で、放射線を出して安定な原子に変わる。
・半減期：元の量の半分になる時間

【課題の追究２】（５分）

③放射性同位体の性質を調べる。

同位体についてだいぶ整理が進みましたね。実は、同位体の中には、原子核から放射線を出しながら壊れて、自然に別の原子核に変わるものがあります。聞いたことはありますか。

聞いたことあるぞ。放射性物質に関係するのかな。

不安定な原子核、α線（ヘリウム原子核）、β線（電子）、ガンマ線（電磁波）を出して壊れるため、放射性同位体といいます。

重い原子は、陽子がたくさんあるから反発し合って、壊れやすいのかもしれないな。

なるほど。だからニホニウム、Nh（113）は寿命がすごく短いんだね。

これをしっかり理解するにはさらに深く学ぶ必要はありますが、原子の構造を踏まえたとても良いイメージができましたね。

【課題の追究３】（20分）

④放射性同位体や放射線の利用について話し合う。

放射性同位体や放射線の利用について調べたことを話し合ってみましょう。

がんの治療や、X線等に使われているね。

種子に放射線を当てて品種改良をしているらしいね。

温泉などにも使われているらしいよ。

自然界でも、遺跡の年代測定に使われているらしいよ。

では、遺跡の年代測定の利用について、教科書の記述を参考に詳しく考えてみましょう。

本時の評価（指導に生かす場合）

同位体の特徴について、原子の構造と関連付けて提示した資料から共通点や相違点を見いだし、表すことができているかを見取る。

授業の工夫

放射性同位体には必ず半減期があり、一定期間が過ぎると半分に減ることが知られている。炭素14による年代測定を発見したLibby（リビー）（アメリカ）はノーベル化学賞を受賞している。この方法を応用し、いろいろな元素の放射性同位体の半減期から年代測定ができるようになったことなどを通して、化学が果たす役割について想起させるとよい。また、生徒の理解度に応じて、炭素14が半分に減ると、窒素14が生成することも併せて説明しておきたい。

1章　物質の構成粒子 ④時　電子殻と電子配置

知・技
思・判・表
主体的

●本時の目標：　電子配置には規則性があることを理解する。
●本時で育成を目指す資質・能力：　知識及び技能
●本時の授業構想
　原子を構成する粒子の一つである電子が、原子核の周りにどのように存在しているのかについて学び、電子配置には規則性があることを理解させる。
●本時の評価規準（B規準）
　電子配置の規則性について、電子殻の構造と関連付けて理解している。

・本時の学習課題

電子配置にはどのような規則性があるのだろうか。

【課題の把握１】　（10分）
①原子の電子配置の規則性について見いだせたことを話し合う。

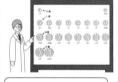

原子の電子配置を示した図を表します。ここから見いだせる規則性について話し合ってみましょう。
なんでこんなことを考えなければいけないのかな。
実は、化学の根幹となる叡智の結集なのですよ。このあと、一つ一つ学んでいきます。
並んでいる順番に電子が１個ずつ増えている。
原子番号の順番に並んでいる。
縦で見ると、一番外側の電子の数はHeを除けば同じだな。
前の時間に学んだ原子核が書かれていないね。

【課題の把握２】　（15分）
②ナトリウム原子、マグネシウム原子と塩素原子の電子配置を見ながら、考えたことを話し合う。

11+
12+
17+
$_{11}Na$
$_{12}Mg$
$_{17}Cl$
電子配置
左の原子を例に、規則性を考えてみましょう。
原子番号が一つ増えると電子の数も一つ増えるね。
陽子数と電子数は等しいね。例えばMgは、陽子は12個だから電子も12個だね。
MgってMg^{2+}って中学校で習ったけど、原子の電子配置と関わりがあるのかな。
NaClって学んだね。NaClの成り立ちは、それぞれの原子の電子配置と関わりがあるのかな。

ポイント

　前時では、それぞれの原子の陽子の数は決まっており、通常、電子数は陽子数に等しく、電気的に中性であることを学んでいる。
　化学基礎では、物質の化学的な性質において電子が重要な役割を果たすことに気付かせたい。そのための第一歩として、原子の電子配置を20番目まで示し、生徒が気付いたことを共有する場を設定した。生徒の気付きはさまざまであり、気付いたことを今後の授業で解き明かしていく流れを構築することで生徒の主体的な学びを引き出したい。
　本時では高校での新たな学びとして、以下の❶～❸を教師から示すことが必要である。

❶原子核を取り巻く電子は、いくつかの層に分かれて存在しており、この層を電子殻ということ。
❷電子殻は内側からK殻、L殻、M殻‥で表されること。
❸電子配置について学び、各原子の電子配置を描けるようにすること。

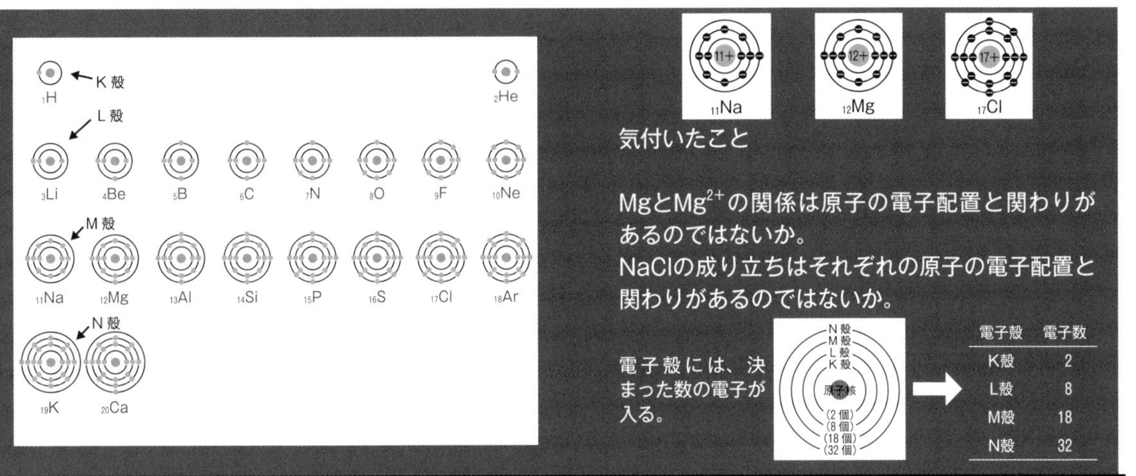

電子殻には、決まった数の電子が入る。

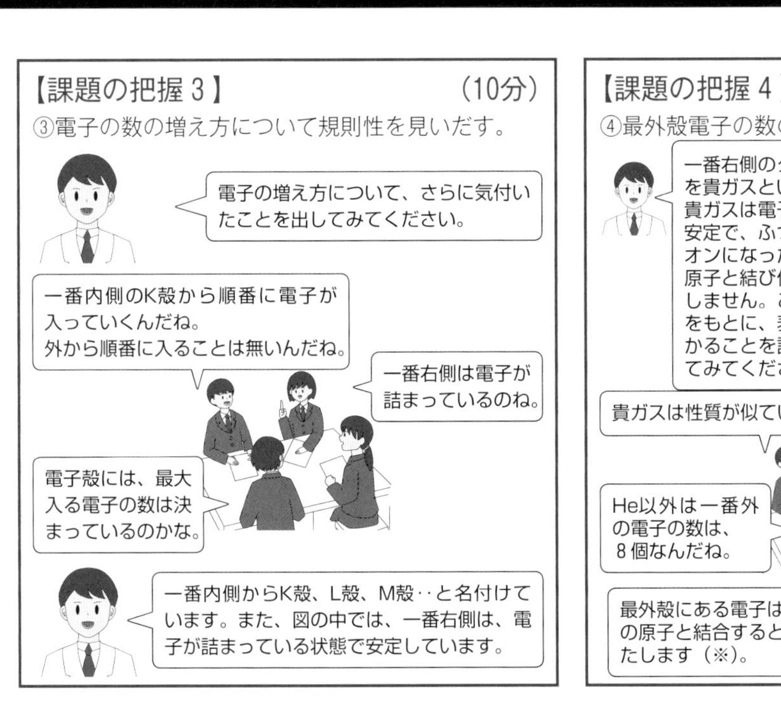

電子殻 電子数

【課題の把握 3】 (10分)
③電子の数の増え方について規則性を見いだす。
電子の増え方について、さらに気付いたことを出してみてください。
一番内側のK殻から順番に電子が入っていくんだね。外から順番に入ることは無いんだね。
一番右側は電子が詰まっているのね。
電子殻には、最大入る電子の数は決まっているのかな。
一番内側からK殻、L殻、M殻‥と名付けています。また、図の中では、一番右側は、電子が詰まっている状態で安定しています。

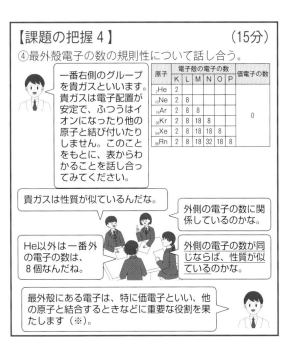

【課題の把握 4】 (15分)

④最外殻電子の数の規則性について話し合う。

一番右側のグループを貴ガスといいます。貴ガスは電子配置が安定で、ふつうはイオンになったり他の原子と結び付いたりしません。このことをもとに、表からわかることを話し合ってみてください。

原子	電子殻の電子の数						価電子の数
	K	L	M	N	O	P	
$_2He$	2						0
$_{10}Ne$	2	8					
$_{18}Ar$	2	8	8				
$_{36}Kr$	2	8	18	8			
$_{54}Xe$	2	8	18	18	8		
$_{86}Rn$	2	8	18	32	18	8	

貴ガスは性質が似ているんだな。

外側の電子の数に関係しているのかな。

He以外は一番外の電子の数は、8個なんだね。

外側の電子の数が同じならば、性質が似ているのかな。

最外殻にある電子は、特に価電子といい、他の原子と結合するときなどに重要な役割を果たします（※）。

本時の評価（記録に残す場合）

電子配置の規則性について電子殻の構造と関連付けられているかどうかを原子番号20までの原子の簡単なモデルで示させるなどして見取る。

指導の工夫

生徒が出した視点（なぜ電子配置を学ぶのか、イオンの生成、イオンになるためのエネルギー、化学結合、酸化還元反応、周期律など）については、この後の化学の学びにおいて、一つ一つ解き明かしていくことを生徒と共有したい。

本時においても興味関心が高まっている生徒に関しては、数学とのつながりの視点として、原子核に近い電子殻から順に電子が入ることがわかれば、電子配置は自ずと決まることを考えさせたい。2、8、18、32、50‥という各軌道に入る最大の電子数を挙げて、生徒にその規則性を考えさせ、数式（$2n^2$）を導き出させることなどが考えられる。

1章　物質の構成粒子　⑤時　イオンの生成

知・技
思・判・表
主体的

●本時の目標：　イオンの生成を電子配置と関連付けて表現する。
●本時で育成を目指す資質・能力：　思考力、判断力、表現力等
●本時の授業構想

　塩化銅の電気泳動の実験からイオンの存在を実感させ、原子がイオンになると、どのような電子配置に変化するかを表現させる。単原子イオンや多原子イオンの存在については、一覧表を示して、そこからの気付きを共有させる。

●本時の評価規準（B規準）

　典型元素の単原子イオンの生成を、電子配置と関連付けて表現している。

・本時の学習課題

イオンと電子配置には、どのような規則性があるのだろうか。

【課題の把握】　（15分）

①電気泳動の実験を行い、わかったことを話し合う。

板書の実験の図にあるように、塩化銅水溶液1滴をうすい硫酸ナトリウム水溶液で湿らせたろ紙の真ん中に滴下して、電圧を加えるとどのような変化があるか、観察してわかったことを話してください。

青い部分がマイナス極に移動しているな。

青色は銅イオンだよね。銅イオンは陽イオンだから陰極に移動しているね。

塩化物イオンはどこに行ったのかな。何をすれば調べられるのかな

硝酸銀水溶液を振りかけてみるのはどうかな。

このような実験を通して、電解質の水溶液中には、電気を帯びた粒子が存在していることを学んでいますね。

【課題の追究】　（10分）

②イオンの生成について説明する。

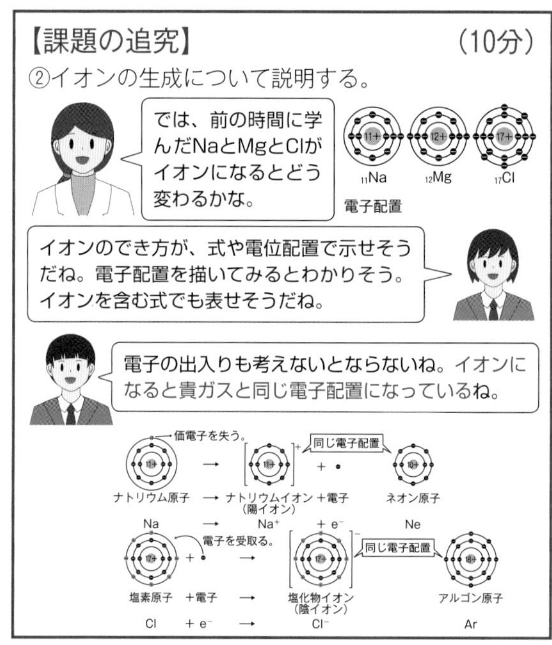

では、前の時間に学んだNaとMgとClがイオンになるとどう変わるかな。
11+
12+
17+
11Na
12Mg
17Cl
電子配置
イオンのでき方が、式や電位配置で示せそうだね。電子配置を描いてみるとわかりそう。イオンを含む式でも表せそうだね。
電子の出入りも考えないとならないね。イオンになると貴ガスと同じ電子配置になっているね。
価電子を失う。
同じ電子配置
ナトリウム原子 → ナトリウムイオン（陽イオン） ＋電子　ネオン原子
Na → Na+ ＋ e−　Ne
電子を受取る。
同じ電子配置
塩素原子 ＋電子 → 塩化物イオン（陰イオン）　アルゴン原子
Cl ＋ e− → Cl−　Ar

中学校からのつながり

　中学校では、イオンの存在について電気泳動の実験を通じて学んでいる。

ポイント

　中学校での学びを生かすとともに、塩化銅の電気泳動の実験からイオンの存在を実感させることを大切にしたい。その後、NaやMgやClの電子配置をもとに、イオンになればどのような電子配置になるかを考えさせる学習活動を設定し、中学校で学んだイオンの生成を電子のふるまいと関連付けて説明できるように促したい。多原子イオンの存在は、一覧表を示して、その一覧表からの気付きを共有することにとどめておくことで、生徒の抵抗感を緩和することを心がけたい。

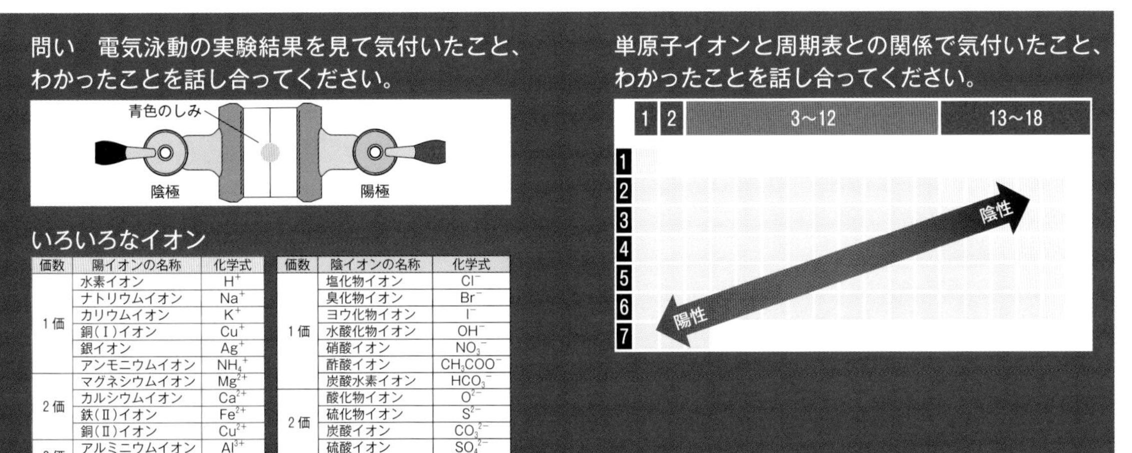
問い　電気泳動の実験結果を見て気付いたこと、わかったことを話し合ってください。
青色のしみ
陰極
陽極
単原子イオンと周期表との関係で気付いたこと、わかったことを話し合ってください。
1
2
3〜12
13〜18
1
2
3
4
5
6
7
陰性
陽性

いろいろなイオン

価数	陽イオンの名称	化学式
1価	水素イオン	H^+
	ナトリウムイオン	Na^+
	カリウムイオン	K^+
	銅(Ⅰ)イオン	Cu^+
	銀イオン	Ag^+
	アンモニウムイオン	NH_4^+
2価	マグネシウムイオン	Mg^{2+}
	カルシウムイオン	Ca^{2+}
	鉄(Ⅱ)イオン	Fe^{2+}
	銅(Ⅱ)イオン	Cu^{2+}
3価	アルミニウムイオン	Al^{3+}
	鉄(Ⅲ)イオン	Fe^{3+}

価数	陰イオンの名称	化学式
1価	塩化物イオン	Cl^-
	臭化物イオン	Br^-
	ヨウ化物イオン	I^-
	水酸化物イオン	OH^-
	硝酸イオン	NO_3^-
	酢酸イオン	CH_3COO^-
	炭酸水素イオン	HCO_3^-
2価	酸化物イオン	O^{2-}
	硫化物イオン	S^{2-}
	炭酸イオン	CO_3^{2-}
	硫酸イオン	SO_4^{2-}
3価	リン酸イオン	PO_4^{3-}

【課題の追究２】　（10分）
③単原子イオン、多原子イオンについて理解する。
いろいろな１価、２価、３価の陽イオン、陰イオンの物質を表で示します。どんな規則性があるか話し合ってみてください。
一粒だけでイオンになっているものばかりではないんだよね。
○化物イオンっていうのがあるね。水酸化物イオン以外は周期表の名前からなんとなくイメージできそう。
銅イオンは１とⅡがあるんだね。
多原子イオンいろいろあるな。
確かにいろいろありますね。イオンについて少しずつわかってきましたね。

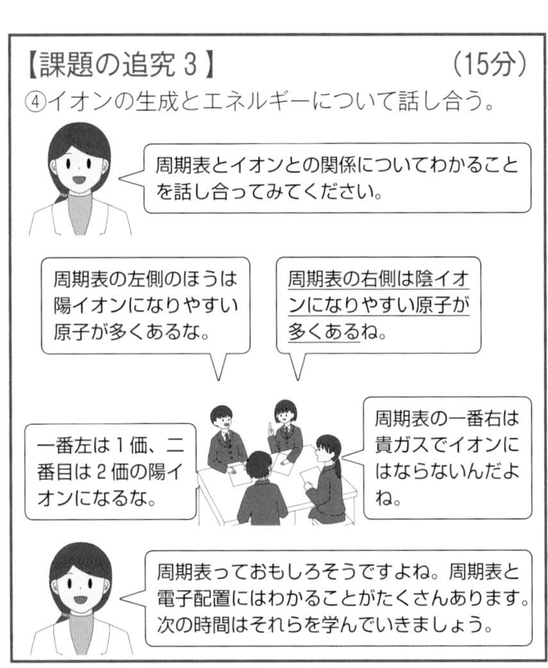
【課題の追究３】　（15分）
④イオンの生成とエネルギーについて話し合う。
周期表とイオンとの関係についてわかることを話し合ってみてください。
周期表の左側のほうは陽イオンになりやすい原子が多くあるな。
周期表の右側は陰イオンになりやすい原子が多くあるね。
一番左は１価、二番目は２価の陽イオンになるな。
周期表の一番右は貴ガスでイオンにはならないんだよね。
周期表っておもしろそうですよね。周期表と電子配置にはわかることがたくさんあります。次の時間はそれらを学んでいきましょう。

本時の評価（記録に残す場合）

単原子イオンの電子は最も近い原子番号の貴ガスの電子配置になる傾向があることなど、イオンの生成を電子配置と関連付けて表現できているかを見取る。

授業の工夫

この内容は教師が説明する形式が一般的であるが、中学校の学びや図や表を示すことで生徒がさまざまなことに気付いていくことを大切にして、生徒の思考に沿った流れになるような授業を構築した。これからの学習につながるような興味関心を高める時間となるように、演示実験を行うことも考えられる。

1章　物質の構成粒子　⑥⑦時　周期表と電子配置

・本時の学習課題

原子の電子配置と周期表の族や周期にはどのような関係性や規則性があるのだろうか。

知・技
思・判・表
主体的

●本時の目標：　原子の電子配置と周期表の族や周期との関係について科学的に探究しようとする。

●本時で育成を目指す資質・能力：　学びに向かう力、人間性等

●本時の授業構想

具体的な価電子数のグラフや第１イオン化エネルギーのグラフと周期表とを関連付けて学ばせ、規則性や関係性を見いださせる。生徒の気付きを促すため、２時間構成として、話し合う活動を十分に確保している。

●本時の評価規準（Ｂ規準）

原子の電子配置と周期表の族や周期との関係について科学的に探究しようとしている。

【課題の把握】（30分）
①周期表と元素との関係を話し合う。
周期表を見てわかることをできるだけ多く挙げてみましょう。白地図のような周期表に色分けをして、説明してみましょう。
原子番号の順に並んでいるね。
２とか10で次の行に行っているけど意味があるのかな。
周期表は不思議な形をしているな。
貴ガスは縦で似た性質だったね。
さらに元素の名称や族や周期の関係について知っていること、調べたことについて周期表を色分けしてみてください。
価電子には何か、途中まではきまりがありそうだな。
金属は、左のほうにたくさんあるね。右の方が非金属だね。
単体で固体、液体、気体で分けられる。
典型元素、遷移元素っていうのがあるんだね。

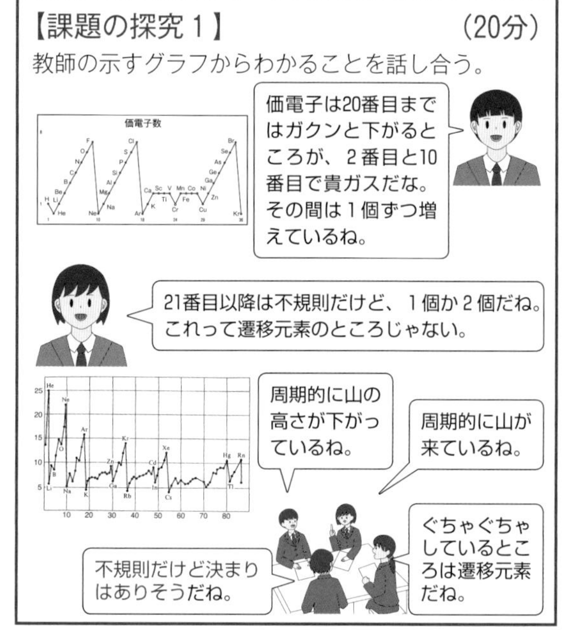

【課題の探究１】（20分）
教師の示すグラフからわかることを話し合う。
価電子数
価電子は20番目まではガクンと下がるところが、２番目と10番目で貴ガスだな。その間は１個ずつ増えているね。
21番目以降は不規則だけど、１個か２個だね。これって遷移元素のところじゃない。
周期的に山の高さが下がっているね。
周期的に山が来ているね。
不規則だけど決まりはありそうだね。
ぐちゃぐちゃしているところは遷移元素だね。

中学校からのつながり

中学校では、元素について、周期表を用いて金属や非金属など多くの種類が存在することを学んでいる。

ポイント

元素の周期表は科学の英知が詰まっていることを、生徒が実感できるような授業構成を試みた。導入として、シンプルな元素の周期表を生徒に与え、生徒に知っていることや調べたことを自由に書き込ませることで周期表に対する興味関心を喚起させたい。その後、作成した周期表から気付きを共有し、今後の学習につなげたい。さらに、原子の価電子数のグラフ、イオン化エネルギーのグラフなどを提示し、気付いたことを出し合う学習活動を行う。その際、生徒の自由な発想や気付いたことを基に、グラフと周期表との大まかな規則性を生徒自ら掴むことができるような流れを考えた。

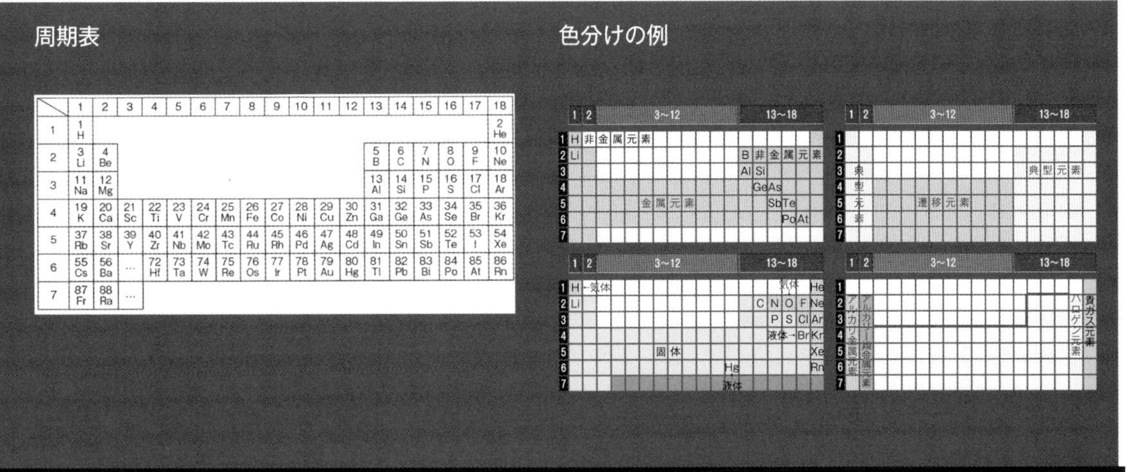

	1	2	3	4	5	6	7	8	9	10	11	12	13	14	15	16	17	18
1	1 H																	2 He
2	3 Li	4 Be											5 B	6 C	7 N	8 O	9 F	10 Ne
3	11 Na	12 Mg											13 Al	14 Si	15 P	16 S	17 Cl	18 Ar
4	19 K	20 Ca	21 Sc	22 Ti	23 V	24 Cr	25 Mn	26 Fe	27 Co	28 Ni	29 Cu	30 Zn	31 Ga	32 Ge	33 As	34 Se	35 Br	36 Kr
5	37 Rb	38 Sr	39 Y	40 Zr	41 Nb	42 Mo	43 Tc	44 Ru	45 Rh	46 Pd	47 Ag	48 Cd	49 In	50 Sn	51 Sb	52 Te	53 I	54 Xe
6	55 Cs	56 Ba	…	72 Hf	73 Ta	74 W	75 Re	76 Os	77 Ir	78 Pt	79 Au	80 Hg	81 Tl	82 Pb	83 Bi	84 Po	85 At	86 Rn
7	87 Fr	88 Ra	…															

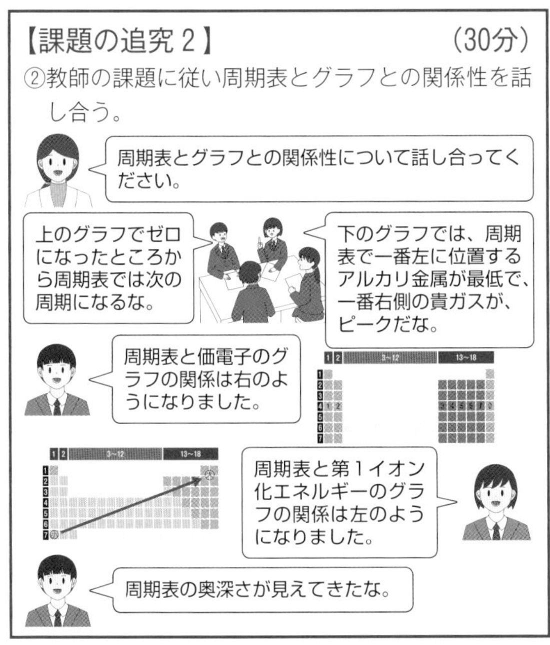

【課題の追究２】　（30分）
②教師の課題に従い周期表とグラフとの関係性を話し合う。
周期表とグラフとの関係性について話し合ってください。
上のグラフでゼロになったところから周期表では次の周期になるな。
下のグラフでは、周期表で一番左に位置するアルカリ金属が最低で、一番右側の貴ガスが、ピークだな。
周期表と価電子のグラフの関係は右のようになりました。
周期表と第１イオン化エネルギーのグラフの関係は左のようになりました。
周期表の奥深さが見えてきたな。

【課題の追究３】　（20分）

③周期表の意味を実感、再認識する。

周期表でさらに気付いたことを出し合ってまとめてみてください。

周期表って調べれば調べるほどいろんなことが出てくるね。

イウム、っていうのが多いね。漢字で書くものもあるんだ。

貴ガスは18族だ。右から２番目の列がハロゲンっていうんだな。

ちゃんとそれぞれに名前があって、さらに規則性まであって便利だね。

周期表ってよくできているね。元素の持っている特徴は皆違うけど、並び方で性質が似ているものもあるんだね。周期表を見ると規則性が見えてきたりして面白いね。不規則に見えるところにも何か意味があるのかな。

本時の評価（記録に残す場合）

原子の電子配置と周期表の族や周期との関係について、イオンの生成を電子配置と関連付けて表現できているかどうか、他者の意見を参考にしながら科学的に探究しようとしている様子を見取る。

授業の工夫

例えば「あなたは原子核研究所の研究者です。周期表の最も重い元素である元素番号118のオガネソン（Oganesson、Og）は、カリホルニウム（元素番号98）とカルシウム（元素番号20）の原子核を衝突させて、オガネソン（元素番号118、およびその他の同位体）を生成させました。このことを応用して新たな元素を生成し、その性質を推測してみましょう。」というパフォーマンス課題に取り組ませて、元素の性質が最外殻電子数と関連していることや、電子配置と周期表の族や周期との関係の理解度を高めながら、主体的に学習に取り組む態度を見取る授業展開にすることも考えられる。さらに次の授業では、さまざまな単体の化学的な性質を調べ、原子番号との関係性を見いだし、そしてこれらをまとめてレポートを作成させるとよい。

1章　物質の構成粒子 ⑧時　同族元素の性質

知・技

思・判・表

主体的

●本時の目標：　同族元素の単体の性質を通して、周期表との関係について科学的に探究し、説明する

●本時で育成を目指す資質・能力：　思考力、判断力、表現力等

●本時の授業構想

具体的な単体の性質について科学的に探究させることを通して、物質の性質と周期表との関係を説明させる。

●本時の評価規準（B規準）

原子の電子配置と周期表の族や周期との関係について科学的に探究し、説明している。

・本時の学習課題

単体の化学的性質と周期表との間には、どのような関係性や規則性があるのだろうか。

【課題の把握１】　（10分）

①17族の原子のもつ性質を話し合う。

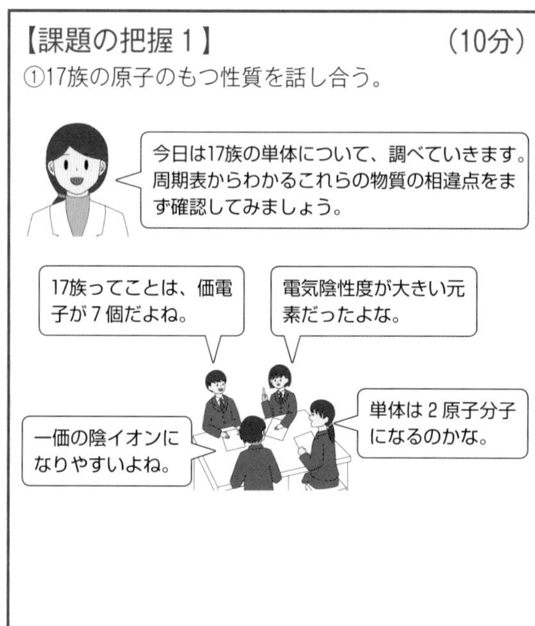

【課題の把握２】　（10分）

②17族の単体や化合物について知っていることを共有する。

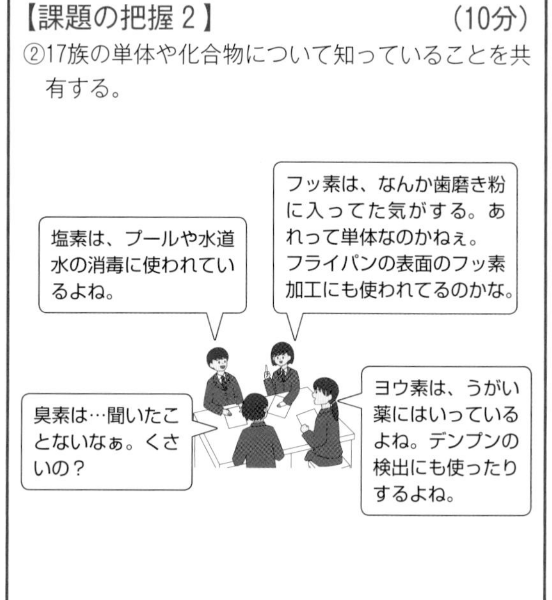

中学校からのつながり

中学校では、元素記号や周期表について学んでいる。

ポイント

前時の元素の周期表に関する学習を踏まえ、同族元素の単体や化合物について、さまざまな視点から共通点や相違点を見いださせることが重要である。単体の性質を話し合うときには、イオン化エネルギーや電子親和力といったエネルギーに関すること、価電子数や原子半径と原子番号との関係などについても話題にできる。また、単体や化合物については、知っていることを共有するだけでなく、インターネットで情報を調べさせることも考えられる。

そのうえで、塩素とヨウ素の持つ性質から、単体X（臭素）の持つ性質について、自由に意見を出させながら予想させるとよい。

なおハロゲンに関する観察、実験を生徒主体で行う際には安全性に十分留意する。また、必要に応じて教師が手元カメラを使いながら演示実験として行うなどの方法も考えられる。いずれの場合も、実際の物質を用いた観察、実験を通して、物性の相違点を実感させたい。

【仮説】17族の塩素とヨウ素の性質がわかれば、周期表から同族元素である単体X（臭素）の性質が予測できるのではないか。

実験

① 小さじ1杯のさらし粉を試験管に入れ,1滴の濃塩酸を滴下して塩素を発生させる。このとき試験管の口にはコルク栓をしておく。塩素の色や状態を観察する。

② ヨウ素の単体を試験管に入れ,湯で温める。このとき試験管の口には脱脂綿を詰めておく。ヨウ素の色と状態を観察する。

③ 実験結果を踏まえ、単体X（臭素）の性質について予想する。

<気付いたことの共有>

17族元素	単体の色	単体の状態
塩素（Cl）		
×		
ヨウ素（I）		

○17族元素の共通点
- ・価電子数が7
- ・陰イオンになりやすい
- ・単体は2原子分子

○17族元素の相違点
- ・色の濃さが原子番号が大きくなるほど濃くなってる？

○ハロゲン元素が使われている例
- ・塩素は食塩の主成分　・ヨウ素液
- ・フッ素コートフライパン

【課題の探究1】（20分）予想

③塩素の単体とヨウ素の単体の実験を行い、単体Xの性質（状態と色）を予想する。

塩素は黄色っぽい気体だね。

ヨウ素は固体だけど、温めると紫の気体も見えたな。

どちらの試験管からも、ちょっとだけ刺激臭がするような気がする。なんか体に悪そう。

周期表では塩素とヨウ素の間に位置しているから、気体と固体の間の性質かな。どっちにしても、温めたらすぐ気体にはなりそう。

【課題の探究2】（10分）

④実験後の廃液を処理し、その理由について考える。

塩素もヨウ素も、生き物にとっては毒性がある単体なので、そのまま捨てることは好ましくありません。ですので、ハイポ（チオ硫酸ナトリウム）で無毒化して捨てましょう。

ハイポって、観賞魚用の水を作るときに使うカルキ抜きだよね。うすい塩素でも、小さな生き物には影響が強いんだな。

ヨウ素をうがい薬に使うのも、細菌の殺菌に使うためだとわかるね。これだけきれいに色が消えると、ヨウ素がなくなったって気がするよね。

ヨウ素の元素自体がなくなったとは考えにくいから、毒性の低い別の物質に変わったと考えた方がいいよね。

塩素とヨウ素がハイポと反応するなら、単体Xもきっと無毒化できるんじゃないかな。

本時の評価（指導に生かす場合）

科学的な根拠をもとに、単体X（臭素）の性質を推論できているかを、レポートの記述や学習活動を見取り評価する。

授業の工夫

実験に際しては安全性に十分留意し、観察に必要な最小限の量となるよう試薬の量を調整することが重要である。塩素は空気より密度が大きいので、大量に発生させない限り試験管からあふれることはない。試験管に入れるさらし粉や濃塩酸の量で塩素の発生量は調整できる。

本時は、アルカリ金属などの素材を用いて、同じように同族元素の性質を予想させる展開も考えられることから、安全に実験を行う方法に習熟することで授業の幅を大きく広げることができる。

また、実験後の廃液処理については、原則授業後に教師が行うことが多いとは思うが、折に触れて体験的に学ばせることにより、環境に対する生徒の意識の向上につなげられることを留意しておくとよい。

第２編　物質の構成
２章　物質と化学結合（12時間）

1 単元で生徒が学ぶこと

物質と化学結合についての観察、実験などを通して、イオンとイオン結合、分子と共有結合、金属と金属結合について理解させ、それらの観察、実験などの技能を身に付けさせるとともに、思考力、判断力、表現力等を育成することが主なねらいである。

2 この単元で（生徒が）身に付ける資質・能力

知識及び技能	**物質と化学結合について、イオンとイオン結合、分子と共有結合、金属と金属結合を理解するとともに、それらの観察、実験などに関する技能を身に付けること。**
思考力、判断力、表現力等	**物質と化学結合について、観察、実験などを通して探究し、物質の変化における規則性や関係性を見いだして表現すること。**
学びに向かう力、人間性等	**物質と化学結合に主体的に関わり、科学的に探究しようとする態度を養うこと。**

3 単元を構想する視点

この単元は、物質と化学結合について学習する。化学結合として主にイオン結合、共有結合、金属結合について、身近にある化合物を扱う探究活動を通して、化学結合とそれぞれの物質の性質が関連していることを見いだして理解させることがねらいとなる。中学校では、金属については、第１学年で電気伝導性、金属光沢、展性・延性などの共通の性質があることについて実験を通して学習している。また、第２学年で物質を構成している単位として原子や分子があり、分子はいくつかの原子が結び付いて一つのまとまりになったものであることを学習している。さらに、第３学年では、水溶液の電気伝導性についてイオンのモデルと関連付けて微視的に捉えさせている。いずれの場合も、中学校までに慣れ親しんだ物質について、それぞれの成り立ちから性質を関連付けることができるように実験や観察を行い、見通しや振り返りなどの科学的な探究活動を通して、生徒が見いだして理解できるようにすることが重要である。固体、溶融塩、水溶液における電気伝導性を比較する実験を通して、固体や溶融塩と水溶液の違いに触れ、融点や沸点から結合の強さを結び付ける。組成式では電荷を打ち消すような割合で結晶を構成していることを理解させる。

4 本単元における生徒の概念の構成のイメージ図

単元のねらい

物質の性質と化学結合の関係や規則性を表現させる

イオンとイオン結合	・イオン結合の結晶は電流を通さないけど水溶液や溶融すると通すんだね。 ・イオン結合をしている物質は陽イオンと陰イオンが電荷を打ち消し合うんだね。
分子と共有結合	・分子は共有結合により結び付いていて、分子式、電子式、構造式で表すんだね。 ・分子の模型を作ってみると、分子の形の特徴と性質には関係がありそうだね。
金属と金属結合	・金属結合は自由電子が介在しているので、金属の特徴的な性質があるんだね。 ・自由電子は、金属光沢、電気伝導性、展性・延性と関係があるんだね。

5 本単元を学ぶ際に、生徒が抱きやすい困り感

結合の仕組みや違いが何だかよくわかりません。

覚えることが多すぎて、大変だな。何か決まりがあるの？

結晶の違いがよくわかりません。そもそも、結晶が違うから何だっていうの？

結合と物質の性質に関連性が見いだせません。

6 本単元を学ぶ際に、教師が抱きやすい困り感

結晶の性質を端的に理解してもらえるような事例が示しにくいです。

この単元だけだと生徒は理解しているようなのに、後の単元で活用できない様子が見られます。

6 単元の指導と評価の計画

単元の指導イメージ

それぞれの化学結合や性質を暗記するのは難しい。

イオン結合、共有結合、金属結合がそれぞれどのような結合か整理しよう。

中学校で学んだ分子やイオン、金属の特徴を振り返ってみよう。

学習したことから、物質を分類する実験計画を立案し発表してみよう。

物質と化学結合（全12時間）

時間	単元の構成
1	イオン結合 1
2	イオン結合 2
3	分子と共有結合
4	分子の形
5	分子からなる物質の性質
6	金属結合
7	共有結合からなるさまざまな物質
8	配位結合と錯イオン
9・10	物質の同定 探究活動①
11・12	実験レポートの書き方 2

本時の目標・学習活動	重点	記録	備考（★教師の留意点、○生徒のB規準）
イオン結合の仕組みを物質の性質と関連付けて説明する。	思		★「とける」という意味、溶解と融解の違いは理解が進んでいない場合があることに留意して授業を展開する。
イオン結合でできた物質は、組成式で表されることを理解する。	知	○	○イオン結合をしている物質は、組成式を用いて示すことを理解している。 ★イオンカードのゲームを導入する。
分子が共有結合によりできていることを理解する。	知		★分子式と組成式を比較することから共通点と相違点を挙げさせ、生徒が見いだした問題から課題を設定する。
共有結合により構成される分子の分子模型を作り、分子の形から分子の性質を類推する。	思	○	○共有結合により構成される分子の分子模型を作り、分子の形から分子の性質を類推して表現している。
極性分子と無極性分子の性質の違いについて説明する。	思		★分子模型を提示すると、生徒が理解しやすい。分子模型から、融点、沸点、溶解性などについて類推させる。
金属結合をしている物質の性質について理解する。	知	○	○金属結合をしている物質の性質について、自由電子が介在していることを関連付けて理解している。
共有結合でできたさまざまな物質について理解する。	知		★生徒が調べたくなるような課題を設定する。20 程度の具体的な物質を、性質と構造の観点から分類させる。
配位結合について、規則性や関係性を見いだして表現する。	思		★配位結合の電子式を見た生徒の気付きをもとに、規則性や関係性を見いださせ表現させる。
1時間目：未知の固体物質を同定する実験の計画を立案する。 2時間目：物質を性質と化学結合と関連付けて同定する。	思	（2時間目）○	○未知の固体物質を同定する実験計画を立案している。 ★結果を見据えた計画の立案、結果の分析や解釈を通して、実証性、再現性、客観性といった探究の過程を踏まえる際の重要な視点を生徒に体感させる。
1時間目：実験を行いアルカリ金属を同定する。 2時間目：相互評価活動により記述を改善している。	（1時間目）思 （2時間目）態	（2時間目）○	○主体的に考察を記述し、粘り強く記述を改善しようとしている。 ★物質を同定するために見通しを持って実験計画の立案することを重視する。また、考察を記述させ、相互評価活動により考察記述を改善させる。

2章　物質と化学結合　①時　イオン結合 1

知・技

思・判・表

主体的

●本時の目標：　イオン結合の仕組みを物質の性質と関連付けて説明する。

●本時で育成を目指す資質・能力：　思考力、判断力、表現力等

●本時の授業構想

NaClの結晶は電流が流れないが、融解したり水溶液にしたりすると電流が流れる。それらについてイオンの動きに関連付けて説明させる。

●本時の評価規準（B規準）

実験結果から、イオン結合の仕組みを物質の性質と関連付けて説明している。

・本時の課題

食塩の結晶の中で、陰イオンと陽イオンはどのように結び付いているのか、説明できるだろうか。

【課題の把握】　（5分）

①予想してから実験を行う。

実験1：純水、NaClの結晶、NaCl水溶液、融かしたNaClに電圧をかけ、電流が流れるかどうか、生徒に予想させ実験を行う。

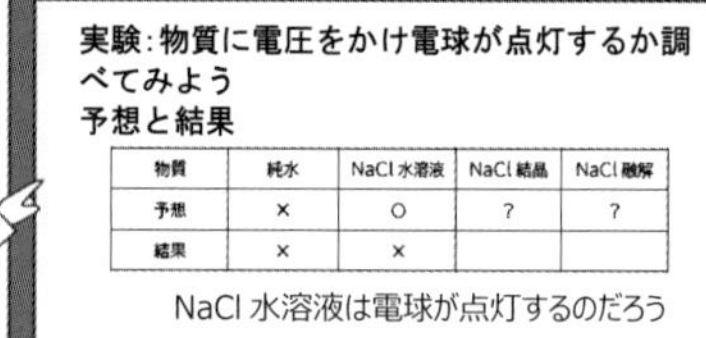

実験：物質に電圧をかけ電球が点灯するか調べてみよう

予想と結果

物質	純水	NaCl 水溶液	NaCl 結晶	NaCl 融解
予想	×	○	?	?
結果	×	×		

NaCl 水溶液は電球が点灯するのだろう

NaClの結晶は電気を流さないよね。
電解質は、水に溶かすと流れるよね。
食塩の液体？水溶液のこと？
そうそう液体だったら流れたよね。

【課題の追究1】　（15分）

②実験結果から気付いたことを共有する。

NaClはイオンからなる物質です。実験結果から何がいえるかな？

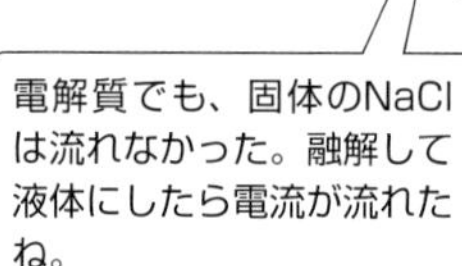
固体だけ電気が流れないのはなぜだろう。
同じ液体でも純水は通さないけど食塩水は通したね。
電解質でも、固体のNaClは流れなかった。融解して液体にしたら電流が流れたね。
電解質はイオンでできていたからね。電気を流す物質がないと通らないのでは。

中学校からのつながり

中学校では、「分子からなる物質」、「分子を作らない物質」、NaClの結晶構造などについて学習している。

ポイント

電流が流れるときの粒子の振る舞いについて、生徒のイメージを豊かにすることを念頭に授業を行うとよい。特に、電解質の水溶液と、融解したイオン結晶の相異について考えさせ共通点として電流が流れるしくみ、異なる点として溶媒（水）の存在の有無についてイメージさせるとよい。

純水に固体のNaClを加えて溶かした水溶液や溶融させたNaClでは、電流が流れることから、NaClの結晶はイオンで構成されていること等を確認させる。

結晶模型等を用いながら結晶中でのイオンの配列をイメージさせ、NaCl結晶中でNa^{+}とCl^{-}が交互に規則正しく並んでいることを確認させる。

NaClの結晶のへき開実験を通して、Na^{+}とCl^{-}が交互に並んでいる結晶構造で硬いがもろい性質であることを確認させる。

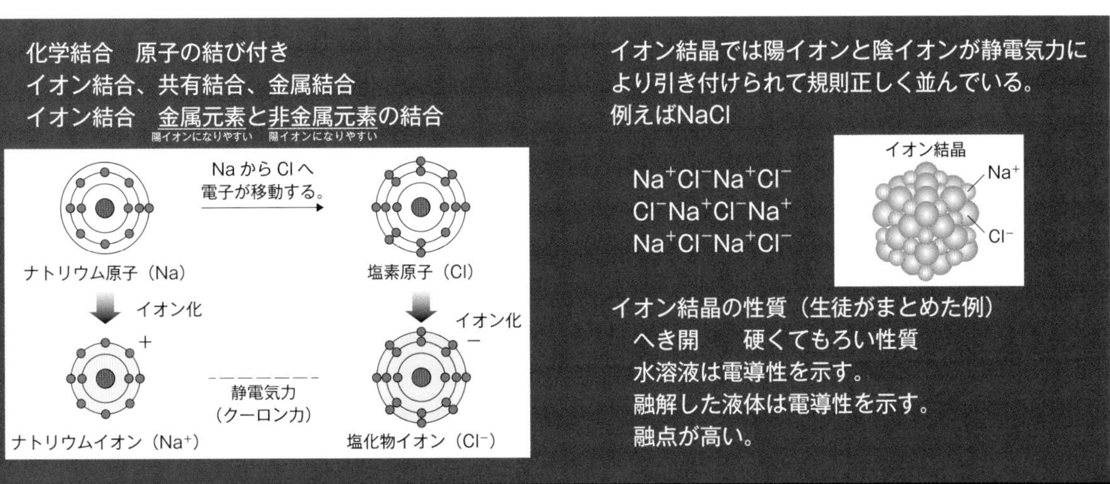

化学結合　原子の結び付き
イオン結合、共有結合、金属結合
イオン結合　金属元素と非金属元素の結合
陽イオンになりやすい　陽イオンになりやすい
Na から Cl へ
電子が移動する。
ナトリウム原子（Na）
塩素原子（Cl）
イオン化
+
イオン化
−
静電気力
（クーロン力）
ナトリウムイオン（Na⁺）
塩化物イオン（Cl⁻）
イオン結晶では陽イオンと陰イオンが静電気力により引き付けられて規則正しく並んでいる。
例えばNaCl
$Na^+Cl^-Na^+Cl^-$
$Cl^-Na^+Cl^-Na^+$
$Na^+Cl^-Na^+Cl^-$
イオン結晶
Na^+
Cl^-
イオン結晶の性質（生徒がまとめた例）
へき開　　硬くてもろい性質
水溶液は電導性を示す。
融解した液体は電導性を示す。
融点が高い。

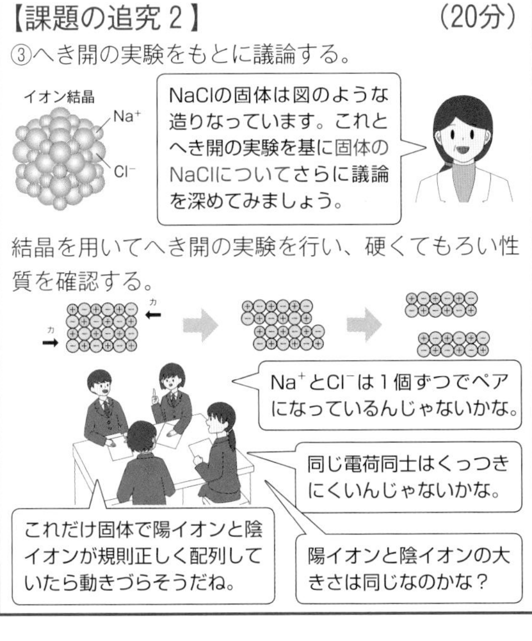

【課題の追究２】　(20分)
③へき開の実験をもとに議論する。
イオン結晶
Na^+
Cl^-
NaClの固体は図のような造りなっています。これとへき開の実験を基に固体のNaClについてさらに議論を深めてみましょう。
結晶を用いてへき開の実験を行い、硬くてもろい性質を確認する。
Na^+とCl^-は１個ずつでペアになっているんじゃないかな。
同じ電荷同士はくっつきにくいんじゃないかな。
これだけ固体で陽イオンと陰イオンが規則正しく配列していたら動きづらそうだね。
陽イオンと陰イオンの大きさは同じなのかな？

【課題の解決】　(10分)
④イオンの動きに関連付けて説明する。
固体のNaCl、融解したNaCl、NaCl水溶液のイオンの動きに関連付けて図やことばで説明しなさい。
固体のNaClに電流が流れなかったのはイオンが動かなかったからだと考えます。
水がなくても、イオンが動ければ、電流は流れるんだね。
融解したNaClに電流が流れたのは、イオンが動けたからだと考えます。

本時の評価（指導に生かす場合）

固体である岩塩は電流が流れないが、岩塩を融解させたり、水溶液にすると電流が流れる。それらの性質の違いについてイオンの動きに関連付けて説明しているかを見取る。

電流が流れるときの粒子の振る舞いについて、生徒のイメージを豊かにすることを念頭に授業を行っている。特に、電解質の水溶液と、融解したイオン結晶の相異について考えさせ、共通点として電流が流れる仕組み、異なる点として溶媒（水）の存在の有無についてイメージさせるとよい。

授業の工夫

「とける」という意味、溶解と融解の違いは理解が進んでいない場合があることに留意して授業を展開する。ルーペ等で食塩や岩塩結晶の外観を観察し、関心意欲をより高めることもできる。

生徒の素朴概念を刺激する場面を設定し、生徒の興味関心を喚起させ、探究的な学びにつなげていくことが大切である。

2章　物質と化学結合　②時　イオン結合 2

知・技

思・判・表

主体的

●本時の目標：　イオン結合でできた物質は、組成式で表されることを理解する。

●本時で育成を目指す資質・能力：　知識及び技能

●本時の授業構想

イオン結合について、構成している陽イオンと陰イオンに着目し電気的に中性になる数の比で構成されていることを理解させる。

●本時の評価規準（B規準）

イオン結合している物質は、組成式を用いて示すことを理解している。

・本時の課題

イオン結合でできた物質の示し方について理解しよう。

【課題の把握】　（10分）

①NaClについて考える。

前時に行ったNaClについて、構成する陽イオンと陰イオンの間には、どんな規則が考えられるかな？

1：1のイオンで構成されていました。

それぞれのイオンの価数が＋1と－1でした。だから、電気的に中性になっていました。

陽イオンが先、陰イオンがあとに書かれているよ。でも名前は　塩化　ナトリウム　だから、反対になっている。

他の物質はどうなっているのかな。例えばCaF_2、$MgCl_2$、Al_2O_3とか。周期表と何か関係があるのかな？

【課題の追究 1】　（15分）

②周期表からイオンの規則性を考える。

Mg^{2+}をMg^{+}にしたら、周期表から考えるとマズいよね。

＋になるのは金属元素で、－になるのは非金属元素が多いね。

イオンの価数が異なるときはどう考えたらいいのかな。

電気的に中性になるはずだから、0になるようにすればいいんじゃない？

多原子イオンにはどのようなものがありましたか？

OH^-　SO_4^{2-}
CO_3^{2-}　NH_4^+

中学校とのつながり

中学校では、酸の陰イオンとアルカリの陽イオンが結びついてできた物質を塩(えん)ということを学んでいる。

ポイント

イオン結合を構成する陽イオンと陰イオンの組み合わせについて、周期表と関連付けながら共通点を見いださせる。

価数の異なるイオン同士がイオン結合をするときの、化合物の陽イオンと陰イオンの数の関係を見いだす学習を行うことで、本単元を学ぶ動機付けとする。

周期表を関連付けて、イオン結合の物質が金属元素と非金属元素から構成していることを見いださせる。また陽イオンと陰イオンが電気的に中性になる数の比で集合していることを理解させる。主な多原子イオンも扱う。

さらに、組成式での表し方を理解させる。いくつかの例を挙げ、構成イオンの名称や数を示していることを確認させる。多原子イオンが複数になる場合は（　）を用いることにも触れる。

イオン結合でできている物質
CaF_2　CaO　Al_2O_3　NaOH
組成式の書き方と読み方
陽イオンの価数 × 陽イオンの数 ＝ 陰イオンの価数 × 陰イオンの数
（例）NaCl塩化ナトリウム
Na^+　1個　と　Cl^-　1個
（例）CaF_2　フッ化カルシウム
Ca^{2+}　1個　と　F^-　2個
書き方：陽イオン → 陰イオン　の順
読み方：「～イオン」「～物イオン」を省略し陰イオン→陽イオン順に読む

（例）CaO　酸化カルシウム
Ca^{2+}　1個　と　O^{2-}　1個
（例）Al_2O_3　酸化アルミニウム
Al^{3+}　2個　と　O^{2-}　3個
（例）NaOH　水酸化ナトリウム
Na^+　1個　と　OH^-　1個
（例）NH_4Cl　塩化アンモニウム
NH_4^+　1個　と　Cl^-　1個

他にどんな物質があるか
（例）$CaCO_3$
（例）Na_2CO_3

2編　2章　物質と化学結合

【課題の追究２】　（15分）
③陽イオンと陰イオンを組み合わせる。

元素の周期表や、習ったイオンをもとに、陽イオンと陰イオンを組み合わせて組成式を作ってみましょう。

陽イオン	陰イオン	陰イオン：陽イオン	化合物の組成式	化合物の名称

Ca^{2+}カルシウムイオン：O^{2-}酸化物イオン　1：1でCaO酸化カルシウム　だよね

Na^+ナトリウムイオンとCO_3^{2-}炭酸イオンが２：１でNa_2CO_3炭酸ナトリウム

【課題の解決】　（10分）
④組成式を表にまとめる。

		陰イオン			
	化学式 名称	Cl^-	S^{2-}	HCO_3^-	SO_4^{2-}
陽イオン	Na^+				
	Ca^{2+}				
	Na^+				
	NH_4^+				

NH_4^+とSO_4^{2-}では、どのように示せばいいのかな。

$NH_{42}SO_4$って、Hが42個あるみたいで、違和感があるね。

本時の評価（記録に残す場合）

化合物中のイオンの比を理解して、陽イオンと陰イオンを組み合わせ、化合物の組成式や名称を正しく示しているかを見取る。

授業の工夫

単原子の陰イオンは〇〇化物イオンと呼ばれる場合が多い。例えばS^{2-}硫化物イオン、O^{2-}酸化物イオン、Cl^-塩化物イオン、OH^-水酸化物イオンとなる。イオン結晶では陽イオンと陰イオン電荷を打ち消し合うような数の比の関係になっていることを確認させる。そしてイオンの組み合わせやその数の比を表した組成式を正しく理解させる。

イオンの価数と構成比の関係の理解を深めるために、イオンのリーグ戦やイオンカードゲームを導入している。

2章　物質と化学結合 ③時　分子と共有結合

知・技
思・判・表
主体的

●本時の目標：　分子が共有結合によりできていることを理解する。
●本時で育成を目指す資質・能力：　知識及び技能
●本時の授業構想

共有結合を電子配置と関連付けて理解させる。また、共有結合からなる分子について、分子式、電子式、構造式などを理解させる。分子を、構成する原子の種類と数を示した分子式、電子配置のモデルで表した電子式、分子内の結合の様子を表した構造式などで表すことができるようにする。

電子配置と関連付けて共有結合が構成される際の規則性を見いだせるようにする。

●本時の評価規準（B規準）

分子を構成する共存結合について、電子配置と関連付けて理解している。

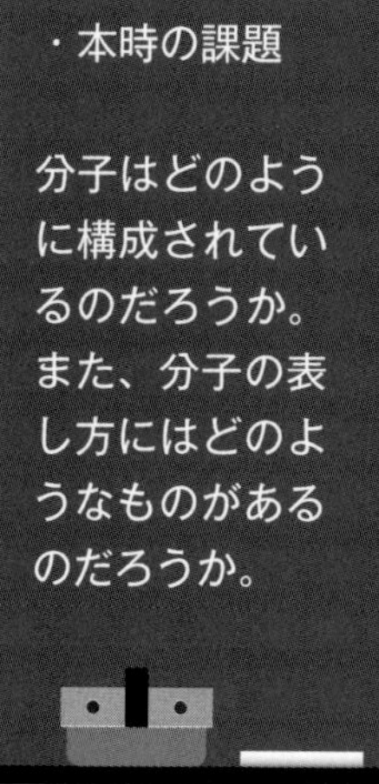

・本時の課題
分子はどのように構成されているのだろうか。また、分子の表し方にはどのようなものがあるのだろうか。

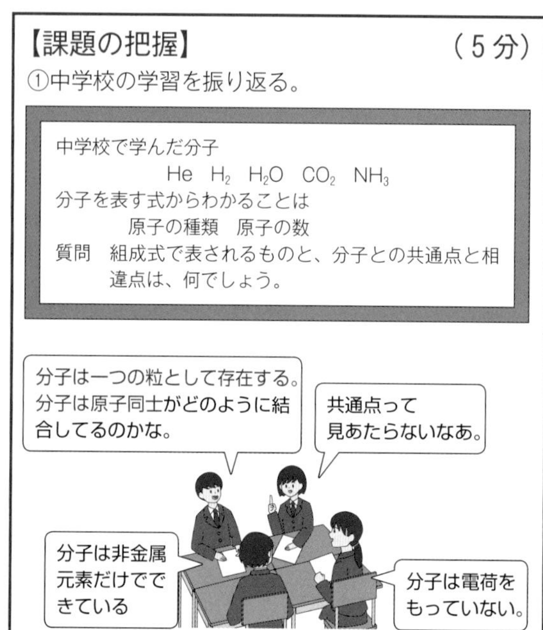

【課題の把握】　（５分）
①中学校の学習を振り返る。
中学校で学んだ分子
He　H_2　H_2O　CO_2　NH_3
分子を表す式からわかることは
原子の種類　原子の数
質問　組成式で表されるものと、分子との共通点と相違点は、何でしょう。
分子は一つの粒として存在する。分子は原子同士がどのように結合してるのかな。
共通点って見あたらないなあ。
分子は非金属元素だけでできている
分子は電荷をもっていない。

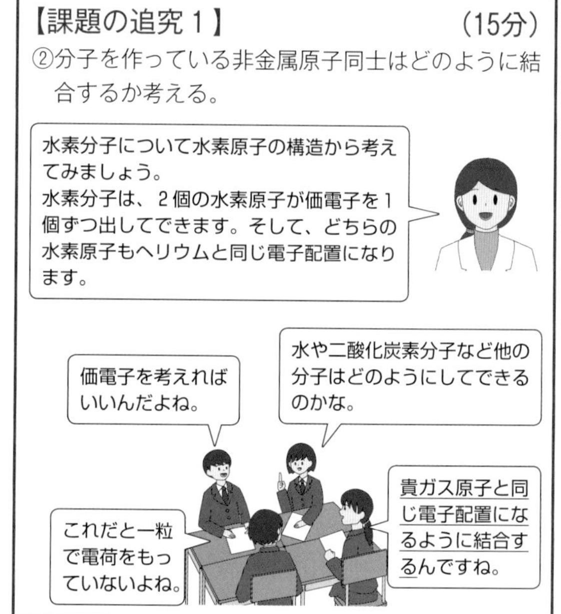

【課題の追究１】　（15分）
②分子を作っている非金属原子同士はどのように結合するか考える。
水素分子について水素原子の構造から考えてみましょう。
水素分子は、２個の水素原子が価電子を１個ずつ出してできます。そして、どちらの水素原子もヘリウムと同じ電子配置になります。
価電子を考えればいいんだよね。
水や二酸化炭素分子など他の分子はどのようにしてできるのかな。
これだと一粒で電荷をもっていないよね。
貴ガス原子と同じ電子配置になるように結合するんですね。

中学校からのつながり

中学校では、２年生で物質を構成する単位として、原子や分子があることを学習している。

ポイント

組成式と分子式を比較して違いに気付かせる。そのことにより、分子を構成する原子同士がどのようにして結合しているのかについて学ぶ動機付けとする。

原子の電子配置と共有結合を関連付けて理解させる。二つの水素原子の電子配置を図示し、どのように原子が結合するかを生徒に思考させる。その際、貴ガス原子の安定性について最外殻電子に着目して説明し、原子が安定になるにはどのように結合するかを類推させる。また、他の分子のでき方についても共通することを見いだし理解できるようにする。

電子式で不対電子を説明し、構造式での原子価と関連させる。基本用語についても説明する。水の電子式を作ることで、水素原子２個と酸素原子１個がどのように配列しているかを理解する。生徒が、水ではHHOではなく、HOHとつながっていることを理解し、構造式を書くことができるようにする。

水素原子はどのように結合しているか

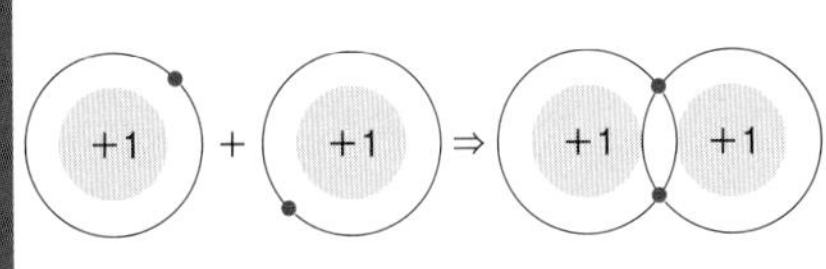

第２周期の原子の電子式

	Li	Be	B	C	N	O	F	Ne
電子式	Li・	Be	B	C	N	O	F	Ne
最外殻電子	1	2	3	4	5	6	7	8
不対電子	1	2	3	4	3	2	1	0

電子式

→ 原子が互いの不対電子を出し合って原子間で共有されている電子対を共有電子対という。

⬇

構造式

→ 共有電子対を線で結ぶ。

CH_4　メタン　H:C:H（上下にH）　H−C−H（上下にH）

問い：電子式からわかること、構造式からわかることを考えて書きましょう。

【課題の追究２】（20分）

③分子を電子式と構造式で表す。

元素記号のまわりに最外殻の電子を黒点（・）で配置した電子配置のモデルを電子式（ルイス構造式）といいます。
では、水の電子式を作ってみましょう。

原子間で共有された１組の共有電子対を１本の線で表した化学式を構造式といいます。
では、水の構造式を書いてみましょう。

HHOではなく、HOHの順で結合していることが分かりました。
他の分子はどうかな？
結合の数は各原子が結合するときに使う価電子、つまり不対電子の数と等しくなるのですね。

【課題の解決】（10分）

④いろいろな分子を電子式と構造式で示す。

不対電子が二つある２個の酸素と不対電子が四つある炭素が結合して二酸化炭素が構成されるとき構造式はどのようになるでしょうか。

メタンCH_4　H:C:H（上下にH）　H−C−H（上下にH）

硫化水素　H_2S　H:S:H　H−S−H

二酸化炭素CO_2　O::C::O　O＝C＝O

窒素　N_2　:N⋮N:　N≡N

１組の共有電子対で結ばれた結合を単結合、２組では二重結合、３組では三重結合といいます。

本時の評価（指導に生かす場合）

共有結合を電子配置と関連付けて理解しているかを見取るとともに、分子を分子式、電子式、構造式などで示すことができているかどうかを見取る。

授業の工夫

分子式と組成式を比較することで、共通点と相違点を挙げさせ、生徒が見いだした問題の中から課題を設定することが重要である。原子の電子配置から類推してどのように結合しているかを考えさせるようにしたい。電子式や構造式を考えた後に、用語の説明を補足していくような流れにする。原子の配列については、電子配置から電子式を、さらに電子式から構造式を考えると生徒が理解しやすい。

2章　物質と化学結合　④時　分子の形

知・技
思・判・表
主体的

●本時の目標：　共有結合により構成される分子の分子模型を作り、分子の形から分子の性質を類推する。

●本時で育成を目指す資質・能力：　思考力、判断力、表現力等

●本時の授業構想

　分子を構成するおもな原子である炭素、水素、酸素、窒素、硫黄などの原子からなる分子を模型で表現する。また、分子を分子模型で表現する活動を通して、分子の性質について、分子の形と関連させ類推することができるようにする。

●本時の評価規準（B規準）

　共有結合により構成される分子の分子模型を作り、分子の形から分子の性質を類推して表現している。

・本時の課題

共有電子対を形成してできている分子はどのような形をしているのだろうか。また、分子の形とその性質には関係があるのだろうか。

【課題の把握】　（5分）

①分子について振り返る。

分子にはどのようなものがありますか。

H_2　O_2　H_2O　CO_2　N_2　NH_3　CH_4　C_2H_4

分子を構造式で表してみましょう。

H_2の構造式　H_2Oの構造式　CO_2の構造式

H−H　H−O−H　O=C=O

課題　分子を原子の電子配置と関連させながら、分子模型を用いて分子のモデルを組み立て、形状から気付いたことを共有しよう。

水はH_2Oと表すんだよね

NH_3ってのもあったよね。

二酸化炭素はCO_2だよね

【課題の追究１】　（20分）
②分子模型を作る。
板書に示した分子の分子模型を作りましょう。１個の水素原子には価電子が１個あります。模型では結合を棒で表し、二つの水素原子が電子を共有していることを表します。
水素は棒が１本、酸素は棒が２本だよね。
エチレン分子ってどのようにして作るのかな。
窒素原子には、棒が３本だよね。窒素分子はどのように作るのかな。

中学校からのつながり

　中学校２年生では、化学変化を原子や分子のモデルで説明できること、化合物の組成は化学式で表されること及び化学変化は化学反応式で表されることを学習している。

ポイント

　学習してきた分子を構造式で表す。構造式では平面で分子を表現しているが、実際の分子は立体であるので、分子模型をつくることが重要であり、興味を喚起したい。分子を構成する原子同士がどのようにして結合しているのかについてさらに詳しく学べるような学習展開にしたい。

　原子の電子配置から水素、酸素、窒素、炭素の結合がどのようになっているかを生徒に考えさせる活動を行う。次に二つの水素原子が結合するときにどのようになっているか考えさせる。原子が電子を共有すること、模型で表すならば一つの棒を共有することで安定し、分子ができることを生徒が見いだすことができるようにする。

　まず原子の結合を考えてから分子模型を扱うと生徒が理解しやすい。

　H_2　H_2O　NH_3などの代表的な分子の形を考え、分子模型を作らせる。分子の模型を作る際、単結合では片方の原子の棒を抜いて、二つの原子の間で１本の棒を共有するように作るなどの生徒の気付きを促す。次に、二重結合があるCO_2、C_2H_4

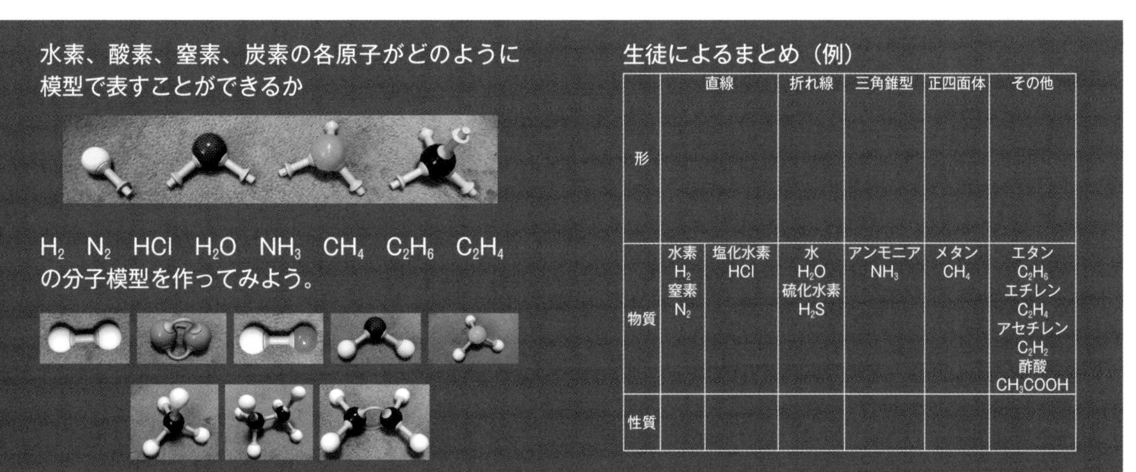

水素、酸素、窒素、炭素の各原子がどのように
模型で表すことができるか
H_2 N_2 HCl H_2O NH_3 CH_4 C_2H_6 C_2H_4
の分子模型を作ってみよう。
生徒によるまとめ（例）

	直線		折れ線	三角錐型	正四面体	その他
形						
物質	水素 H_2 窒素 N_2	塩化水素 HCl	水 H_2O 硫化水素 H_2S	アンモニア NH_3	メタン CH_4	エタン C_2H_6 エチレン C_2H_4 アセチレン C_2H_2 酢酸 CH_3COOH
性質						

【課題の追究２】　（15分）

③作った分子模型の形状の特徴を挙げ、相違点について自由に意見を出し合う。

作った分子が正しく作れているかを確認して、分子の形の特徴をことばでまとめてみましょう。

水素分子は、直線。水分子は「く」？、アンモニア分子は三角。メタンは？？形の特徴を一言で示すことばは無いかな？

メタンやエタンはかさばっているけど、エチレンは平べったい。

エタンとエチレンの同じ炭素原子でも結合の様子がちょっと違うな。

形状を表すことばは、教科書に載っているよ。まとめてみましょう。

【課題の解決】　（10分）

④結果を板書に生徒がまとめる。

さらにこれまでに学んだ分子や、気になっている分子を模型で作ってみましょう。また、その性質を調べてみましょう。

分子の形の特徴と化学的な性質には何か関係があるのかな。

そういえば、氷が水に浮くことって特別な現象だって聞いたことがあるよ。

分子の形の特徴と化学的な性質、例えば分子の形と融点、沸点、溶解性等は関係がありそうだね。

などの分子模型を作る。

H_2S、CH_4、HCl、N_2の分子模型の形を比較させる。気付いたことを記述させ発表させる。分子模型をスケッチさせて、何の形に似ているか発問する。

本時の評価（記録に残す場合）

代表的な分子の分子模型を作らせて、ワークシートにスケッチさせ、分子の形の特徴と化学的な性質とを関連付けて表現しているかどうかを見取る。

授業の工夫

分子模型を作り、分子の形を意識させながら性質と結び付ける学習活動を重視している。

2章　物質と化学結合 ⑤時　分子からなる物質の性質

・本時の課題

溶解性などの分子の性質には何か関連する要因があるのだろうか。

知・技

思・判・表

主体的

●本時の目標：　極性分子と無極性分子の性質の違いについて説明する。

●本時で育成を目指す資質・能力：　思考力、判断力、表現力等

●本時の授業構想：

物質の極性と溶解性の関係を調べる実験を行い、分子の構成原子の電気陰性度と、分子の極性には関係性があることに気付かせる。

●本時の評価規準（B規準）

電気陰性度と分子の形とを関係付け、極性分子と無極性分子の性質の違いについて説明している。

【課題の把握】　（10分）

①三つのエボナイト棒の実験を比較する。

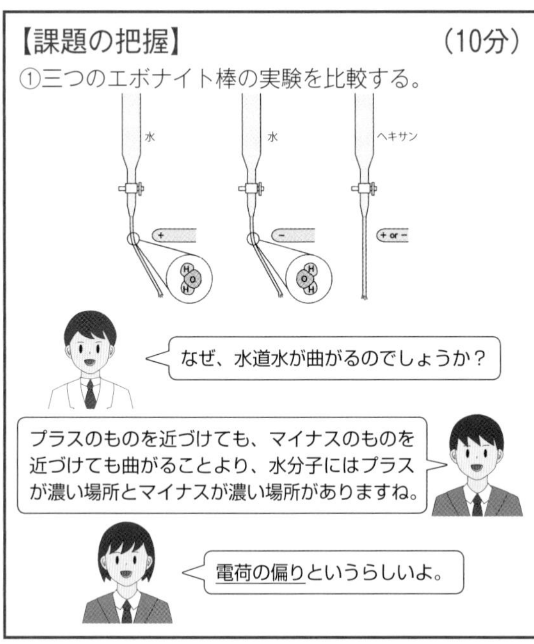

【課題の探究１】　（15分）

②電気陰性度を考える。

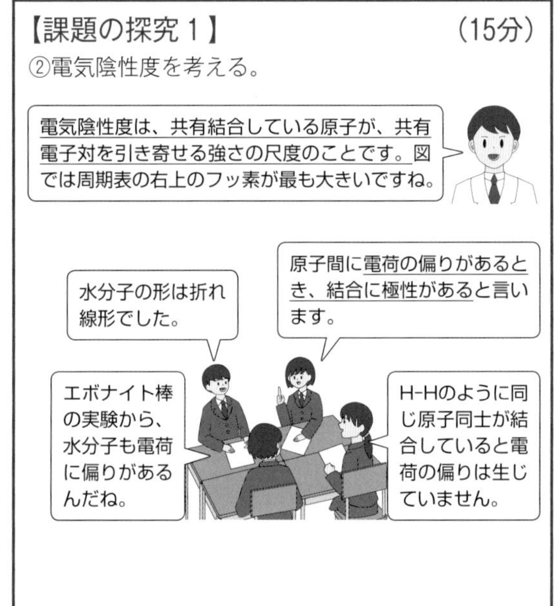

中学校からのつながり

分子はいくつかの原子が結び付いてまとまりになったものであることを扱っている。

ポイント

【課題の把握】の実験について捕足する。細く流れ落ちる水道水にナイロンでガラスをこすり（プラスに帯電）毛皮でこすったエボナイト棒（マイナスに帯電）を近付けると流れ落ちる水がともに屈曲する。

前時に学んだ水分子の分子模型を振り返らせる。水では、HとOの結合で電荷の偏りが生じているという問題を見いださせる。

電気陰性度について説明する。電気陰性度は、右上のフッ素Fが最も大きく、酸素Oや窒素Nも大きい。H-HやCl-Clのように同じ原子同士が結合している分子では、電気陰性度の偏りがないので無極性分子になる。H-Clのように異なる原子が結合している分子では電気陰性度の偏りが生じるので極性分子となること、ただし、O=C=Oのように、異なる原子が結合している場合でも、分子内で電荷の偏りが打ち消されて無極性分子となるものもあることを扱う。

水にヘキサンを加えて観察する。次に水にエタノールを加えて観察させる。次に、水にヨウ素を加え、ヘキサンにヨウ素を加えるとどうなるか予想させ理由についても考えさせる。結果について

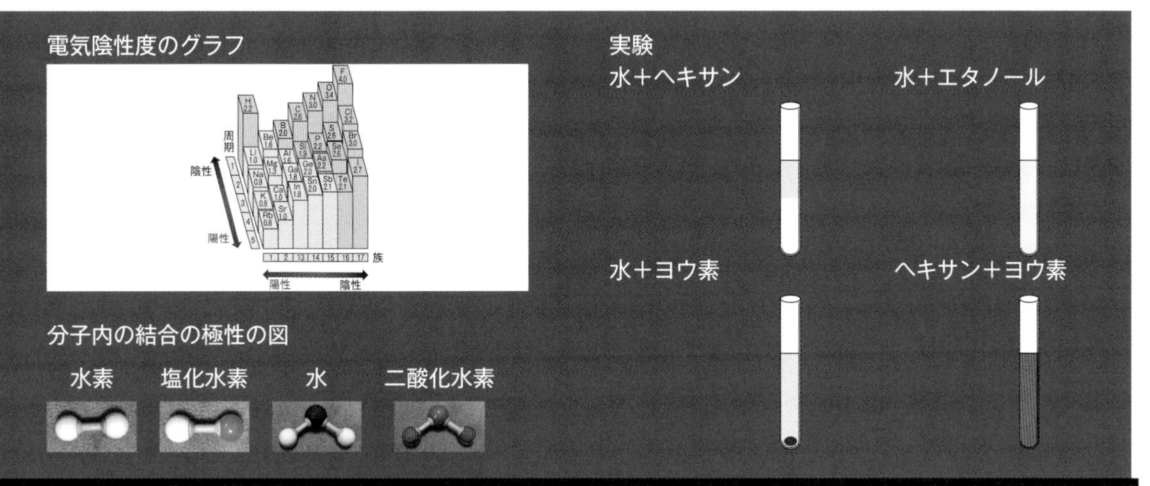
電気陰性度のグラフ
分子内の結合の極性の図
水素
塩化水素
水
二酸化水素
実験
水＋ヘキサン
水＋エタノール
水＋ヨウ素
ヘキサン＋ヨウ素

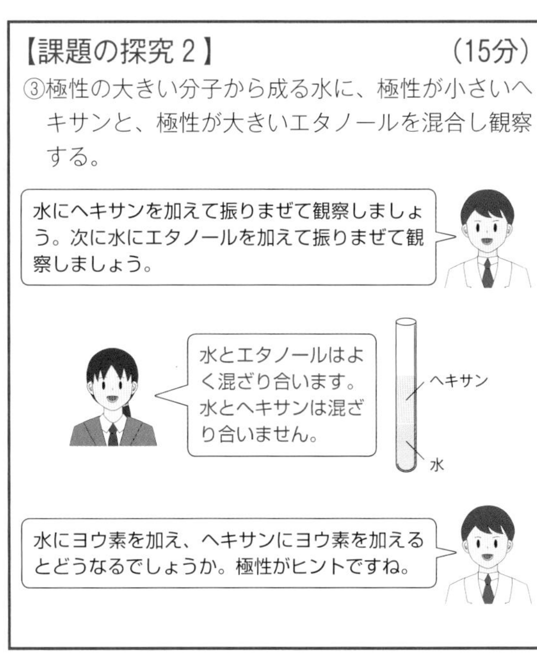
【課題の探究２】 （15分）
③極性の大きい分子から成る水に、極性が小さいヘキサンと、極性が大きいエタノールを混合し観察する。
水にヘキサンを加えて振りまぜて観察しましょう。次に水にエタノールを加えて振りまぜて観察しましょう。
水とエタノールはよく混ざり合います。水とヘキサンは混ざり合いません。
ヘキサン
水
水にヨウ素を加え、ヘキサンにヨウ素を加えるとどうなるでしょうか。極性がヒントですね。

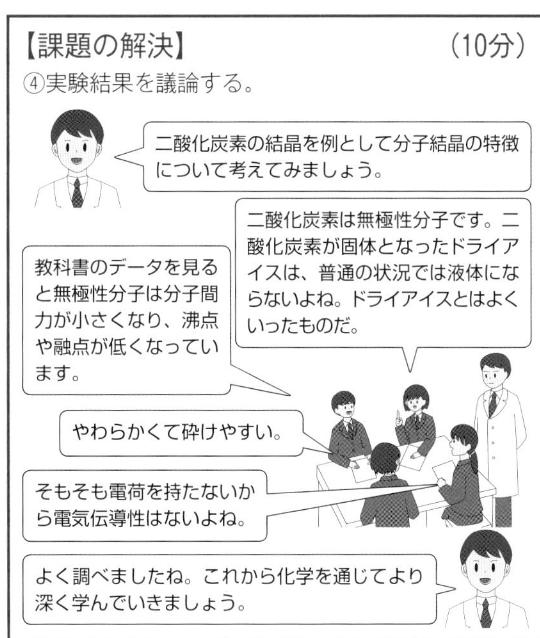
【課題の解決】 （10分）
④実験結果を議論する。
二酸化炭素の結晶を例として分子結晶の特徴について考えてみましょう。
二酸化炭素は無極性分子です。二酸化炭素が固体となったドライアイスは、普通の状況では液体にならないよね。ドライアイスとはよくいったものだ。
教科書のデータを見ると無極性分子は分子間力が小さくなり、沸点や融点が低くなっています。
やわらかくて砕けやすい。
そもそも電荷を持たないから電気伝導性はないよね。
よく調べましたね。これから化学を通じてより深く学んでいきましょう。

気付いたことを記述させる。無極性分子から成る物質同士は溶けやすく、極性分子から成る物質同士は溶けやすいということに気付かせる。

実験の結果からわかることを発表させる。溶解度だけでなく、融点や沸点についても予想させる。分子間に働く弱い力を分子間力といい、分子量が大きいほど分子間力は大きくなること、また、極性が大きいと分子間力は大きくなることから、融点や沸点との関係を想起させる。

本時の評価（指導に生かす場合）

分子の性質と構成原子の電気陰性度と分子の形と関係付け、極性分子と無極性分子の性質の違いについて説明している。

授業の工夫

分子模型を提示すると、生徒が理解しやすい。前時に、分子模型から、融点、沸点、溶解性などについても類推した生徒の記述と関連させる。

2章　物質と化学結合 ⑥時　金属結合

知・技

思・判・表

主体的

●本時の目標：　金属結合をしている物質の性質について理解する。
●本時で育成を目指す資質・能力：　知識及び技能
●本時の授業構想
　金属結合における金属光沢、電気伝導性、延性、展性などの性質は、自由電子に関連していることを理解させる。
●本時の評価規準（B規準）
　金属結合をしている物質の性質について、自由電子が介在していることを関連付けて理解をしている。

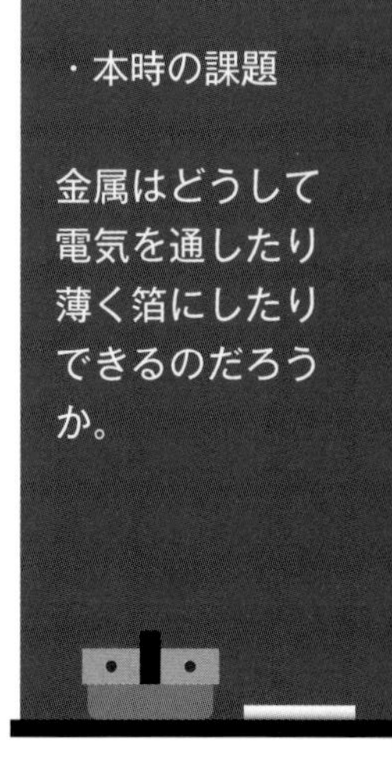

・本時の課題
金属はどうして
電気を通したり
薄く箔にしたり
できるのだろう
か。

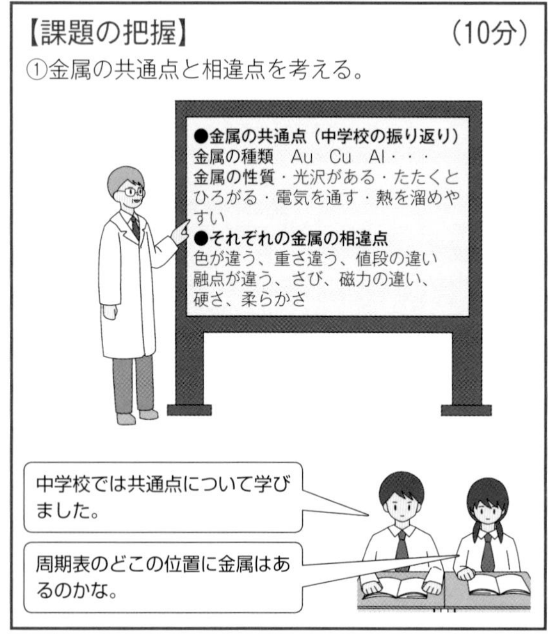

【課題の把握】　（10分）
①金属の共通点と相違点を考える。
●金属の共通点（中学校の振り返り）
金属の種類　Au　Cu　Al・・・
金属の性質・光沢がある・たたくとひろがる・電気を通す・熱を溜めやすい
●それぞれの金属の相違点
色が違う、重さ違う、値段の違い
融点が違う、さび、磁力の違い、
硬さ、柔らかさ
中学校では共通点について学びました。
周期表のどこの位置に金属はあるのかな。

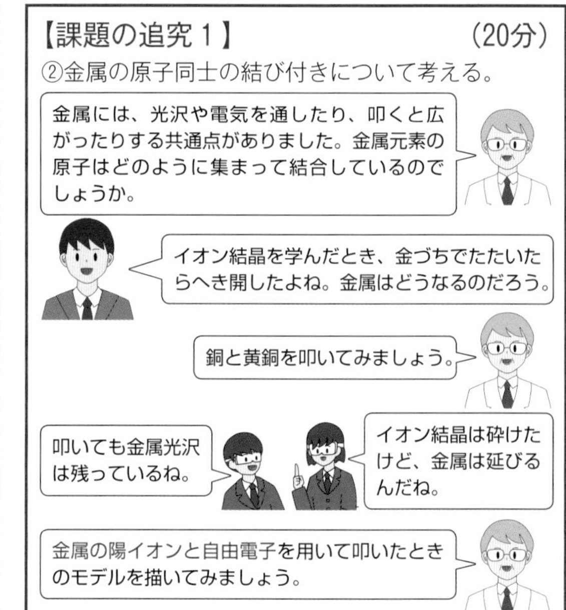

【課題の追究１】　（20分）
②金属の原子同士の結び付きについて考える。
金属には、光沢や電気を通したり、叩くと広がったりする共通点がありました。金属元素の原子はどのように集まって結合しているのでしょうか。
イオン結晶を学んだとき、金づちでたたいたらへき開したよね。金属はどうなるのだろう。
銅と黄銅を叩いてみましょう。
叩いても金属光沢は残っているね。
イオン結晶は砕けたけど、金属は延びるんだね。
金属の陽イオンと自由電子を用いて叩いたときのモデルを描いてみましょう。

中学校からのつながり

　金属光沢・展性や延性・電気伝導性等の性質、金属の種類について学習している。

ポイント

　金属の性質について共通点と相違点に分けて考える。共通点として金属は陽イオンと自由電子による結合であること、相違点として金属の性質の違いと合金の性質が異なることを見いださせる。

　金属について学習する動機付けとして、金属の共通点を考えさせる。

　金属を構成する元素は陽イオンになりやすいことを周期表を用いて確認する。また銅板や黄銅を叩き、イオン結晶のように割れたり粉々にならないことから、自由電子による結合であることの理解を深めさせる。

　合金は元の金属にはない性質を持つことを見いださせ、主な合金の種類や性質、用途について調べさせる。

　金属は自由電子による結合であること、また合金はさまざまな用途で利用されていることを確認させる。

金属結合　イオン結合との比較　NaClとCu

NaClの結晶	Cuの結晶	黄銅
金属元素と非金属元素	金属元素	金属元素
規則正しく割れた	割れずに延びた柔かい	割れずに延びた硬い
陽イオンと陰イオン	陽イオンと自由電子	陽イオンと自由電子

自由電子による結合
金属元素の原子同士は、最外殻が重なりあい価電子が全体を移動できる。この電子を自由電子という。

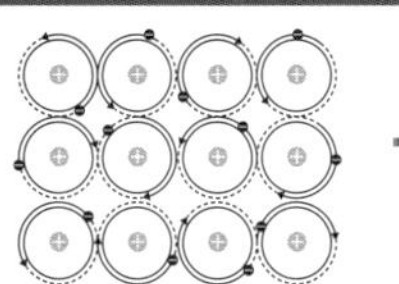

カ
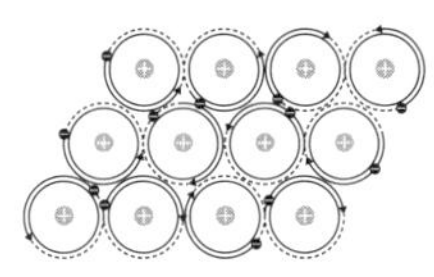

合金：金属原子と他の原子が混ざる。
元の金属にはない性質が現れる。
金属原子同士を混合した合金について調べてみよう

合金名	成分	特徴・用途
ジュラルミン	Al-Cu-Mg-Si-Mn	
ステンレス鉱	Fe-Cr-Ni-Mn-Si-C	
白銅	Cu-Ni	
ニクロム	Ni-Cr	
青銅	Cu-Sn-Zn	

【課題の追究２】（10分）
③金属を叩いた時の様子をモデルで示す。

モデルで書くとどうなるかな？自由電子に着目してみるとどうかな。
銅も黄銅も広がったけど、黄銅は固かったよね。
他の金属と混ざると元の金属と違う性質になるんだね。
黄銅でも展性があったけど、違う金属でも自由電子があると結びつきやすいんだね。
モデルでは、硬さの違いはどう説明したらよいかな。

【課題の追究３】（10分）
④身の回りの合金について調べる。

身の回りにはどのような合金が使われているでしょう？　調べてみましょう。

歴史の授業で青銅というのを聞いたことがあるよ。

10円玉とか100円玉とか硬貨が合金だと聞いたことがあります。

合金名	成分	特徴	用途
ジュラルミン	Al-Cu-Mg-Si-Mn		
ステンレス鉱	Fe-Cr-Ni-Mn-Si-C		
白銅	Cu-Ni		
ニクロム	Ni-Cr		
青銅	Cu-Sn-Zn		

本時の評価（記録に残す場合）

金属の結晶を叩いて広がる様子（展性）について、陽イオンの間で自由電子が共有されていることを粒子モデルで示しているかを見取る。

授業の工夫

他の結晶との比較を通して、生徒の興味関心を喚起させ、探究的な学びにつなげていくようにしている。特に、金属の結晶がへき開のように割れずに延びて広がる現象が、自由電子が要因になっていることに結び付けるようにしている。また、合金については、黄銅以外にもハンダやニクロムを用い、展性、硬さや色、融点、電気抵抗などの性質を調べ、純物質の性質と比較し関連付けるように展開する。

2章　物質と化学結合　⑦時　共有結合からなるさまざまな物質

知・技

思・判・表

主体的

●本時の目標：　共有結合でできたさまざまな物質について理解する。

●本時で育成を目指す資質・能力：　知識及び技能

●本時の授業構想

物質の性質と構造を関連付けて考えられるように促して、共有結合からなるさまざまな物質について生徒が主体的に学習を行えるようにする。

●本時の評価規準（B規準）

共有結合でできているさまざまな物質について、性質や構造と関連付けて理解している。

・本時の課題

共有結合からなるさまざまな物質について性質と構造とを関連付けて示すことができるだろうか。

【課題の把握】　（5分）

①分類の観点を見いだす。

黒板に共有結合からなる物質の例を20ほど並べています。これらは、なぜこのような分類になっているのでしょうか。性質と構造に注目して、皆さんで分類の観点を見いだして、それに基づいて説明できるようにしてみましょう。

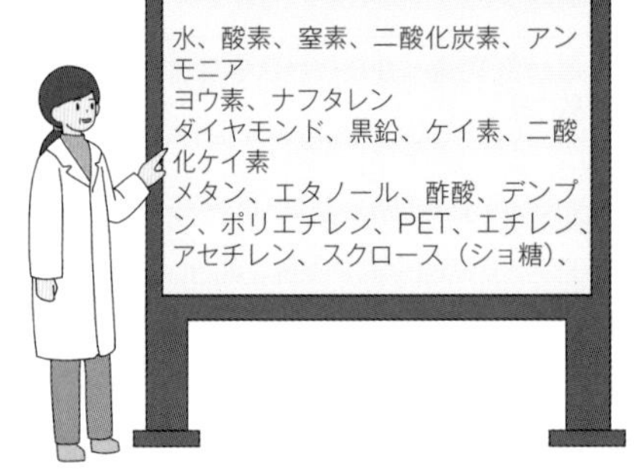

水、酸素、窒素、二酸化炭素、アンモニア
ヨウ素、ナフタレン
ダイヤモンド、黒鉛、ケイ素、二酸化ケイ素
メタン、エタノール、酢酸、デンプン、ポリエチレン、PET、エチレン、アセチレン、スクロース（ショ糖）、

【課題の追究1】　（15分）

②分子について議論する。

ヨウ素やナフタレンは同じ仲間です。ヨウ素は、固体から気体になる昇華という現象が見られました。

ドライアイスは二酸化炭素の分子が規則正しく配列したものです。

ヨウ素もナフタレンも原子間は共有結合でできています。

ヨウ素とナフタレンは構造を調べてみると、分子が分子間力という弱い結合でつながっているから昇華が起こるんだね。

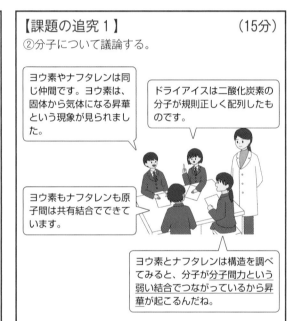

中学校からのつながり

中学校では有機物と無機物を学習している。また、プラスチックの性質や用途などについても触れている。

ポイント

共有結合からなる物質を具体的に20程度板書に示す。分類の観点を示さずに分類した結果のみを示す。それがどのような観点で分類されたのかを生徒に考えさせる。ある程度、生徒から観点が出てきたら、教員が構造の図を示す支援をするなどの考えるヒントを適宜示していく。物質の性質と構造の関係の理解を深めていく。

本時は、教員が説明しがちな分野であるが、生徒が調べる学習を通じて物質の性質と構造を関連付けて考えられるように促し、共有結合からなるさまざまな物質について生徒が自らまとめていく姿勢を創出したい。この授業では、中学校1年生で学んでいる分類の意義や有用性を生かした授業構成を考えた。単なる知識としての分類を理解させるのではなく、生徒がなぜそのような分類になったのか興味関心を高めるような授業展開を心がけたい。

（生徒がまとめた結果）

分子からなる物質
無機物質
水、酸素、窒素、二酸化炭素

有機化合物
エタノール、メタン、酢酸

高分子化合物
天然高分子化合物　デンプン、タンパク質
合成高分子化合物　ポリエチレン、PET

共有結合の結晶
ダイヤモンドC　黒鉛（グラファイト）C

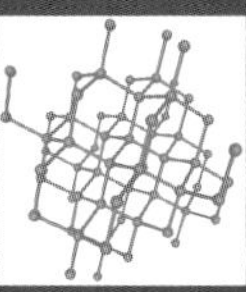

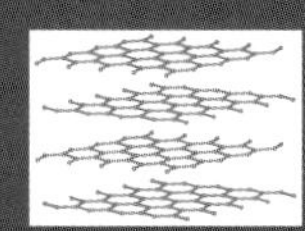

ケイ素Si　二酸化ケイ素SiO 2

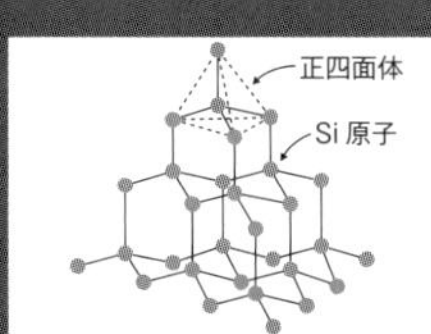

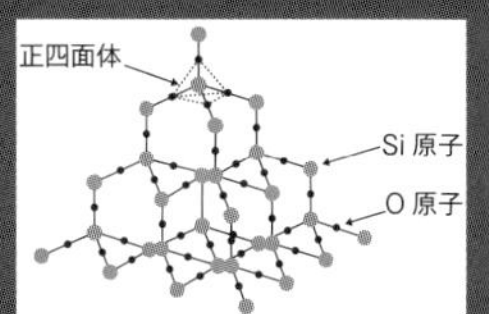

【課題の追究２】（15分）
③分子からなる無機物質や有機化合物について議論する。

水素H_2、酸素O_2、塩素Cl_2、窒素N_2、塩化水素HCl、アンモニアNH_3、などは無機物質です。

炭酸カルシウムなどの炭酸塩、一酸化炭素や二酸化炭素以外の炭素を含む化合物は有機物質に分類されます。

メタン、エチレンなどに代表されるように、炭素でできているものは、有機化合物です。高分子化合物も有機化合物に分類されているけれど、どんな構造をしているのかな？

単量体が共有結合でたくさんつながって重合体になったものが高分子化合物です。

【課題の追究３】（15分）
ダイヤモンドについて議論する。

ダイヤモンドは炭素原子がたくさんつながってできているよね。
高分子と違うのかな。ダイヤモンドは硬いって聞いたけど。
構造を調べてみると三次元的につながっているから硬いのかな。
二酸化ケイ素も同じようなつながりになっているな。

本時の評価（指導に生かす場合）

生徒が今まで学んだことを活用したり、教科書等の情報を活用したりする学習場面を設定して、共有結合でできているさまざまな物質について、その性質と構造とを関連付けて示すことができているかを見取る。

授業の工夫

教え込みがちな分野だけに、羅列的な説明をしない授業を構成する工夫を試み、生徒が自ら調べまとめる授業を構想した。20程度の具体的な物質が性質と構造の観点からどのように分類できたのか、どのような発想ができたのか、生徒の気付きを大切にしたい。

その際、生徒が調べたくなるような課題を設定することで、教員は生徒が積極的に学んでいる姿を確認し、必要に応じた支援を行うことに徹することが重要である。

2章　物質と化学結合 ⑧時　配位結合と錯イオン

知・技

思・判・表

主体的

●本時の目標：　配位結合について、規則性や関係性を見いだして表現する。
●本時で育成を目指す資質・能力：　思考力、判断力、表現力等
●本時の授業構想

共有結合と配位結合のできる仕組みについて、配位結合の電子式についての気付きをもとに、規則性や関係性を見いださせ表現させる。

●本時の評価規準（B規準）

配位結合ができる仕組みについて、共有結合との関係性を見いだして表現している。

・本時の学習課題

配位結合ができる仕組みについて、規則性や関係性を見いだして表現できるだろうか。

【課題の把握】　（10分）

①配位結合の電子式を示す。

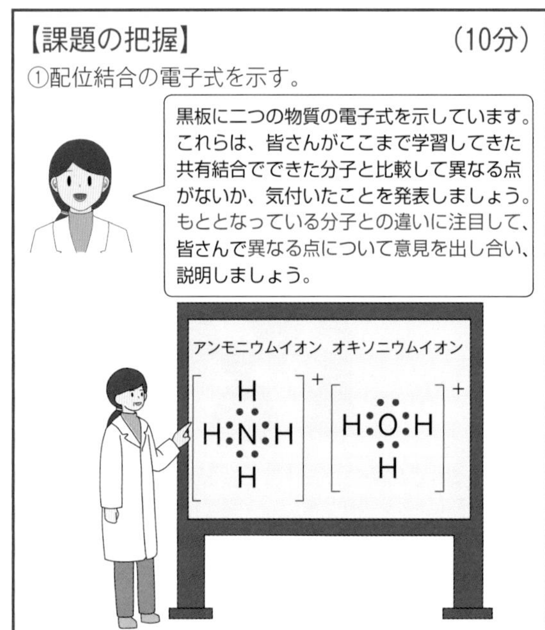

黒板に二つの物質の電子式を示しています。これらは、皆さんがここまで学習してきた共有結合でできた分子と比較して異なる点がないか、気付いたことを発表しましょう。もととなっている分子との違いに注目して、皆さんで異なる点について意見を出し合い、説明しましょう。
アンモニウムイオン　オキソニウムイオン

【課題の追究１】　（10分）

②配位結合について意見を出し合う。

共有結合だけでできているようですが、どちらも＋のイオンになっています。
アンモニウムイオンもオキソニウムイオンも水素原子が一つ多く結合しています。
大きなかっこがあります。
どのようなしくみで、アンモニウムイオンやオキソニウムイオンはできるのでしょうか？

ポイント

アンモニアと水については、共有結合からなる物質として学習している。本時では、アンモニアとアンモニウムイオンの電子式、水とオキソニウムイオンの電子式をそれぞれ比較させ、相違点を生徒に見いださせる。これまで学習した内容をもとに意見を出し合うことで、どのような仕組みで配位結合ができるか類推し、より妥当な考えに近付け表現させる。教師が生徒の実態に合わせ、考える視点を適宜示していく。

配位結合のできる仕組みについては、本時のように思考する学習活動としても展開できることを提案したい。生徒が新規に獲得した知識を統合し、類推しながら新たな概念を形成しようとする学びは、謎解きのような興味深い活動となることが期待できる。「化学基礎」に続いて学ぶ「化学」や「生物」など、他科目とのつながりに展開していくことが考えられる。

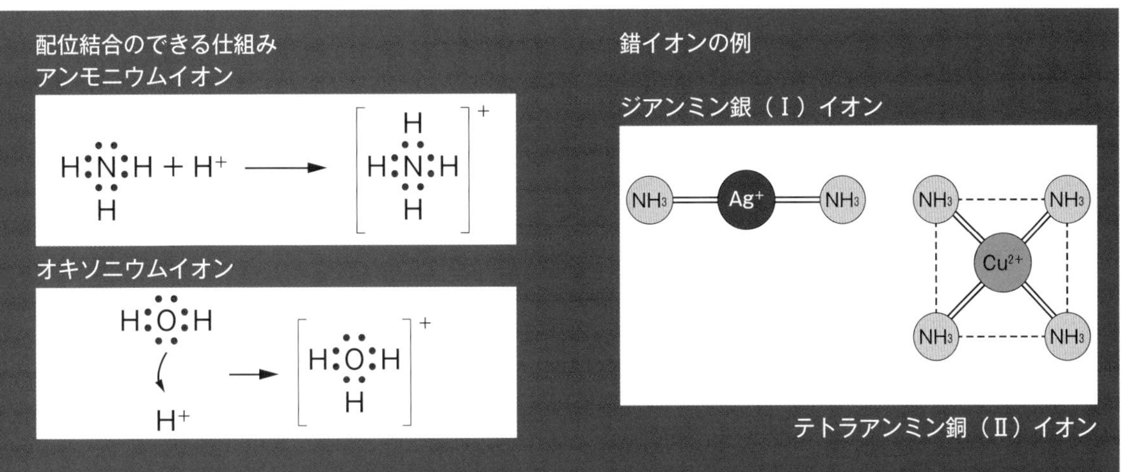

【課題の追究 2】（15分）

配位結合のでき方について整理する。

アンモニアの分子とアンモニウムイオンの違いは、＋とHと大きなかっこです。

そうすると、＋とHだと水素イオンですよね。アンモニアに水素イオンがくっついてできているのかな。

アンモニアは共有結合でできている分子ですから、すべての電子が共有電子対になっているので、さらに他の原子が結合することはないはずだけど。水素イオンには電子がないですよね。

アンモニア分子と水分子の非共有電子対に、電子を持っていない水素イオンが結合するとアンモニウムイオンとオキソニウムイオンの形になります。

【課題の追究 3】（15分）

錯イオンについて意見を出し合う。

Cu^{2+}やAg^{+}のような金属イオンも非共有電子対を受け取って配位結合を作ることがあります。さて、どのようにしてできるのでしょうか。説明できますか。

銀イオン一つとアンモニア分子が二つ結合していますね。

銀イオンも水素イオンと同じようにアンモニアの非共有電子対と結合すると考えます。

二つのアンモニア分子の非共有電子対にAg^{+}が配位結合するとジアンミン銀（Ⅰ）イオンになるんだね。

銅（Ⅱ）イオンは、四つのアンモニア分子と結合していますね。

本時の評価（指導に生かす場合）

配位結合ができる仕組みについて、共有結合との関係性を見いだし、配位結合の仕組みを共有電子対の概念を用いて表現できているかを見取る。

授業の工夫

本時は、教師が教えて終わってしまいがちな内容であるが、生徒の思考の流れを重視した活動としたい。共有結合について学習した内容や、原子構造、電子配置等とも対比させ、相違点について思考しながら、個別に学んだ考えを統合する体験は、以降の学習においても重要である。

錯イオンについても暗記ではなく、配位結合のできる仕組みを応用し、説明する活動としたい。

2章　物質と化学結合 ⑨⑩時　物質の同定（探究活動①）

知・技

思・判・表

主体的

●本時の目標：　1時間目：未知の固体物質を同定する実験の計画を立案する。
　　　　　　　2時間目：物質を性質と化学結合とを関連付けて同定する。

●本時で育成を目指す資質・能力：　思考力、判断力、表現力等

●本時の授業構想：

物質を同定するために見通しを持って実験計画を立案させ、生徒が立案した計画に沿って実験を行い、物質を同定させる。

●本時の評価（B規準）

1時間目：未知の固体物質を同定する実験計画を立案している。

2時間目：物質を性質と化学結合とを関連付けて同定する。

・本時の課題

身の回りの物質について、その性質と化学結合を関連付けて分類することができるだろうか。

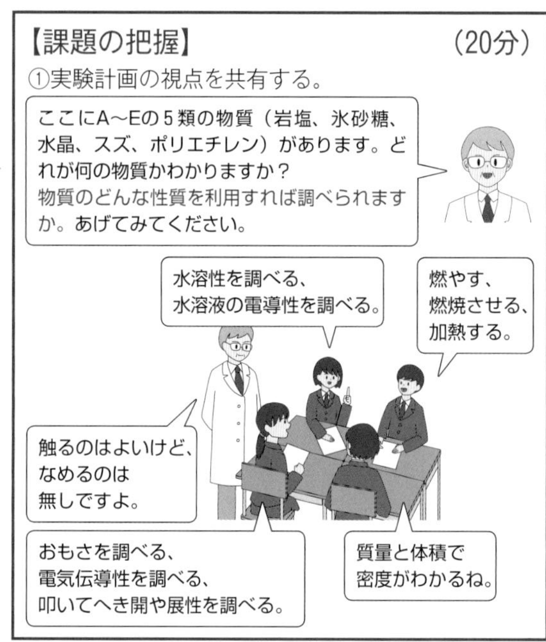

【課題の把握】　(20分)
①実験計画の視点を共有する。
ここにA～Eの5類の物質（岩塩、氷砂糖、水晶、スズ、ポリエチレン）があります。どれが何の物質かわかりますか？
物質のどんな性質を利用すれば調べられますか。あげてみてください。
水溶性を調べる、水溶液の電導性を調べる。
燃やす、燃焼させる、加熱する。
触るのはよいけど、なめるのは無しですよ。
おもさを調べる、電気伝導性を調べる、叩いてへき開や展性を調べる。
質量と体積で密度がわかるね。

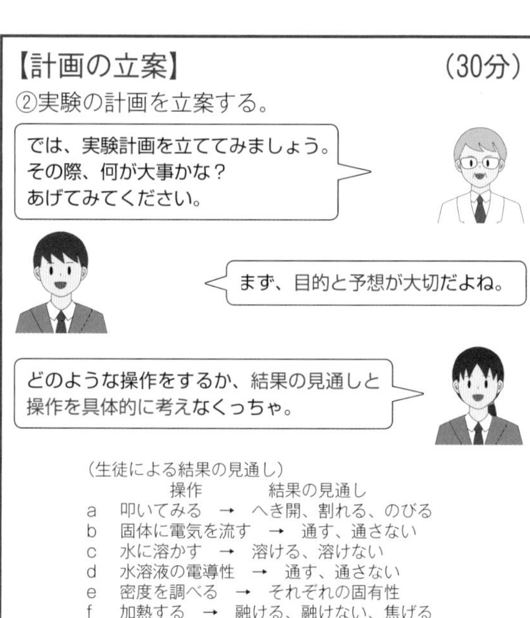

【計画の立案】　(30分)
②実験の計画を立案する。
では、実験計画を立ててみましょう。その際、何が大事かな？あげてみてください。
まず、目的と予想が大切だよね。
どのような操作をするか、結果の見通しと操作を具体的に考えなくっちゃ。
（生徒による結果の見通し）
操作　結果の見通し
a　叩いてみる　→　へき開、割れる、のびる
b　固体に電気を流す　→　通す、通さない
c　水に溶かす　→　溶ける、溶けない
d　水溶液の電導性　→　通す、通さない
e　密度を調べる　→　それぞれの固有性
f　加熱する　→　融ける、融けない、焦げる
g　さらに過熱する　→　焦げる、変質する

中学校とのつながり

中学校では有機物と無機物、金属の性質、密度、沸点・融点の違い（1年生）、電解質と非電解質（3年生）、について学習している。

ポイント

五つの物質を分類するためには、どんな物質の性質を利用すればよいのか、生徒の自由な発想を引き出すことが大切である。その際、触ってみるなど生徒の五感を生かして考えさせるとともに、今までの学びを生かして実験計画までつなげることがポイントとなる。

実験計画を立案するにあたっては、どんな視点で立案することが必要なのかを生徒自身が考える学習場面を設定することが大切である。中学校における探究の過程を踏まえた学習活動を振り返ることで、実験計画に関して自由な生徒の考えを引き出したい。その考えをクラス全体で共有してから、実験計画の立案や実験に取り組むことで、生徒の主体性を育むことも考えられる。

物質　A~E　を同定しよう

サンプル		岩塩	ショ糖	スズ	水晶	ポリエチレン
結合の種類		イオン結合の結晶	分子の結晶	金属結合の結晶	共有結合の結晶	高分子化合物非結晶
調べる方法	たたく	へき開	ぼろぼろ	延生展性	硬い傷つかない	柔らかい
	電導性固体	×	×	○	×	×
	電導性水溶液	○	×	×	×	×
	加熱すると					
	水に浮くか					

【課題の探究】　(40分)

③実験を行い、結果をまとめる。

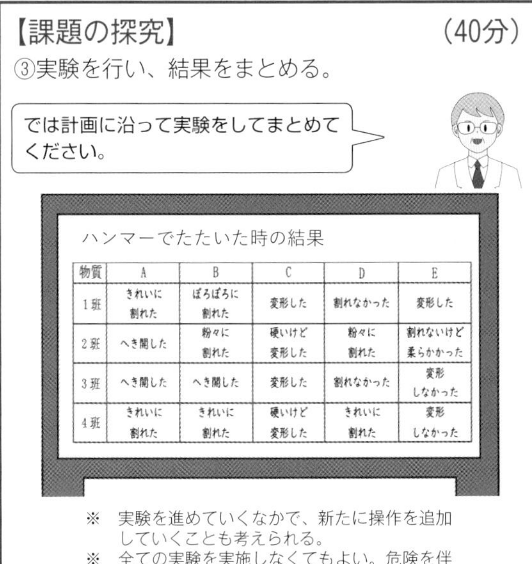

ハンマーでたたいた時の結果

物質	A	B	C	D	E
1班	きれいに割れた	ぼろぼろに割れた	変形した	割れなかった	変形した
2班	へき開した	粉々に割れた	硬いけど変形した	粉々に割れた	割れないけど柔らかかった
3班	へき開した	へき開した	変形した	割れなかった	変形しなかった
4班	きれいに割れた	きれいに割れた	硬いけど変形した	きれいに割れた	変形しなかった

※　実験を進めていくなかで、新たに操作を追加していくことも考えられる。

※　全ての実験を実施しなくてもよい。危険を伴う実験や時間的な都合も含め、いくつかの実験に絞って実施するとよい。

【課題の解決】　(10分)

④実験の考察を行う。

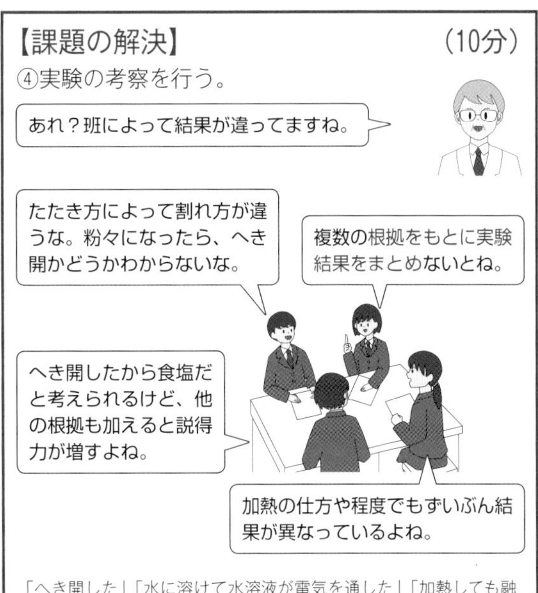

あれ？班によって結果が違ってますね。
たたき方によって割れ方が違うな。粉々になったら、へき開かどうかわからないな。
複数の根拠をもとに実験結果をまとめないとね。
へき開したから食塩だと考えられるけど、他の根拠も加えると説得力が増すよね。
加熱の仕方や程度でもずいぶん結果が異なっているよね。

「へき開した」「水に溶けて水溶液が電気を通した」「加熱しても融解しにくかった」など、複数の実験結果を根拠により客観性を示す。

本時の評価（記録に残す場合）

実験のまとめの記述をもとに、

・結果の見通しを持って計画を立案しているかどうか。

・身の回りの物質について、その性質と化学結合を関連付けて分類できているかどうか。

この2点を中心に評価する。

授業の工夫

科学的に探究するということは、実証性、再現性、客観性などといった条件を検討する手続きを重視しながら課題を解決していくこととも考えられる。

実験計画の立案に必要な要素を考え、結果を見通して計画を立案し、その結果を分析解釈する学習活動を通して、実証性、再現性、客観性といった探究の過程を踏まえる際の重要な視点を体感させたい。

No	目的 (何を調べるために行うのか)	検証方法	予想される結果	結果 A	B	C	D	E	F
0	金属光沢・硬さ・手触りを調べるため	観る・触る	スズは金属光沢がある。他はない。	つるつる、なめらか、かたい。	かくかく、ざらざら、かたい。とうめい、白がかっている	つるつる少し白くにごっている。	つるつる白っぽい。(A～Fで一番)	かくかくかたい。	金属光沢がある。かたい。
1	硬さや割れかたに特徴があるので、釘で叩いて割れやすさや割れ方を調べるため	叩く	塩化ナトリウムはへき開する。プラスチックは柔らかい。水晶は硬い。スズは変形する。	かたい	せんいのようなあとがある。Aよりもかたくなく、すぐわれる。	やわらかくささるけどくだけない	Cよりもやわらかいささるけどくだけない	つるつるへき開光が反射	変形した。
2	固体のまま電気を通すかを調べるため	結晶に電気を通じてみる	金属結晶であるスズは固体のまま電気を通すが他の物質は固体では電気を通さない	通らない	通らない	通らない。	通らない。	通らない。	通る。
3	融点の違いを調べるため	結晶を加熱する	水晶、塩化ナトリウムは融点が高く融解しづらいが、ショ糖やポリエチレンや~~ポリスチレン~~ポリプロピレンは低い温度で融解する。	とけない。	こげがある甘いにおいもえる。	もえるとける	はだりがでた。	とけない	とける
4	密度を調べるため	質量・体積を調べて計算する	ポリプロピレンは0.90～0.91g/cm³ポリエチレンは0.92～0.97g/cm³で浮く。塩化ナトリウムは2.16g/cm³スズは7.3g/cm³、水晶2.65g/cm³ショ糖は1.59g/cm³でこれらは沈む	沈んだ3.35g/cm³	沈んだ1.87g/cm³	浮かんだため密度はわからなかった	浮かんだため密度はわからなかった。	沈んだ2.52g/cm³	沈んだ7.63g/cm³
5	4で密度が調べられなかったCとDの密度を調べるため。	CとDをエタノールに入れて体積を調べる。質量を調べ密度を[illegible]	ポリプロピレン、ポリエチレンはエタノール(0.7893g/cm³)に沈む。ポリプロピレンは0.90～0.91g/cm³ポリエチレンは0.92～0.97g/cm³になる。			0.91g/cm³	0.94g/cm³		
6	CとDの密度がどちらが小さいか、またそれらの密度の値を調べるため。	CとDを一緒にエタノールに入れ水を足していく。	ポリプロピレン、ポリエチレンは徐々に浮いていくと思う。ポリプロピレンの方が先に浮いてくるだろう。その時のエタノール水溶液の密度は0.90～0.91g/cm³程度ポリエチレンが浮く時のエタノール水溶液の密度は0.92～0.97g/cm³程度になる。			Dより早く浮いた。その時のエタノール水溶液の密度は0.922g/cm³程度	Cより遅く浮いた。その時のエタノール水溶液の密度は0.972g/cm³より少し小さい		
7	水に溶けるかを調べるため	水に入れる。	塩化ナトリウム、ショ糖は溶け、他は溶けない。	とけない	とける	とけない	とけない	[illegible]	とけない
8	[illegible]	[illegible]	塩化ナトリウム[illegible]		[illegible]			[illegible]	

No	目的 (何を調べるために行うのか)	検証方法	予想される結果	結果 水晶 A	ショ糖 B	PP C	PE D	NaCl E	スズ F
0	金属光沢・硬さ・手触りを調べるため	観る・触る		・透明 ・[illegible]	[illegible]	・半透明 ・[illegible]	・白 ・[illegible]	・透明 ・[illegible]	銀色
1	硬さや割れかたに特徴があるので、釘で叩いて割れやすさや割れ方を調べるため	叩く	塩化ナトリウムはへき開する。プラスチックは柔らかい。水晶は硬い。スズは変形する。	硬かった	へき開した	やわらかく割れなかった	やわらかく割れなかった	へき開した	うすくのびた
2	固体のまま電気を通すかを調べるため	結晶に電気を通じてみる	金属結晶であるスズは固体のまま電気を通すが他の物質は固体では電気を通さない	流れなかった	流れなかった	流れなかった	流れなかった	流れなかった	流れた
3	融点の違いを調べるため	結晶を加熱する	水晶、塩化ナトリウムは融点が高く融解しづらいが、ショ糖やポリエチレンやポリスチレンは低い温度で融解する。	反応なし	焦げた	溶けた	溶けた	反応なし	[illegible]
4	密度の差を利用して調べる 〈PPとPE〉	[illegible]	密度の小さいPPが先に浮いてくる。			(Dよりも)先に浮いてきた	沈んだまま[illegible]		
5	耐熱性で調べる 〈PPとPE〉	各物質を熱する。	PE … 90～110℃ PP … 100～140℃ PEが先に溶け始める。						
6	耐寒性で調べる 〈PPとPE〉	[illegible]	PP … −5℃ PE … −80℃～−60℃ PPが先に[illegible]						
7	NaClとショ糖を見分けるため	BとEを水に溶かして、電気が流れるか調べる。	塩化ナトリウムは電解質だから電気がながれる(⇒電子ボルトが[illegible])		[illegible]流らなかった			[illegible]流れた	

六つの物質　水晶・岩塩・氷砂糖・スズ・ポリエチレン・ポリプロピレン　のパターン

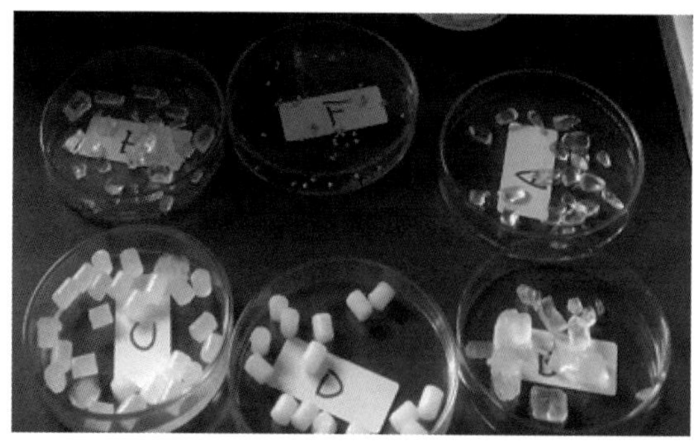

三つの物質　水晶・岩塩・氷砂糖のパターン

No	目的 何を調べるために行うのか	検証方法	予想される結果	A	B	C
1	金属光沢・硬さ・手触りを調べる	観る・触る	水晶は たたいても変化がない 塩化ナトリウムは たたくとくだける ショ糖は たたくとくだける。	たたいてもわれなかった。	ハンマーとくぎでたたくと規則的にわれた。 へき開 イオン結晶におこり	ハンマーとくぎでたたくとくだけた 不規則にわれた
2	それぞれの物質を加熱して変化を調べる 有機物か無機物か	それぞれの物質をガスバーナーで加熱する。	水晶は 変化なし 塩化ナトリウムは 変化なし ショ糖は 溶ける、燃える	変化なし。	短時間の加熱では変化なし。 長時間、高温の加熱では液体になった。	すぐに溶けた。 こげた。
3	それぞれの物質が水に溶けるか溶けないか	それぞれの物質を水の中に入れる	水晶は 溶けない 塩化ナトリウムは 溶ける ショ糖は 溶ける	溶けなかった。	溶けた。	溶けた。
4	3の検証でそれぞれの物質をとかした水に電気がとおるか	3の液に電気を流す	水晶は 電気が通らない 塩化ナトリウムは 電気が通る ショ糖は 電気が通らない	電気が通らなかった。	電気が通った。 また液体状態の塩化ナトリウムにも電気が通った。	電気が通らなかった。

【公立A高校で実施した結果　1年生320名対象】

化学基礎で化学結合の内容を学習後に、六つの固体を見分けるための実験計画の立案をさせたところ、挙がった内容は「①叩いて割れ方を見る」「②固体に電気が通るか」「③熱して融解の様子を見る」で、化学結合の授業を生かした計画が多く見られた。

多く挙げられた①③については、授業内にグループ単位で全員が実践した。

②およびそれ以外の内容は、希望する内容を各自で実践するように設定した。一番多くの生徒が実践したのは「②固体に電気が通るか調べた」で、175名であった。

次に「水に対する浮き沈みを調べた」が多く、半数以上の171名の生徒が密度に関する実験を行ったことになる。これは授業内の実験で確定できなかったプラスチックCとD（ポリエチレン・ポリプロピレン）の密度を調べて比較する手段の一つである。

その他の実験として「硬度計を用いた硬度の計測」「圧電効果による水晶の確認」「太陽光によるプラスチックの劣化の比較」などの実験計画も挙げられた。

公立A高校での事例　生徒が行った実験内容（多い順）

	（人）
固体に電気が通るか調べた	175
水に対する浮き沈みを調べた	171
固体が水に溶けるかどうか調べた	159
固体や溶液の密度を計算して求めた	102
固体の融解のしやすさを調べた	86
固体の水溶液に電気が通るかどうか調べた	78
他の溶液に対する浮き沈みを調べた	64
割れかたを調べた	46
その他の実験を行った	36

2章　物質と化学結合 ⑪⑫時　実験レポートの書き方２

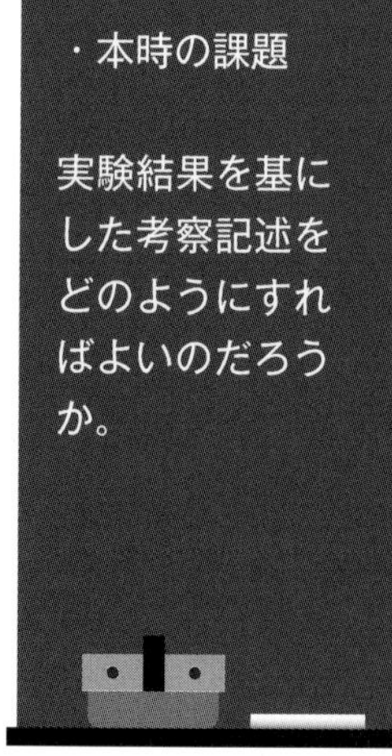

知・技
思・判・表
主体的

●本時の目標：　１時間目：実験を行いアルカリ金属を同定する。
　　　　　　　　２時間目：相互評価活動により記述を改善している。

●本時で育成を目指す資質・能力：　１時間目：思考力、判断力、表現力等
　　　　　　　　　　　　　　　　　２時間目：学びに向かう力、人間性等

●本時の授業構想

「アルカリ金属の同定」を行い、考察を記述させ、相互評価活動により考察記述を改善させる。

●本時の評価規準（Ｂ規準）

１時間目：実験の結果から、アルカリ金属を同定している。

２時間目：主体的に考察を記述し、粘り強く記述を改善しようとしている。

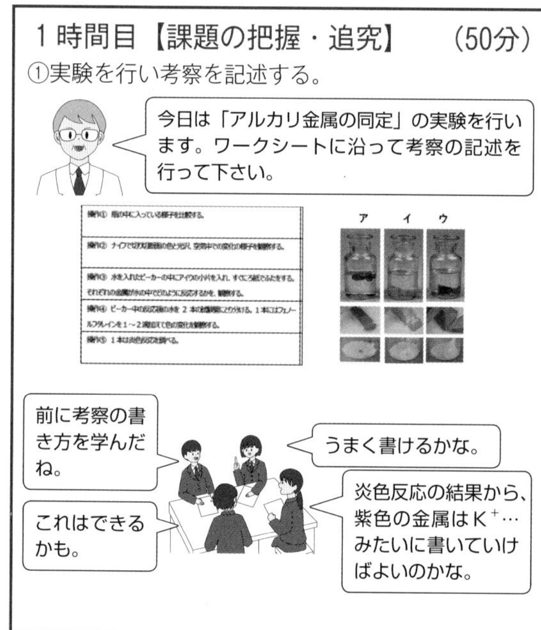

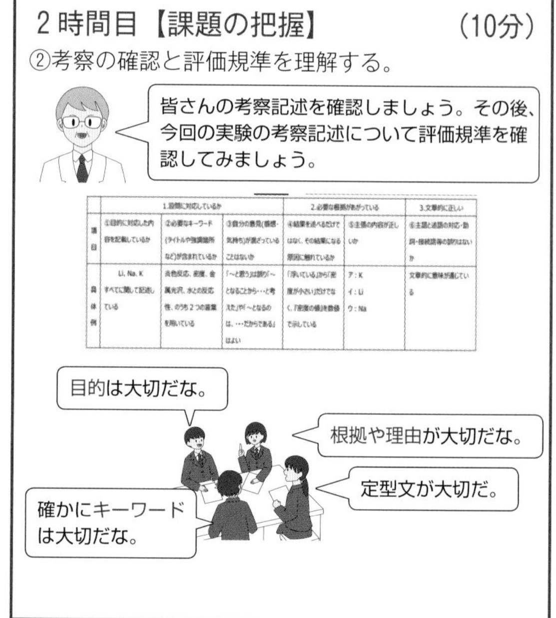

中学校からのつながり

中学校学習指導要領解説理科編では、ｐ９に資質・能力を育むために重視すべき学習過程のイメージ（高等学校基礎科目の例）が示されており、対話的な学びの例として「相互評価」が示されている。

ポイント

新学習指導要領解説高等学校理科編には、p10に中学校学習指導要領解説理科編p９と同様のページがある。これは、中学校と高等学校の学びの接続を意識したものであり、かつ、対話的な学びを重要視したものであり、その例として「相互評価」が位置付けられている。

本時では、「相互評価」の具体的な取組例を示す。さらに、学習評価の観点である「主体的に学習に取り組む態度」の評価は、相互評価活動を取り入れることで、生徒が粘り強く自己調整していく学習場面の設定が容易であるため、無理なく記録に残す評価につなげていくことができる。

授業の流れ

1時間目
アルカリ金属の同定実験
(Li、Na、K)
↓
考察記述

2時間目
相互評価表による考察記述の評価
↓
考察記述書き直し
↓
事後の評価

1時間目：実験

実験1：金属ア～ウは、Li、Na、Kのいずれかの金属である。操作をおこない、ア～ウがどの金属であるかを同定せよ。また、そう考えた理由を書きなさい。

1時間目：実験

アルカリ金属	ア	イ	ウ
操作① 石油中の様子			
操作② 切り口			
操作③ 水との反応			
操作④ 反応後 フェノールフタレイン			
操作⑤ 反応後 炎色反応	紫色	紅色	黄色

2時間目：相互評価活動

	1.設問に対応しているか			2.必要な根拠があがっている		3.文章的に正しい
項目	①目的に対応した内容を記載しているか	②必要なキーワード（タイトルや強調箇所など）が含まれているか	③自分の意見（感想・気持ち）が混ざっていることはないか	④結果を述べるだけではなく、その結果になる原因に触れているか	⑤主張の内容が正しいか	⑥主語と述語の対応・助詞・接続語等の誤りはないか
具体例	Li、Na、Kすべてに関して記述している	炎色反応、密度、金属光沢、水との反応性、のうち2つの語彙を用いている	「～と思う」は誤り「～となることから…と考えた」や「～となるのは、…だからである」はよい	「浮いている」から「密度が小さい」だけでなく、「密度の値」を数値で示している	ア：K イ：Li ウ：Na	文章的に意味が通じている

評価者　　組　　番　班 氏名

自分の記述	規準を満たしていれば1点、満たしていなければ0点 項目ごとに得点化						総計 6点	コメントを残そう（できるだけ具体的な内容で）
	①	②	③	④	⑤	⑥		

上の評価規準表を用いて「自分の記述」「班員の記述」を評価してください。
○各小項目（①～⑥）まで該当する場合1点（うまく書けていれば1点、書けていなければ0点を記入する。
○できるだけコメントを残してください。　○1つの記述につき、採点時間を4分とします。

【課題の追究1】　(30分)

③相互評価表によるグラフの評価を行う。

グループ内で相互評価してください。相手の改善を考えて必ずコメントも書いてください。

※　A班　C君を例に示す。

結果より3つは全てアルカリ性、1族であるので、炎色反応の色の違いにこれらは関係しないとわかる。①②より、この3つは密度とやわらかさに違いがあるとわかる。固い方が原子同士の結びつきが強く、燃えるときにたくさんのエネルギーが出せそうだから、赤に近い色を示すのだと思う。

C君の自己評価

他者によるC君の評価1

他者によるC君の評価2

【課題の追究2】　(10分)

④学びを振り返り、考察の書き直しを行う。

相互評価でたくさんの助言をもらいましたね。指摘事項や気付いたことをしっかり生かして、再度各自考察の記述を書き直してみましょう。

※　A班　C君を例に示す。

C君の振り返りコメント

他の人の記述と比べてまとまりが無い気がしたので今度からは考察で一番言いたいことを軸として書いていこうと思う。
具体的な数値を用いること！「～と思う」は使わない！
実験結果をもっと有効に活用したい。

C君の考察再記述

操作①の結果からイだけが水に浮くことがわかった。3つの密度を調べると、Kは0.862g/cm^3、Liは0.534g/cm^3、Naは0.971g/cm^{3}より最も密度の小さいLiがイであるということがわかる。また瓶の中に入っていた液体は密度が0.534g/cm^3-0.862g/cm^{3}であるから、エタノール(0.79g/cm^3)、自動車用ガソリン（0.72～0.76g/cm^3）の可能性もある。操作⑤の結果から、紫色に変化したアはK、黄色に変化したのはNaであり、ウとわかる

本時の評価（記録に残す場合）

論理的・科学的な考察の表現を目指し、粘り強く考察の記述の改善を行っているかを見取る。

授業の工夫

相互評価とは「相互評価表」に基づいて生徒同士がお互いに評価を行い、相手にコメントをすることが主体となる学習活動で、生徒が学習に主体的に入り込む仕かけであると考える。以下の効果が考えられる。

●「相互評価表」の評価項目を確認しながら評価活動を行うことで、自然と学習内容に入り込まざるを得なくなる。

●自己評価、他者評価のポイントやコメントと自分の記述を見直すことができる。

●学習の振り返りを無理なくすることができる。

●話し合い活動の機会・コミュニケーション能力を育む思考力·表現力の育成につながる。

相互評価のコメント内容から「粘り強さ」を見取ることができ、振り返り・書き直し記述の内容から「自己調整」を見取ることが期待できる。

相互評価の取り組みの状況は、「主体的に学習に取り組む態度」の客観的な評価材料の一つになり得ると考える。

本授業で用いた実験プリントと実験の様子・考察記述の様子

実践例　１時限　実験および考察記述

2021 化学基礎プリント No.12　元素の周期表と周期律　実験：アルカリ金属・アルカリ土類金属の性質　組　番 氏名

目的 アルカリ金属に分類されるＬｉ、Ｎａ、Ｋやアルカリ土類金属に分類されるCaの化学的性質を確認する。

器具・薬品 Ｌｉ、Ｎａ、Ｋ、Ca、フェノールフタレイン、ろ紙、ピンセット、ナイフ、ビーカー、試験管セット

操作・結果 ○安全メガネ着用○金属に直接手で触れない○使い終わったろ紙、ナイフ、ピンセットは水ですすいでから返却または破棄すること。

○未反応の金属が残っていると非常に危険である。

[実験1] 金属ア、イ、ウはＬｉ⁺、Ｎａ⁺、Ｋ⁺のいずれかの金属である。金属ア、イ、ウについて、以下①～④の操作をおこない、ア、イ、ウがどの金属であるかを同定しなさい。

	ア	イ	ウ
操作① 瓶の中に入っている様子を比較する。			
操作② ナイフで切り切断面の色と光沢、空気中での変化の様子を観察する。			
操作③ 水を入れたビーカーの中にアイウの小片を入れ、すぐにろ紙でふたをする。それぞれの金属が水の中でどのように反応するかを、観察する。			
操作④ ビーカー中の反応後の水を２本の試験管にとり分ける。１本にはフェノールフタレインを１～２滴加えて色の変化を観察する。			
操作⑤ １本は炎色反応を調べる。			

[実験2]Ｃａと水の反応を調べる。

①Ｃａの小片を観察し表面の色と光沢、空気中での変化の様子を観察する。＿＿＿＿

②300mLビーカーの中に水を入れ、水を満たした試験管を逆さまにして入れておく(右図)。

その中にＣａの小片を入れ、発生する気体を試験管に集める → 水上置換。

③気体が集まり、反応が終わったら試験管の口にマッチの火を近づけてみる。＿＿＿＿

④反応が終わったビーカー中の溶液の一部を100mLビーカーに半分くらい取り分け、ストローを用いて息を吹き入れる。

しばらくの間吹き続け、溶液の変化の様子を観察する。＿＿＿＿

⑤反応が終わったビーカー中の溶液の一部を試験管にとりフェノールフタレインを１～２滴加えて色の変化を観察する。＿＿＿＿

考察

実験結果をもとにして、ア、イ、ウがＬｉ⁺、Ｎａ⁺、Ｋ⁺のどれであるかを同定しなさい。

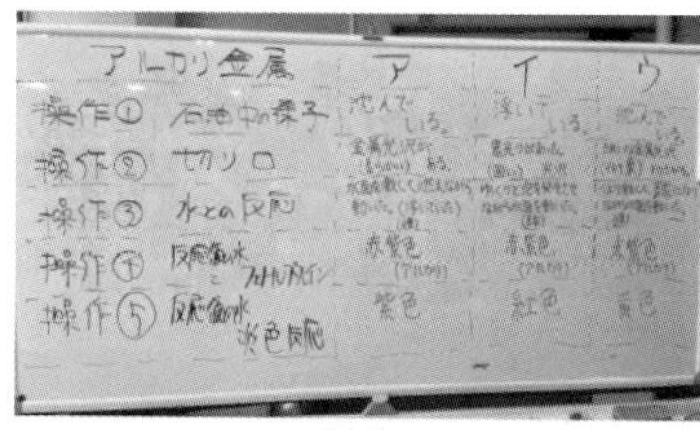

実験結果

相互評価活動の様子

[生徒Aの記述]

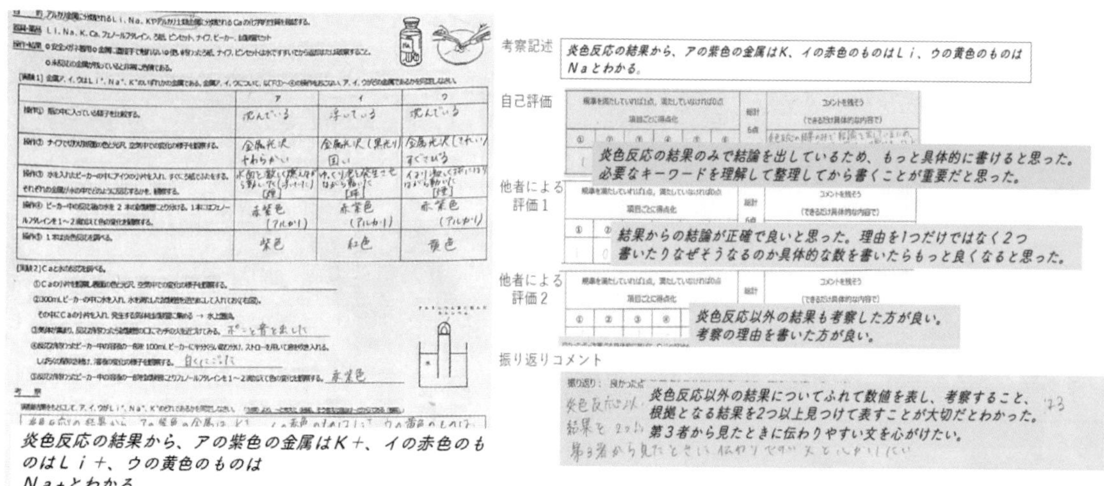

	ア	イ	ウ
操作① 瓶の中に入っている様子を比較する。	沈んでいる	浮いている	沈んでいる
操作②	金属光沢 やわらかい	金属光沢(黒光り) 固い	金属光沢(きれい)
操作④	赤紫色 (アルカリ)	赤紫色 (アルカリ)	赤紫色 (アルカリ)
操作⑤ 1本は炎色反応を調べる。	紫色	紅色	黄色

③ ポンと音が出た

④ 白くにごった

⑤ 赤紫色

炎色反応の結果から、アの紫色の金属はＫ＋、イの赤色のものはＬｉ＋、ウの黄色のものはＮａ+とわかる。

考察記述　炎色反応の結果から、アの紫色の金属はＫ、イの赤色のものはＬｉ、ウの黄色のものはＮａとわかる。

自己評価　炎色反応の結果のみで結論を出しているため、もっと具体的に書けると思った。必要なキーワードを理解して整理してから書くことが重要だと思った。

他者による評価１　結果からの結論が正確で良いと思った。理由を1つだけではなく２つ書いたりなぜそうなるのか具体的な数を書いたらもっと良くなると思った。

他者による評価２　炎色反応以外の結果も考察した方が良い。考察の理由を書いた方が良い。

振り返りコメント　炎色反応以外の結果についてふれて数値を表し、考察すること、根拠となる結果を2つ以上見つけて表すことが大切だとわかった。第３者から見たときに伝わりやすい文を心がけたい。

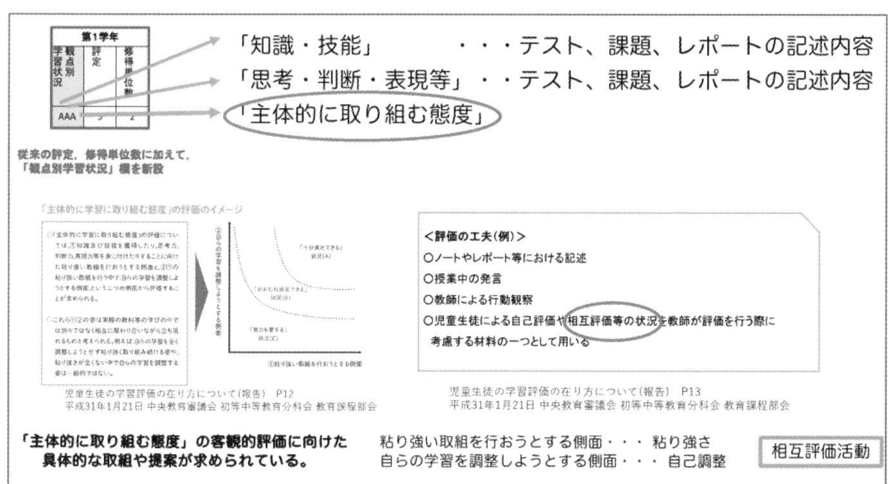

相互評価表を用いた学習活動とは

「相互評価表」に基づいて生徒同士でお互いに評価を行い，
相手にコメントをすることが主体となる学習活動で，
生徒が学習に主体的に入り込む仕掛けである。

◎「相互評価表」の評価項目を確認しながら評価活動を行う　→　粘り強さ
　・**学習内容に入り込まざるを得なくなる**

◎自己評価，他者評価のポイントやコメントと自分の記述を見直す
　・**学習のふり返りを無理なくすることができる**　→　自己調整

◎ 話し合い活動の機会
　・**コミュニケーション能力を育む**

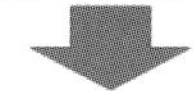

思考力・表現力の育成につながると考える。

主体的に学習に取り組む態度の評価の材料の一つ

粘り強い取組を行おうとしている側面 [相互評価のコメント内容から]	自らの学習を調整しようとする側面 [振り返り・描き直し記述の内容から]
A　相互評価を通し、自己及び他者の記述の向上に努めた	A　自己の記述について、分析し書き直した
B　相互評価を通し、自己の記述の向上に努めた	B　自己の記述について、具体的な項目を挙げて分析した
C　相互評価を通し、記述の向上に努めなかった	C　自己の記述について、分析しなかった

「主体的に学習に取り組む態度」の評価のイメージ

○「主体的に学習に取り組む態度」の評価については，①知識及び技能を獲得したり，思考力，判断力，表現力等を身に付けたりすることに向けた粘り強い取組を行おうとする側面と，②①の粘り強い取組を行う中で，自らの学習を調整しようとする側面，という二つの側面から評価することが求められる。

○これら①②の姿は実際の教科等の学びの中では別々ではなく相互に関わり合いながら立ち現れるものと考えられる。例えば，自らの学習を全く調整しようとせず粘り強く取り組み続ける姿や，粘り強さが全くない中で自らの学習を調整する姿は一般的ではない。

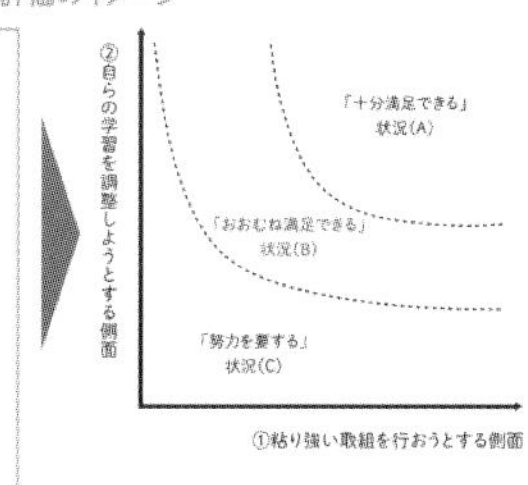

AA → A
AB → B
BB → B
BC → C
CC → C

探究的な学習に向けた教材づくりの視点とは

近藤　浩文
（千歳科学技術大学 教授）

新しい学習指導要領において、探究的な学習は教育課程全体を通じて充実を図るべきものとされ、「主体的・対話的で深い学び」に結び付く学習としても重要視されています。

また、探究的な学習は、授業で生徒が習得した知識や概念を活用する場面として、単元計画の後半に設定されることが多いため、単元の初めにあらかじめ単元計画と、適切な難易度の「探究課題」を提示することにより、生徒が目的意識を持って意欲的に知識や概念の習得に取り組むことが期待できます。

さらに、実施後は、自己の成長を実感することができるため、「主体的に学習に取り組む態度」の向上に結び付くものと考えます。

探究的な学習を成功に導くためには、創意工夫を凝らした教材づくりが必要です。探究の過程で仮説を検証するための効果的な教材はもちろんのこと、知識や概念を効率的に定着させるための教材も重要となります。

私は、教材づくりの視点として、準備や後片付けに要する「時間」の短縮と、生徒一人一人が能動的に探究に取り組む「時間」の確保を重視し、教材のマイクロスケール化を進めてきました。「マイクロスケール実験教材」は、スケールが小さいため集中力が高まり実験結果が記憶に定着しやすく、操作が容易であるため仮説が外れた場合でも新たに検討し試行を重ねることができるという点でも優れた教材といえます。

また、開発したマイクロスケール実験教材については、パッケージ化が可能であることから、複数の教員間で共有し教材のブラッシュアップを図るとともに、探究的な学習の推進に向けて、共有の範囲を徐々に拡大していくという視点が大切であると考えます。

さらに、教員養成の段階で学生がその有効性を実感しておくことも重要であり、大学の教職課程の担当教員と高校の先生方がネットワークを構築し、それぞれの創意工夫を共有化するような取り組みを行っていくことが必要であると考えています。

第 3 編

物質の変化とその利用

第３編　物質の変化とその利用
１章　物質量と化学反応式（13時間）

1 単元で生徒が学ぶこと

物質量と化学反応式についての観察、実験などを通して、物質量、化学反応式について理解させ、それらの観察、実験などの技能を身に付けさせるとともに、思考力、判断力、表現力等を育成することが主なねらいである。

2 この単元で（生徒が）身に付ける資質・能力

知識及び技能	物質量と化学反応式について、物質量、化学反応式を理解するとともに、それらの観察、実験などに関する技能を身に付けること。
思考力、判断力、表現力等	物質量と化学反応式について、観察、実験などを通して探究し、物質の変化における規則性や関係性を見いだして表現すること。
学びに向かう力、人間性等	物質量と化学反応式の学びに主体的に関わり、科学的に探究しようとする態度を養うこと。

3 単元を構想する視点

この単元は、物質量についての学習と化学反応についての学習の２部構成となっている。前半では、粒子の数に基づく量の表し方である物質量の概念を導入し、物質量と質量、物質量と気体の体積との関係について理解させること、後半では、新たに導入した物質量の視点を活用しながら、化学反応に関する実験などを行い、化学反応式が化学反応に関与する物質とその量的関係を表すことを見いだして理解させることがねらいとなる。

いずれの場合も、中学校までに慣れ親しんだ質量や体積ではなく、粒子の数に基づく物質量（モル）と関連付けて扱うことが便利であることを、見通したり、振り返ったりするなどの科学的な探究活動を通して、生徒の実感を伴った理解とすることが重要である。

物質量の概念を基盤とした学びは、以降の単元において繰り返し行われる。本単元の指導計画では、化学反応の量的関係を物質量で表すことの有用性を感じさせることを重視して構成している。物質量の知識を活用して計算したり、より深い理解につなげたりしていく学びを、以降の単元の指導計画に生かす工夫も考えらえる。

4 本単元における生徒の概念の構成のイメージ図

単元のねらい

物質量で表すことの有用性を見いださせ、実感させる。

物質量

・化学では質量より物質量で捉えた方がわかりやすいことがあるね。
・分子量や式量を使うと、質量を物質量にすることができるんだね。
・密度やアボガドロの法則を使うと、体積と物質量も関係付けられるね。

化学反応式の量的関係

・中学校で学んだ質量変化の規則性って、物質量で考えるとどうなるんだろう。
・質量に規則性があったのだから、物質量で考えても規則性があるのかもしれない。
・二つ以上の物質が反応するときには、どちらかが足りなかったり余ったりすることを考えないといけないんだね。

5 本単元を学ぶ際に、生徒が抱きやすい困り感

物質量（モル）って、結局なんのために計算する必要があるの？

指数を使った計算が、さっぱりわからないや。

メスフラスコの使い方って、なんであれこれ説明が書いてあるの？

化学反応式って、結局覚えればそれでいいのかな？

6 本単元を指導するにあたり、教師が抱えやすい困難や課題

原子量や分子量、アボガドロ定数など、新しい定義を教えるだけで精一杯になってしまいます。

物質量（モル）の考え方を、いつまでたっても生徒に身に付けさせることができません。

化学反応式
$?CH_4 + ?O_2 \rightarrow ?CO_2 + ?H_2O$
$1CH_4 + 2O_2 \rightarrow 1CO_2 + 2H_2O$
☆ $CH_4 + 2O_2 \rightarrow CO_2 + 2H_2O$

化学反応式の係数合わせや、係数の使い方も、問題が解けるよう教え込めば十分じゃないかしら。

化学反応の量的関係の実験を行おうにも、実験で期待した数値を得ることができません。

7 単元の指導と評価の計画

単元の指導イメージ

物質の量を扱うのに同じ質量同士で考えてもうまくいかないのは、なんでだろう？

質量や体積を体積をまとまった数（モル）で表すと便利ですよ。

化学反応式
$?CH_4 + ?O_2 \rightarrow ?CO_2 + ?H_2O$
$1CH_4 + 2O_2 \rightarrow 1CO_2 + 2H_2O$
☆ $CH_4 + 2O_2 \rightarrow CO_2 + 2H_2O$

中学校で学んだ重曹の分解反応も、固体が何g残るか予想できるよ。

反応させる物質同士の量が違う場合でも、同じように考えることができるのかな？

物質量と化学反応式（全13時間）

時間	単元の構成
1	相対質量
2	原子量・分子量・式量
3	物質量 1 探究活動①
4	物質量 2
5	物質量 3
6	モル濃度 1
7	モル濃度 2
8	化学反応式
9	化学反応の量的関係 探究活動②
10	過不足ある化学反応 1 探究活動③
11	過不足ある化学反応 2 探究活動④
12	実験レポートの書き方3(相互評価)
13	単元の振り返り

本時の目標・学習活動	重点	記録	備考（★教師の留意点、○生徒のB規準）
小さな質量の粒子の比較について相対質量で表現する。	思		★ゴマや大豆などの粒子数と質量との関係について触れるとよい。
原子量・分子量・式量について理解する。	知		★小さな粒子を扱うときにはどうすればよいか自由に考えさせる。計算することが目的とならないよう留意する。
化学反応の量的関係を粒子の視点で説明する。	思	○	○化学反応の量的関係を粒子の視点で説明している。
粒子の数に注目した物質の量である物質量について理解する。	知		★１時間目で触れたゴマや大豆などの粒子数との関係を想起させ、数に基づく量であることを理解させる。
物質量と気体の体積の関係を説明する。	思		★身近な物質の物質量と粒子の数、質量、気体の体積について考察させる学習活動が考えられる。
溶液の濃度であるモル濃度について理解する。	知	○	○質量パーセント濃度とモル濃度の違いについて理解している。 ★質量ではなく物質量で扱うことの有用性に気付かせる。
正確なモル濃度の溶液を調製する技能を身に付ける。	知	○	○適切な器具を用いて、適切な手順で、決められた濃度の溶液を正しく調製する技能を身に付けている。
化学反応式を理解する。	知		★粒子モデルをなどを用いて、視覚的に表現することで、生徒の理解を深めさせる。
化学反応式の係数は物質量の比であることを見いだして表現する。	思	○	○実験結果から、化学反応式の係数の比は、物質量の比であることを見いだして表現している。
化学反応について、二つの物質の物質量に注目して表現する。	思	○	○過不足のある反応の量的関係について、二つの物質の物質量に注目して表現している。
炭酸カルシウムと塩酸とを反応させる実験を行い、結果をグラフで表現する。	思		★化学反応式を理解し、それに基づいて実験を行うことからグラフで表現できるように心掛ける。
過不足の実験でグラフの作成を行い、留意点や修正点に気付き、改善しようとする	態	○	○適切なグラフ作成を目指し、試行錯誤しながら粘り強く、グラフの作成をしようとしている。 ★相互評価活動により、協働的な学びから深い学びにつなげる。
物質量と化学反応式の学習を振り返り、それらの量的関係を粒子の視点で理解する。	知		物質量と化学反応式の学習を振り返り、それらを概念的に理解している。

1章　物質量と化学反応式 ①時　相対質量

知・技
思・判・表
主体的

●本時の目標：　小さな質量の粒子の比較について相対質量で表現する。
●本時で育成を目指す資質・能力：　思考力・判断力・表現力等
●本時の授業構想

ゴマと大豆を題材にして相対質量について考えさせる。また、小さな粒子を扱う時は、まとめて扱うと便利であることを実感させておくことで、この後の物質量を考えるきっかけとする。原子１個の質量は極めて小さいため、基準として決められた、ある原子の質量との比較で求めた相対質量で比較できることを見いださせる。

●本時の評価規準（Ｂ規準）

^{12}Cの質量を基準とした相対質量および原子量の求め方が説明できる。

・本時の課題

非常に小さい原子の質量を比較するときは、どうしたらいいだろうか。

【課題の把握】　（５分）

①原子の質量を比較する方法を考える。

【課題の追究１】　（10分）

②ゴマと大豆を例にして相対質量で表してみる。

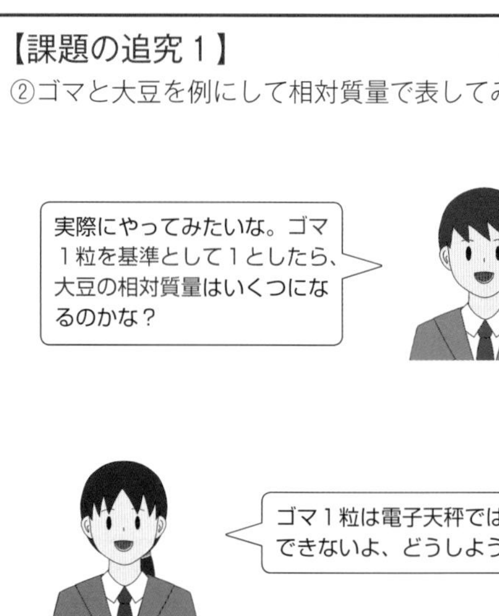

実際にやってみたいな。ゴマ１粒を基準として１としたら、大豆の相対質量はいくつになるのかな？
ゴマ１粒は電子天秤では測定できないよ、どうしよう。

中学校からのつながり

中学校では、物質を作る最小の単位が原子であることを学んでいる。

ポイント

高校では、非常に小さい原子など、粒子の質量をどのようにして扱うかという、新しい視点を考えていくことを告げる。まずは、ゴマと大豆を題材にして相対質量について説明する。このとき、ゴマのように小さい粒子を扱うときは、例えば100粒単位のように、まとめて扱うと便利であることを実感させておくと、この後の物質量の説明を行うときに生徒の思考を助ける。

実際に原子の相対質量を考えていく際にはいろいろな原子の相対質量を求めたり、基準を変えた場合はどうなるかを思考したりするよう指示する。

また、原子の相対質量が整数値に近い値となり、それが原子の質量数とほぼ一致していることを生徒が見いだす場面を設定する。

生徒から問いが出るようにすることが理想である。問いは教師が与えるのではなく、学びの中で生徒から自然に生まれるような学習展開を考えたい。

・原子の相対質量

原子の質量を表すとき、基準となる原子の何倍になるかという比を用いたもの。

演習①ゴマと大豆の相対質量を考えよう

条件：ゴマ１粒の質量を基準として１とし、大豆の相対質量を求めてください。

【演習のポイント】

小さい粒子を扱うときはまとめて考えると便利

演習②^{16}O原子の相対質量を考えよう

条件：^{12}C原子の質量基準として12とし、^{16}O原子の相対質量を求めてください。

【課題の追究２】　（20分）

③多量の小さな粒の質量や数の数え方を考察しながら、ゴマと大豆の相対質量を表す。

小さな粒子の数を数える時はどうしたらいいのかな？
何粒かまとめて測定して、平均をとったらいいんじゃない？
いいね、その方法だと逆に何粒入っているかも予想できるね。

【課題の追究３】　（15分）

④いろいろな原子の相対質量を表してみる。

^{16}O原子で考えてみよう。^{16}O原子は^{12}C原子の1.33倍だね。

本時の評価（指導に生かす場合）

グループで協議しながら、課題について取り組んでいるかを確認する。また、ワークシートを用いて、同数のゴマの質量と大豆の質量との関係から、^{12}C原子を基準とする相対質量及び原子量について説明できているかを評価する。

授業の工夫

単元の最初に、小さな粒子を扱うときにはどうしたらいいかを、生徒に自由に考えさせている。これ以降の、粒子の数を基準とした物質量の学習の足がかりになるように留意したい。

1章　物質量と化学反応式 ②時　原子量・分子量・式量

知・技
思・判・表
主体的

●本時の目標：　原子量・分子量・式量について理解する。
●本時で育成を目指す資質・能力：　知識及び技能
●本時の授業構想

原子量はその存在比の平均の値であること、分子量、式量は構成原子の原子量の総和であることを理解させる。その知識を活用して、いろいろな物質の原子量・分子量・式量を求めさせる。

●本時の評価規準（B規準）

原子量・分子量・式量について理解している。

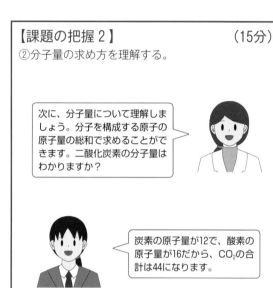

・本時の課題

原子量・分子量・式量について理解し、それぞれ求めよう。

【課題の把握１】　（５分）

①原子量の定義を理解する。

同位体が存在する場合は、原子の相対質量は、各元素に複数あるのかな？

それならば不便だよね。

各同位体の相対質量にその存在比をかけて求めた平均値を、原子量といいます。ですから、各元素に固有の値になります。

【課題の把握２】　（15分）

②分子量の求め方を理解する。

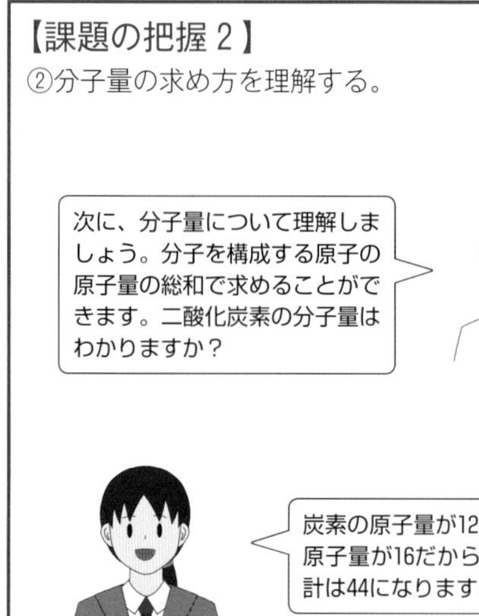

次に、分子量について理解しましょう。分子を構成する原子の原子量の総和で求めることができます。二酸化炭素の分子量はわかりますか？
炭素の原子量が12で、酸素の原子量が16だから、CO_2の合計は44になります。

中学校からのつながり

原子の初歩的な概念（原子は質量を持った非常に小さい粒子）までは学んでいる。

ポイント

個々の原子は近似的には質量数で表すことができるが、質量の異なる複数の同位体を持つ元素では、構成する各同位体の相対質量に各同位体の存在比をかけて求めた平均値を用い、この値を原子量とする。つまり、一つの元素に対して、一つの値が決まることになる。また、あわせて各同位体の地球上の存在比も確認させるとよい。存在比を用いて、原子量を求めさせる。

分子量は、^{12}C原子を基準とした、分子の相対質量になるが、構成する原子の原子量の総和で求められることを確認する。また、分子が存在しない物質（イオン結晶や金属など）では、分子量の代わりに式量を用いる。イオンは、原子または原子団の電子が失われたり、受け取ったりしたものであるため、実際はイオンを作っている原子または原子団の質量とは異なるが、電子の質量は無視できるほど小さいという既習事項を確認ながら、理解させる。

原子量：構成する各同位体の相対質量に各同位体の存在比をかけて求めた平均値。

分子量：分子を構成する原子の原子量の総和となる。

式量：分子が存在しない物質では、分子量の代わりに式量を用いる。
分子量と同様に構成する原子の原子量の総和となる。

＊イオンの式量：電子の質量は無視できるほど小さいため、電子の増減は考慮しない。
→　原子や原子団の質量と同じであると考える。

【課題の把握 3】 （10分）

③式量の求め方を理解する。また、イオンの式量の考え方を理解する。

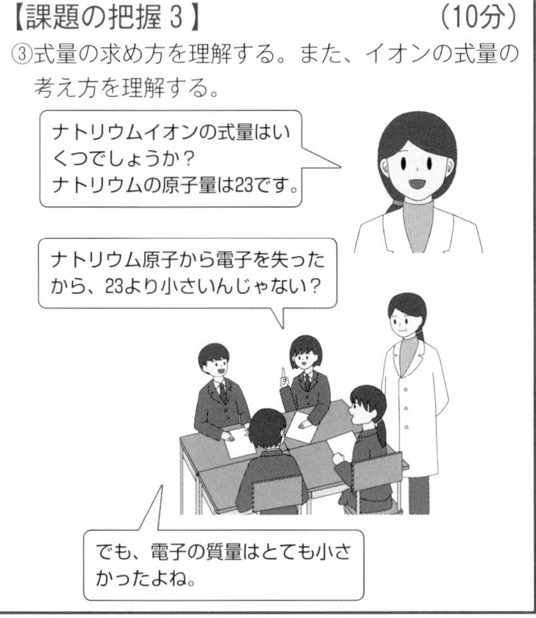

ナトリウムイオンの式量はいくつでしょうか？
ナトリウムの原子量は23です。
ナトリウム原子から電子を失ったから、23より小さいんじゃない？
でも、電子の質量はとても小さかったよね。

【課題の追究】 （20分）

④いろいろな物質の原子量・分子量・式量を求めてみる。

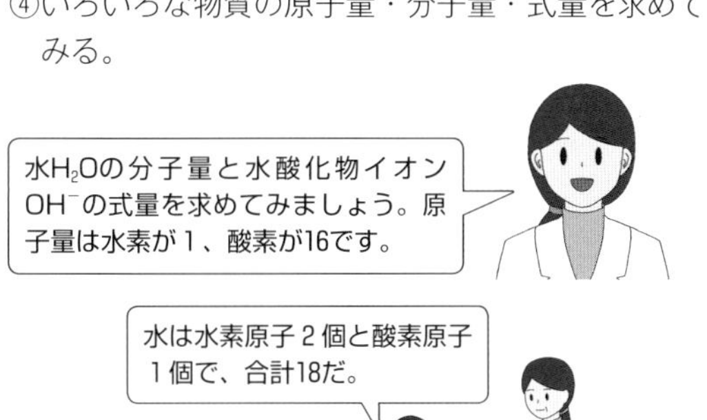

水は水素原子2個と酸素原子1個で、合計18だ。

本時の評価（指導に生かす場合）

ワークシートを用いて、原子量を決定することができるか、分子量および式量は構成原子の原子量の総和であることを理解しているかを評価する。

授業の工夫

次の授業から、粒子の数に注目して表した物質量の概念を学習する。原子や分子などは非常に小さいので相対質量で表したり、いくつかの粒子のまとまりで扱うなど工夫して、その量を表しているというイメージを持たせたい。

1章　物質量と化学反応式 ③時　物質量1（探究活動①）

知・技　思・判・表　主体的

●本時の目標：　化学反応の量的関係を粒子の視点で説明する。
●本時で育成を目指す資質・能力：　思考力、判断力、表現力等
●本時の授業構想

同じ質量パーセント濃度で同じ体積（ここでは同じ質量として扱う）の酸と塩基を混合しても、ちょうど中和しないことを確認し、その理由をグループで考えさせる。化学反応の量的関係を考えるときは質量ではなく、粒子の数（＝物質量）で考える必要があることを見いださせ、学習の動機付けにする。

●本時の評価規準（Ｂ規準）

化学反応の量的関係を粒子の視点で説明している。

・本時の課題

1％の酸と1％の塩基を同体積混合すると、ちょうど中和するだろうか。

【課題の把握】　（10分）

①本時で生徒に考えてほしい課題を提示し、考察のポイントになる、中学校での学習を各自で振り返る。

BTB溶液を加えた1％NaOH水溶液100 mLと1％ HCl 100 mLを混合すると溶液は何色になるのでしょうか？

中和のことだよね。

水素イオンと水酸化物イオンが反応するんだよ。

※　溶液はすべて密度を1 g/mLとする

【課題の探究1：実験1】　（10分）

②これまで学習した内容をもとに、黒板に示した本時の課題について各自で予想し、グループで共有した後、実験を行う。

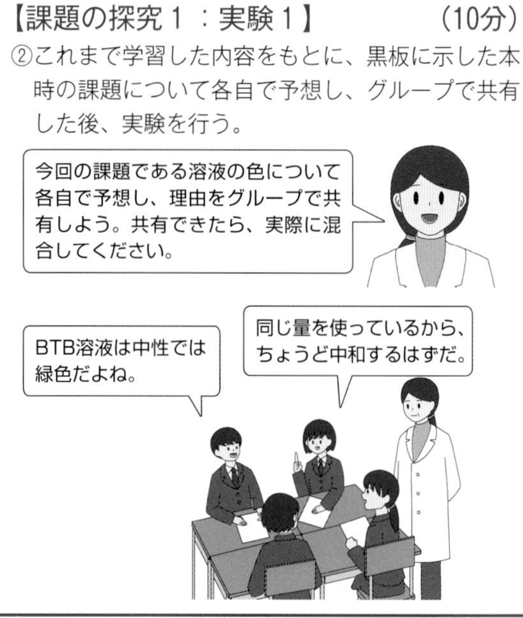

今回の課題である溶液の色について各自で予想し、理由をグループで共有しよう。共有できたら、実際に混合してください。
BTB溶液は中性では緑色だよね。
同じ量を使っているから、ちょうど中和するはずだ。

中学校からのつながり

中学校での中和の学習を復習する際には、中和は水素イオンと水酸化物イオンのモデルで考え、粒子の数で液性を判断したことを共有する。

ポイント

中学校での学習を振り返ったのち、生徒に個別に予想させた後、グループで共有する。すべてのグループで共有が終わったら、実際に溶液を混合して反応を観察させる。実験結果は、実験1では溶液は黄色になり、実験2では青色になる。予想とは異なる結果となることで、生徒に課題の把握を促す。

ワークシートの活用

ワークシートの考察では、3段階の考察の視点を生徒に示しながら、考察を深めていく。

●考察の視点1…反応する物質の溶質はすべて1gで同質量になる。
●考察の視点2…中学で学習した中和反応の粒子モデルを振り返ることで、水素イオンと水酸化物イオンの粒子の数に注目した。「質量」と「粒子の数」、扱っている物質の量が異なることを意識させる。
●考察の視点3…直前に学習した分子量・式量を示し、その規則性から考えていくと思考を深めやすくなる。

課題の探究：実験１<みなさんの予想>
・同じ量だから中性になって、溶液は緑色になる。

課題の探究：実験２<みなさんの予想>
・今度こそ、同じ量だから中性になって、溶液は緑色になる。
・さっきは黄色になったから、今回も酸性になって黄色になる。

課題に対する考察<みなさんの予想>
・ちょうど中和する組み合わせの反応ではなかった。
・実験１では塩化水素＞水酸化ナトリウム、実験２では硝酸＜水酸化ナトリウムとなる。分子量の小さい方の性質を示している。
・１個の粒子の質量は塩酸、硝酸、水酸化ナトリウムで異なる。→同じ質量に含まれる粒子の数が異なる。

まとめ
反応の量的関係を考える時は、質量ではなく粒子の数で考える必要がある。
でも粒子は非常に小さく扱いにくい　→　新しい考え方が必要だ！　→「物質量」

【課題の探究２：実験２】　（10分）

③実験１から酸の種類を塩酸から硝酸に変えて、同じように実験を行う。

次は酸を硝酸に変えて、同じ条件で実験してみましょう。先ほどと同じように、各自で予想し、グループで共有した後で、混合してみましょう。

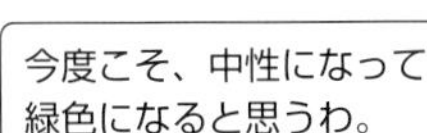

今度こそ、中性になって
緑色になると思うわ。

さっきと同じように黄色になるんじゃない。

【課題の解決】　（20分）

④二つの実験で異なる結果となった理由を考える。

実験１の混合後の溶液は黄色で酸性、実験２の混合後の溶液は青色で塩基性になった理由を考えてみましょう。

生徒のプリントより

【自分の考え】
HCl = 36.5　HNO_3 = 63　NaOH = 40
軽い方の色になる。

【自分の考え】
質量は同じでも、その水溶液（の種類）によってひとつひとつの粒子の質量が異なっていて、数も変わるのかなと思った

化学反応は粒子の組み合わせで考えるから、反応の量的関係も粒子の数で考える必要があるよね。

本時の評価（記録に残す場合）

ワークシートを用いて、生徒の思考、共有を繰り返しながら、段階的に考察を行おうとしているかを記述分析する。「量」について具体的な記述がある生徒については、全体で共有するとよい。

質量から粒子の数への視点の転換が目標であるため、生徒の思考の過程で、その正誤は問わないこととする。

授業の工夫

化学反応の量的関係は粒子の数で考えることを認識させ、質量とは異なる新しい概念が必要であることを確認する。この新しい概念が物質量であることを紹介し、この単元を進めていくことの動機付けとする。

【参考】

１％ HCl（分子量36.5）　$\dfrac{1\,g}{36.5\,g/mol} \fallingdotseq 0.027\,mol$

１％ NaOH（式量40）　$\dfrac{1\,g}{40\,g/mol} = 0.025\,mol$

１％ HNO_3（式量63）　$\dfrac{1\,g}{63\,g/mol} \fallingdotseq 0.016\,mol$

１％の塩酸と１％水酸化ナトリウム水溶液を同体積混ぜたときは、酸性になる。
１％の硝酸と１％水酸化ナトリウム水溶液を同体積混ぜたときは、塩基性になる。

1章　物質量と化学反応式 ④時　物質量2

知・技
思・判・表
主体的

●本時の目標：　粒子の数に注目した物質の量である物質量について理解する。
物質量と質量の関係を理解する。
●本時で育成を目指す資質・能力：　知識及び技能
●本時の授業構想
　物質を構成する粒子の数は非常に大きく、アボガドロ数のまとまりとして扱い、これが物質量の定義であることを理解させる。また、物質量と粒子の数、質量との関係を理解させる。
●本時の評価規準（B規準）
　物質量と粒子の数、質量の関係を理解している。

・本時の課題

物質量とは何かを学習し、物質量と粒子の数、物質量と質量との関係を理解しよう。

【課題の把握1】　（5分）
①本時で生徒に考えてほしい課題を提示し、考察のポイントになる、前時までの学習を振り返る。

前の実験では、質量じゃなくて粒子の数で考えたよね。

でも、実際の物質の粒子の数って、すごく大きな数じゃなかったっけ？

【課題の把握2】　（15分）
②日常の物質を考えるときは、膨大な粒子の数を扱うことになるが、その粒子の数を扱うには、どのような工夫をすればよいかをグループで考える。

例えば、米粒などのように小さい粒子を扱うときは、どのような工夫をしますか。

1袋のようにまとめて扱うよね。

ひと粒のような買い方も数え方もしないね。

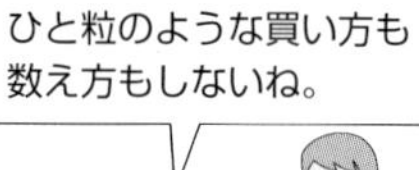

中学校からのつながり
　中学校では原子は質量を持った非常に小さな粒子として取り扱うことを学んでいる。

ポイント
　原子・分子・イオン1個の質量は非常に小さいため、ある程度まとまった粒子の数の集団を1単位として基準を決める。すでに学習した原子量・分子量・式量の値を利用できるようにすると便利である。そこで1単位を6.02×10^{23}個の粒子とし、アボガドロ定数とする。アボガドロ数個の原子や分子の集まりは、原子量・分子量の値にgを付けたものとほぼ一致する。粒子の数に注目して表した物質の量を「物質量」といい、単位はモル（mol）で表す。「モル質量」は物質1molあたりの質量［単位g/mol］であり、原子・分子・イオンなどのモル質量は、原子量・分子量・式量にg/molを付けたものとほぼ一致する。（今後、同じとして扱う）。また金属やイオン結晶など組成式で表される物質は組成式を分子式とみなし、式量を1mol分の質量として扱う。本時の学習を生かして、身近な物質に含まれる粒子の数を考えさせる活動を行うとよい。

・アボガドロ数：6.02×10^23個　　＊厳密には6.02214076×10^23個
・アボガドロ定数：1 molあたりの粒子の数　6.02×10^23/mol

$$\text{物質量（mol）} = \frac{\text{粒子の数}}{\text{アボガドロ定数}6.02\times10^{23}/\text{mol}}$$

$$\text{物質量（mol）} = \frac{\text{物質の質量（g）}}{\text{モル質量（g/mol）}}$$

【課題の追究１】　（10分）

③物質量と粒子の数、物質量と質量の関係をグループ学習で理解する。

水3.0 mol中の水分子は何個含まれていますか。また水1.5 molは何gですか。

アボガドロ定数とモル質量の関係から計算してみよう。

【課題の追究２】　（20分）

④身近な物質で粒子の数を質量の関係を考える探究活動をグループで行う。

１袋（１kg入り）の食塩（主成分：塩化ナトリウムNaClとする）と砂糖（主成分：スクロース$C_{12}H_{22}O_{11}$とする）に含まれる粒子の数の違いを考えてみましょう。

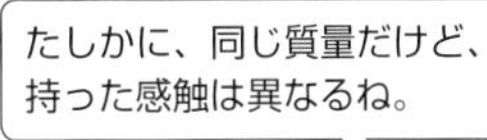

たしかに、同じ質量だけど、持った感触は異なるね。

食塩は17 molで砂糖は2.9 molだから含まれる粒子の数が違うね。

本時の評価（指導に生かす場合）

ワークシートなどを用いて、物質量と粒子の数および質量との関係を理解しているかを評価する。計算が苦手な生徒に対しては、時間を与えたり、グループで教え合うなど工夫が必要である。

授業の工夫

物質の量を表す時は質量だけでなく、粒子の数でも考えることを再度認識させたい。またこの水や食塩や砂糖の例のように、目に見える、実際に触ることができるような身近な物質を扱うことにより、生徒の興味を高めたい。

1章　物質量と化学反応式 ⑤時　物質量３

知・技

思・判・表

主体的

●本時の目標：　物質量と気体の体積の関係を説明する。
●本時で育成を目指す資質・能力：　思考力、判断力、表現力等
●本時の授業構想
　物質量と気体の体積の関係を考えさせる。物質量の学習の振り返りとして物質量と粒子の数、質量、気体の体積との関係について説明させる。
●本時の評価規準（B規準）
　物質量と気体の体積との関係を粒子の視点で説明している。

・本時の課題

物質量と粒子の数、質量、気体の体積との関係について説明しよう。

【学習の振り返り】　(10分)
①生徒に考えてほしい課題を提示する。

前の時間では、物質量と粒子の数、質量の関係について学習しました。

固体と液体の粒子の数は前の時間でわかりました。物質の三態には、もう一つ気体がありますが、気体って質量があるのでしょうか？

目に見えないけど、注射器で押して縮めきれなかったように、ちゃんと粒子は存在するのだから、質量はあるんじゃない？

気体は体積ではかるよね。気体の質量と体積とには、何か規則性があるのかな。

【課題の追究１】　(15分)
②物質量と気体の体積の関係について個人で考える。

いいところに気付きましたね。気体はアボガドロの法則というもので考えていきます。標準状態では1 molの気体の体積は22.4 Lとなります。

それなら標準状態で5.6 Lの酸素は、物質量で表すと0.25 molになるのかな。

標準状態って、0℃だよね。今の気温は、25℃だけど、そのときは、体積はどうなるのかな？たぶん…増えるよね。

中学校からのつながり

　中学校までに、金属、水及び空気は、温めたり冷やしたりすると、その体積が変わることについて学んでいる。

ポイント

　0℃、1.013×10^{5} Pa（標準状態）において、気体1 molの体積は、気体の種類に関係なく、22.4 Lになる。また、1 molは6.02×10^{23}個の粒子の集まりであるためアボガドロの法則が成り立つ。この関係から、物質量と気体の体積の関係について考えさせる。また、気体の密度と分子量の関係について説明させる。このとき分子量既知の気体と分子量未知の気体の同体積での質量の比較により、気体の分子量を求める実験などを行うことも考えられる。学習の振り返りとして、身近な物質の物質量と粒子の数、質量、気体の体積について考察させる学習活動が考えられる。例えばコップ1杯の水（180 gとすると計算しやすい）を物質量で表し、そこに含まれる水分子の数、すべて水蒸気になった時の体積を比較すると、興味を深めることができる。この単元の3校時に行った1％の塩酸と1％の水酸化ナトリウム水溶液を同体積混合すると、なぜ、ちょうど中和しなかったかを、物質量から考えさせてもよい。

・アボガドロの法則：すべての気体は、同温同圧のとき、同体積中に同数の分子を含んでいる。

・物質量と気体の体積の関係

$$物質量\ (\mathrm{mol}) = \frac{気体の体積\ (\mathrm{L})}{22.4\ \mathrm{L/mol}}$$

・気体の密度：気体１Lあたりの質量
気体の分子量はモル質量と同じ値になるので、標準状態ならば22.4 Lの気体の質量となる。

【課題の追究２】　（10分）
③気体の密度と分子量の関係をグループ学習で考える。

ある気体を測りとったら、１Lの質量が1.25 gでした。この気体は何でしょうか？

１mol分の気体の質量が分子量になるから、22.4 L分の質量を求めてみよう。

【課題の追究３】　（15分）
④物質量を中心とした量的関係を説明する活動をグループで行う。

180 gあるコップ１杯の水がすべて水蒸気になったら、体積はどれくらい大きくなると思いますか。

前の時間勉強した関係から、180 gの水は10 molだね。

じゃあ、10 mol分の体積を求めてみよう。

本時の評価（指導に生かす場合）

ワークシートなどを用いて、物質量と気体の体積との関係、また気体の密度と分子量との関係を説明しているかを評価する。物質量と粒子、質量、気体の体積について、グループで話し合いながら、正しく説明できているかを評価する。

授業の工夫

中学校までは、質量を中心に物質の量を表してきたが、高校では粒子の数に着目した物質量という新しい概念について学習する活動が考えられる。このとき、これまで学んだことを否定するのではなく、知識や視野を広げることを意識して授業したい。

【参考】

１％ HCl（分子量36.5）　$\frac{1\ \mathrm{g}}{36.5\ \mathrm{g/mol}} \fallingdotseq 0.027\ \mathrm{mol}$

１％ NaOH（式量40）　$\frac{1\ \mathrm{g}}{40\ \mathrm{g/mol}} = 0.025\ \mathrm{mol}$

同体積を混ぜたときは、酸性になる。

1章　物質量と化学反応式 ⑥時　モル濃度 1

知・技
思・判・表
主体的

●本時の目標：　溶液の濃度であるモル濃度について理解する。
●本時で育成を目指す資質・能力：　知識及び技能
●本時の授業構想
　この単元では、質量ではなく物質量で考える必要があることを繰り返し学習している。ここでは、溶液の体積と溶質の物質量との関係を表すモル濃度について学習し、質量パーセント濃度との違いを理解させる。
●本時の評価規準（B規準）
　質量パーセント濃度とモル濃度の違いを理解している。

・本時の課題

モル濃度は溶液の体積と溶質の物質量の関係を表しているのだろうか。

【課題の把握】　（10分）

①3時限目に行った実験（1%の酸と1%の塩基を同体積混合する実験）を深める。

1%の酸（塩酸）と1%の塩基（水酸化ナトリウム溶液）を同体積で混合させたとき中性にするには、どうしたらよいのでしょうか？

含まれている酸と塩基の数が同じじゃないから残念な結果だったね。
溶液も質量ではなく、体積に注目したらどうかな？

質量%ではなくて、粒子の数が関係する濃度があるといいな。
物質量を用いた濃度があるのかな。

【課題の追究1】　（10分）

②溶液の体積と溶質の物質量との関係を表すモル濃度について個人で理解する。

濃度とは、割合の考え方を使って、注目する量を全体の量で割ったかたちで表せます。今回は、注目する物質量を全体の体積で割った濃度を学びます。

例えば、注目する物質1モルが全体量として溶液1Lに溶けていることを考えればいいのかな。

質量%濃度も注目する量（g）を全体の量（g）で割ったものだね。

着目する量を物質量（mol）として濃度を考えていけばどうかな。

中学校からのつながり

　中学校では濃度について、質量パーセント濃度を学んでいる。

ポイント

　濃度とは、割合の概念を踏まえて、全体量分の注目する量であることを理解させる。

　この単元の3時限目に行った実験（1%の酸と1%の塩基を同体積混合する実験）において、反応の量的関係を扱う際は、質量ではなく粒子の数で考える（＝物質量）方が有効であったことを振り返ることにより、モル濃度の有用性を認識させるとよい。

　また、溶液の反応を扱うときは溶質の粒子数に注目する必要があるので、モル濃度と溶液の体積から、溶液中に含まれる溶質の物質量で求められることに気付かせたい。

　その後、質量パーセント濃度との違いについて触れ、質量パーセント濃度は溶液の質量に対する溶質の質量を表し、一方、モル濃度は溶液の体積に対する溶質の物質量を表すという違いを理解させ、単位の換算に取り組むことも考えられる。

　理解が進んでいる生徒には、温度や圧力に依存しない、溶媒1kgに含まれる溶質の量を物質量で表した「化学」で用いる質量モル濃度を説明してもよい。

質量%における注目する量…溶質の質量（g）
質量%における全体の量…溶液全体の質量（g）
割合の概念を活用すれば、質量%濃度が導き出せる。

質量パーセント濃度：溶液の質量に対する溶質の質量の割合　$\text{質量パーセント濃度（\%）} = \frac{\text{溶質の質量（g）}}{\text{溶液の質量（g）}} \times 100$

モル濃度における注目する量…物質量（mol）
モル濃度における全体の量…（溶液の）体積（L）
割合の概念を活用すれば、モル濃度が導き出せる。

モル濃度：溶液1Lに溶けている、溶質の量を物質量で表したもの　$\text{モル濃度（mol/L）} = \frac{\text{溶質の物質量（mol）}}{\text{溶液の体積（L）}}$

【課題の追究 2】　（15分）

③溶液中に含まれる溶質の物質量について理解する。

いいところに気付きましたね。注目する量を物質量（mol）として、全体の量を（溶液の）体積（L）として表した濃度をモル濃度といいます。この考え方を活用したら溶液の濃度が調製できますね。

1Lもいらないときもあるよね。

1mol/Lの塩化ナトリウム水溶液を1L作りたい時は、塩化ナトリウムを何g用意すればいいのかな。

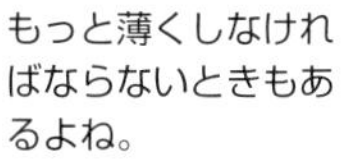

もっと薄くしなければならないときもあるよね。

自分たちで自由に濃度を考えられるし、体積も調製できそうだね。

【課題の追究 3】　（15分）

④質量パーセント濃度とモル濃度の違いを理解する。

20%の水酸化ナトリウム水溶液をモル濃度で表してみましょう。密度は1.2 g/cm^{3}とします。

1Lの溶液を考えてみよう。溶液1000 mLを質量にすると1200 gかな。

1200 gに溶液に、溶質は20%含まれているから、240 gになるね。

本時の評価（記録に残す場合）

ワークシートなどを用いて、モル濃度の求め方、溶液に含まれる溶質の物質量、質量パーセント濃度とモル濃度の関係を理解しているかを評価する。

授業の工夫

濃度を事実的な知識としてとどめることなく、濃度の概念的な理解につなげる工夫をした。濃度の本質から迫り、可能な限り、割合の概念から出発し、化学で必要なモル濃度を導出させる試みを行いたい。そうすることにより、生徒の主体的な学習に取り組む態度が育成でき、内容に対する深い理解につながるものと考える。

質量から粒子の数への視点の変換は、繰り返し生徒に意識させることが特に重要である。モル濃度についても、同様にその有用性から、生徒に説明すると理解が進むと考える。

1章　物質量と化学反応式 ⑦時　モル濃度２

知・技

思・判・表

主体的

●本時の目標：　正確なモル濃度の溶液を調製する技能を身に付ける。

●本時で育成を目指す資質・能力：　知識及び技能

●本時の授業構想

前回学習したモル濃度について、適切な器具を用いて、適切な手順で、決められた濃度の溶液を正しく調製する技能を身に付けさせる。

●本時の評価規準（Ｂ規準）

適切な器具を用いて、適切な手順で、決められた濃度の溶液を正しく調製する技能を身に付けている。

・本時の課題

決められた濃度の溶液を正しく調製しよう。

【課題の把握】　（５分）

①前時の学習を振り返り、指定したモル濃度の溶液調製を行う課題に取り組む。

前の時間で学んだモル濃度0.20 mol/Lの塩化ナトリウム水溶液100 mLを、実際に調製してもらいます。塩化ナトリウムの式量は58.5です。
注目する量は、塩化ナトリウムの物質量だね。全体の量は溶液全体の体積だ。
0.20 molの塩化ナトリウムを質量に換算して測ればいいのかな。
でも全体の体積は100 mLだって先生は言っているよ。

【課題の追究１】　（15分）

②調製手順について個人で検討する。

今回は正確にモル濃度の水溶液を作ることを目的とします。メスシリンダー、メスフラスコ、塩化ナトリウム、ビーカー、ガラス棒、電子天秤を用意しておくので、計画を立てたら、各個人でやってみましょう。
必要な塩化ナトリウムは1.17 gだ。正確にだから、メスシリンダーで100 mLはかりとって、そこに塩化ナトリウムを加えたらいいのかな？

中学校からのつながり

メスシリンダー、電子天秤、ピペットなどの基本的な技能について学習している。

ポイント

実験手順を自分たちで考えさせると、生徒の理解が進み、かつ溶液の調整で間違えやすい操作に気付きやすくなる。例えば100 mLの溶液をはかり取ったとしても、100 mLのメスフラスコを用いた場合と、メスシリンダーで100 mLをはかり取った場合では、精度に違いがあることに気付かせる。このときメスフラスコは、標線のある部分が細くなるので、誤差が小さくなる。また、溶質に100 mLの水を加えようと考えることも多いが、その際には、溶質・溶媒・溶液の関係を再度、確認するとよい。

また、操作自体は簡単なので、時間がある場合はホールピペットについても紹介し、実際にはかり取る操作を行っておくと、この後の酸と塩基の単元で、中和滴定の操作方法を説明する際に、効率よく行うこともできる。

課題：0.20 mol/Lの塩化ナトリウム水溶液を100 mL正確に調製してください。

・活動① 調製手順を個人で考えてみましょう。

・活動② 説明された調製手順と違うところを確認しましょう。この場合、溶液の濃度にどんな影響が出るかも合わせて、グループで考えてみよう。

・活動③ 実際に溶液を調製してみましょう。

【課題の追究２】（10分）

③誤った操作をした場合、溶液の濃度にどのような影響があるかを考える。

塩化ナトリウムに水100 mLを加えたら全体の体積は、100 mLにならないんじゃないかな。
そうか、余分に水が入ることになるから、溶液は薄くなってしまうのかな？

【課題の解決】（20分）

④実際に正しい手順で溶液を調製してみる。

よく気付きましたね。それでは、正しい手順で溶液を調製してみましょう。
振って混ぜると液がもやもやしてるね。
標線に合わせるのってホントに難しいね。

本時の評価（記録に残す場合）

本時の評価としてパフォーマンステストを実施することも考えられる。適切な実験器具を用い、適切な手順で決められた濃度の溶液を正しく調製する技能が身に付けられたかについて、行動観察して評価する。また誤った器具や操作を行うと、濃度にどのような影響が出るかをグループで考察するなど、発展的な扱いも考えられる。

授業の工夫

溶液を扱うときは、その溶液に溶質がどれくらい溶けているかが大切な視点となる。この後、水溶液を扱う反応の量的関係を学習することになるので、実験を通じて、溶液に含まれる溶質のイメージを持たせるとよい。パフォーマンステストを通じて生徒が気付いたこと（メスフラスコは、しっかり混ぜないと濃度勾配ができること、標線を合わることの難しさなど）は、共有しておくと物質に対する理解がより深まると考えられる。

1章　物質量と化学反応式 ⑧時　化学反応式

知・技

思・判・表

主体的

●本時の目標：　化学反応式を理解する。

●本時で育成を目指す資質・能力：　知識及び技能

●本時の授業構想

　中学校で学習した内容を生かしながら、粒子モデルなどを用いて、化学反応の前後で何が起きているのか、化学反応式を用いて表せることや意味について理解する。

●本時の評価規準（B規準）

　化学反応式を粒子モデルと関連付けて理解している。

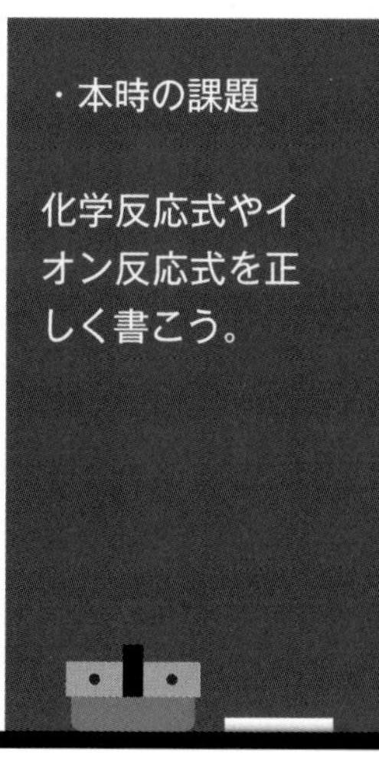
・本時の課題
化学反応式やイオン反応式を正しく書こう。

【課題の把握１】　（５分）
①中学校での学びを想起させる。
今回は化学変化を表す、化学反応式について、学習していきます。
中学校でも化学変化や化学反応式について勉強したね。
木炭（炭素）を燃やすと二酸化炭素ができたよね。
空気中の酸素と反応していたんだよね。
他の反応についても考えたいね。

【課題の把握２】　（20分）
②化学反応を理解し、化学反応式を作成する手順について個人で検討する。
メタンCH_4を酸素中で完全燃焼させる時の反応を、粒子モデルを使って、表してみましょう。
燃焼だからメタンと酸素との化学反応だよね。
木炭と違ってメタン分子には水素があるから二酸化炭素以外も出てくるよね。
反応前後で、原子の種類と数は変わらないんだよね。
だから、質量保存の法則が成り立つのか。

中学校からのつながり

　中学校では、化学変化は原子や分子のモデルで説明できること及び化合物の組成は化学式で、化学変化は化学反応式で表されることを学習している。

ポイント

　化学変化では物質を構成する原子の組合せが変わることを理解させる。さらに、化学式や化学反応式は世界共通であることや、化学反応式は化学変化に関係する原子や分子の種類や数を表すことを、粒子モデルなどを用いて気付かせる。さらに、質量保存の法則も成立していることを確認させる。また、触媒や溶媒などの反応の前後で変化しない物質は反応式には書かないことも確認し、いろいろな化学反応について、化学反応式で表させる。

　化学反応式の作り方として目算法と未定係数法があることに触れてもよい。

　また、反応に関わるイオンの変化のみを表したイオンを含む化学反応式についても理解させ、左右両辺で電荷の総和も等しくなっていることを確認させる。

中学校の学びを思い出してみよう。

課題：分子模型を用いて、酸素中でのメタンの完全燃焼を表すモデルを作成してください。

・考察：燃えることからわかることを整理してみよう。

・化学反応式：反応の前後で原子の種類や数は変化しない。

・イオンを含む化学反応式：原子の種類や数だけでなく、左右両辺で電荷の総和も等しくなる。

3編 1章 物質量と化学反応式

【課題の追究１】（15分）

③さまざまな化学変化を化学反応式で表してみる。

過酸化水素水に酸化マンガン（Ⅳ）を加えると酸素が発生します。これを化学反応式で表しましょう。

酸化マンガン（Ⅳ）は触媒だから化学反応式には書かないんだよね。

【課題の探究２】（10分）

④実際に正しい手順で溶液を調製してみる。

次は銀イオンと塩化物イオンから塩化銀の沈殿ができる反応をイオンを含む化学反応式で表しましょう。

反応に関係するイオンだけで表すこともあるんですね。

本時の評価（指導に生かす場合）

ワークシートを用いて、化学反応式およびイオンを含む化学反応式を正しく表現できているかを評価する。

授業の工夫

化学変化では、粒子の数で考えていることを大切にしたい。粒子モデルなどを用いて、視覚的に表現することで、生徒の理解を深めることができる。

化学反応では、反応の前後での変化で見えているもの、見えていないものを化学反応式の中で表現しながら確実に捉えられるようにすることが大切である。

1章　物質量と化学反応式 ⑨時
化学反応の量的関係（探究活動②）

知・技
思・判・表
主体的

●本時の目標：　化学反応式の係数の比は物質量の比であることを見いだして表現する。

●本時で育成を目指す資質・能力：　思考力、判断力、表現力等

●本時の授業構想

前回学習した化学反応式について、「4.2 gの炭酸水素ナトリウムを十分加熱すると、炭酸ナトリウムは何g生成するか」という実験を通じて、化学反応式の係数が質量の比ではなく、物質量の比であることを見いだして表現させる。

●本時の評価規準（B規準）

実験結果から、化学反応式の係数の比は、物質量の比であることを見いだして表現している。

・本時の課題

化学反応式の係数の比は何を示すのだろうか。

【課題の把握】　（5分）

①本時で生徒に考えてほしい課題を提示し、考察のポイントになる、前時の学習を振り返る。

今回は炭酸水素ナトリウムの熱分解の実験を行います。どのような反応が起きるかわかりますか？

化学反応式を書いてみよう。

二酸化炭素と水が生成するんだ。

【課題の探究１】　（10分）

②炭酸水素ナトリウム4.2 gから生成する炭酸ナトリウムの質量を予想させる。

4.2 gの炭酸水素ナトリウムを十分加熱すると、炭酸ナトリウムは何g生成するかを予想してください。

$2NaHCO_3 \rightarrow Na_2CO_3 + H_2O + CO_2$
4.2g → 2.1g
2?

反応式の係数は２:１だから、炭酸水素ナトリウムの半分かな。

中学校からのつながり

化学変化の量的関係を質量で捉えている。

ポイント

本単元３校時目「同じ質量パーセント濃度で同じ体積の酸と塩基がちょうど中和するのか」についての考察を行うことで、質量から粒子の数への視点の転換を図った。本時はその視点をもとに化学反応式の量的関係への移行が円滑に行われることを目的とした授業になる。学習課題「4.2 gの炭酸水素ナトリウムを十分加熱すると、炭酸ナトリウムは何g生成するか」について、化学反応式をもとに考えさせていく。最初の段階では質量比で２:１　と考え、2.1 gと予想する生徒もいる。その後の実験で予想とは異なる結果が出る。生徒には、再度考察を行う際、これまで学習してきた、質量ではなく物質量（粒子の数）に着目することを想起させる。このように、単元における複数の探究活動を通じて、化学反応式の係数が物質量の比を表していることを見いださせ、繰り返し質量から物質量の視点への転換を促す。

・炭酸水素ナトリウムの熱分解　$2NaHCO_3 \rightarrow Na_2CO_3 + H_2O + CO_2$

・炭酸水素ナトリウム4.2 gを完全に反応させて、熱分解すると炭酸ナトリウムは何g生成するかを予想してください。

・実際に実験して、予想と比較してみましょう。

・実験結果から、どのようなことがわかりますか。

【課題の探究２】　（20分）

③実際に実験をして生成量を測定する。

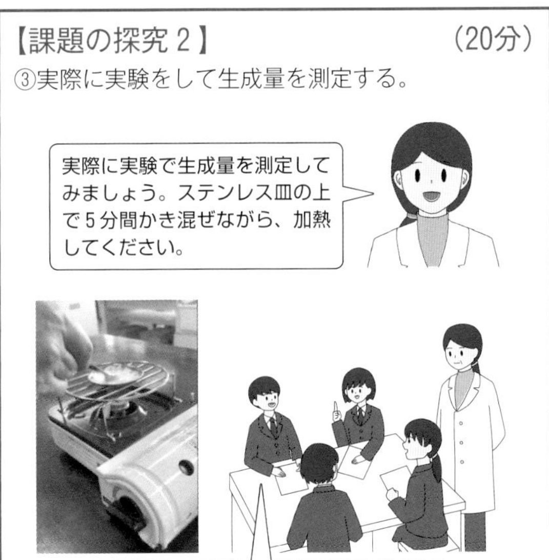

実際に実験で生成量を測定してみましょう。ステンレス皿の上で５分間かき混ぜながら、加熱してください。
測定してみたら2.6 gになった。予想と違った。なんでだろう？

【課題の解決】　（15分）

④化学反応式の係数が物質量の比であることを見いだす。

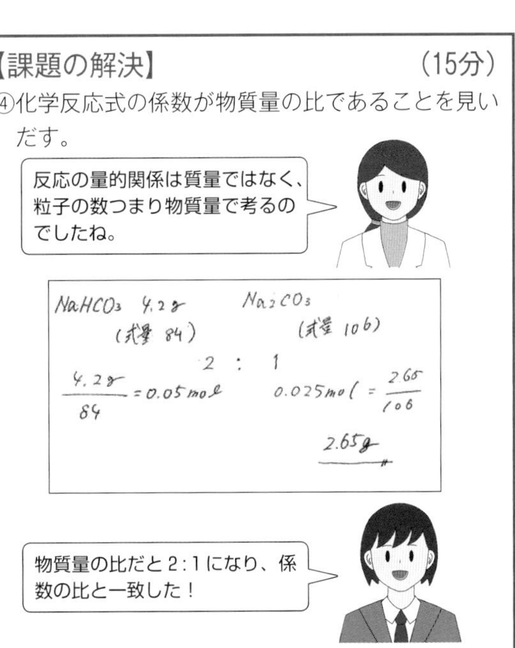

物質量の比だと２:１になり、係数の比と一致した！

本時の評価（記録に残す場合）

ワークシートを用いて、段階的に考察を行いながら最終的に化学反応式の係数の比が、物質量の比と関係していることを見いだして表現しているかを見取る。

授業の工夫

単元における複数の探究活動を通じて質量から物質量（粒子の数）への転換を図ってきたが、その大きな目的は、反応の量的関係を考えるときは物質量で考えなければならないことにある。この授業はそのつながりにおいて大切な授業となる。

生徒のワークシートの記述例

課題探究　化学反応の量的関係

【化学式】炭酸水素ナトリウム $NaHCO_3$　炭酸ナトリウム Na_2CO_3

4.2 g の炭酸水素ナトリウムから生成する炭酸ナトリウムは？

Step.1	Step.2	Step.3	測定結果	Step.4
5.3g	3.2g	2.1g	2.6g	2.65g

＊予想（もしくは結果）を書いてみよう

式量 炭酸水素ナトリウム 84
炭酸ナトリウム 106

予想の根拠を書こう

Step.1

4.2 = 84　　4.2 : 84 = x : 106
106 − 84 = 22　　84x = 445.2
x = 5.3

式量が増えたから増えたと思う。

式量から考察した。

Step.2

$NaHCO_3$

$\frac{22}{84}$ = 26.19 %

26.19% = 1.09…g

4.2 − 1.0 = 3.2

水と二酸化炭素が発生したことから、質量は減少すると考えた。

Step.3－1

$2NaHCO_3 \rightarrow Na_2CO_3 + H_2O + CO_2$

この反応を化学反応式で表してみた。

係数 4.2g
②$NaHCO_3$ → Na_2CO_3 + H_2O + CO_2

Step.3－2

4.2÷2＝2.1

2.1g

化学反応式の係数から考察した。

Step.3－2の予想と測定結果との比較からの考察

結果）2.6g

自分の予想と実験結果が異なることから再度考察した。

Step.4

$NaHCO_3$ 4.2g (式量 84)　　Na_2CO_3 (式量 106)

2 : 1

$\frac{4.2g}{84}$ = 0.05mol　　0.025mol = $\frac{2.65}{106}$

2.65g

化学反応式の係数が物質量の比であることを見いだした。

全体を通しての感想など

中学では重さを使って考えることが多かったが、高校では重さではなく
molを使って考えるということが分かった。係数の比も重さの比ではなくて、
個数の比だということを理解できた。

化学反応の量的関係が物質量（粒子の数）で考えなければならないことを実感できた。

1章　物質量と化学反応式 ⑩時
過不足のある化学反応１（探究活動③）

知・技
思・判・表
主体的

●本時の目標：　化学反応について、二つの物質の物質量に注目して表現する。
●本時で育成を目指す資質・能力：　思考力、判断力、表現力等
●本時の授業構想
　これまで学習した化学反応式の量的関係の知識を利用して、炭酸水素ナトリウムと塩酸の反応を題材に、過不足のある化学反応の量的関係を物質量で比較しながら考察させる。
●本時の評価規準（Ｂ規準）
　過不足のある反応の量的関係について、二つの物質の物質量に注目して表現している。

・本時の課題

炭酸水素ナトリウムと塩酸を反応させると発生する二酸化炭素の量はどうなるのだろうか。

【課題の把握】　（５分）
①本時で生徒に考えてほしい課題を提示し、考察のポイントになる、前時の学習を振り返る。

今回は炭酸水素ナトリウムと塩酸の反応を取り上げます。前回学んだ知識を活用してください。
反応の量的関係は物質量で考えるんだよね。

【課題の探究１】　（15分）
②発生した二酸化炭素の質量を測定する。

反応前と反応後の質量の差から発生した二酸化炭素の質量を求めます。
炭酸水素ナトリウムの質量が3.0 gと4.0 gの時は白い粉末がビーカーの中に残ったね。
発生した二酸化炭素の質量も予想より小さかった。

中学校からのつながり
　中学校では、反応する物質の質量の間には一定の関係があることを学んでいる。

ポイント
　前時は炭酸水素ナトリウムから生成する炭酸ナトリウムの質量について学んだ。本時はそこで得た知識である、反応の量的関係は物質量で考えるということを活用して二つの物質で起きる反応を考えさせる。一方がすべて反応し、もう一方に未反応の物質が残ることになる。考察の観点の一つ目として、どちらの物質が未反応になっているかを把握し、それを検証する方法を考えさせる。今回は炭酸水素ナトリウムの白色粉末の有無に焦点をあてて授業を行っている。二つ目は表やグラフで表すことにより、過不足なく反応する量的関係を考えさせる。また、質量で課題を提示するが、量的関係を考える時は物質量で考えることを、再度意識させる。課題の難易度は少し高めであるので、グループで考察し、生徒の発言や実験で気付いたことを共有しながら、生徒の実態に応じて段階的に授業を進めるとよい。また、この実験では1.0 g～4.0 gの四つの質量で行っているが、班ごとに担当を決めて行うと時間的な余裕をつくることもできる。

・炭酸水素ナトリウムと塩酸の反応

$$NaHCO_3 + HCl \rightarrow NaCl + H_2O + CO_2$$

・活動① 1.0 mol/Lの塩酸30 mLに炭酸水素ナトリウムをそれぞれ1.0 g、2.0 g、3.0 g、4.0 g加えたときに発生する二酸化炭素の質量を予想してください。

・活動② 実験結果を表とグラフでまとめてみよう。
追加で炭酸水素ナトリウムを1.0 gを加えるとどうなるだろう？

・活動③ この実験でわかったことをまとめてみよう。

【課題の探究２】　（15分）

③二つの物質が反応する場合、反応量の過不足が生じることがあることを実感する。

係数の関係から炭酸水素ナトリウムと塩化水素は1:1で反応します。

そうか、どれかが足りなくなってしまったら、それ以上反応が進まなくなるのか！

未反応の塩化水素があることは炭酸水素ナトリウムを追加してみるとわかるね。

【課題の探究３】　（15分）

④実験結果をグラフで表し、過不足のある反応について表現する。

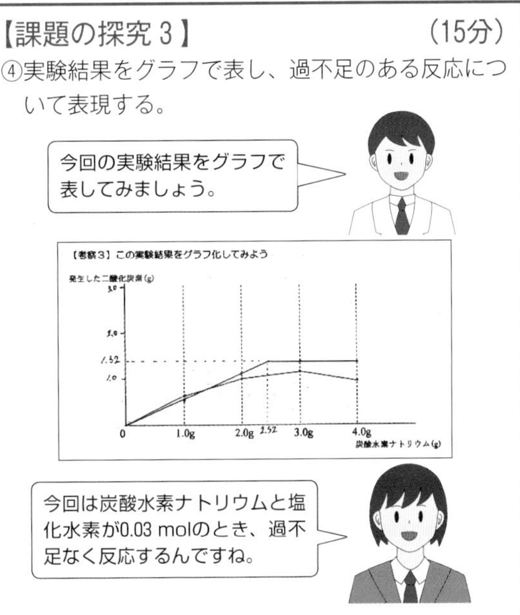

本時の評価（記録に残す場合）

前時の化学反応式の量的関係の知識を利用しながら、炭酸水素ナトリウムと塩酸の実験を通じて、過不足のある反応の量的関係に関して物質量で考え表現しているかを見取る。

授業の工夫

二つの物質の量的関係を物質量で考える視点は、この後の酸と塩基、酸化剤と還元剤の反応の量的関係にもつながるので、実験を通じて、観察できる結果や未反応物質を検証する方法を考える取り組みは重要であると考える。

生徒のワークシートの記述例

実験結果をまとめることで、未反応物質の存在に気がつく。

?

【実験結果のまとめ】＊有効数字2桁で記入してください（$NaHCO_3$＝84，CO_2＝44）
（四捨五入して，物質量は小数第3位で，質量は小数第2位で記入すること）

炭酸水素ナトリウム		塩酸(HCl)	発生した二酸化炭素		未反応物質の有無
質量(実験値)	物質量	物質量	質量(実験値)	物質量	
1.0 g	0.012 mol	0.03 mol	0.63 g	0.014 mol	無
2.0 g	0.024 mol	0.03 mol	1.07 g	0.024 mol	無
3.0 g	0.036 mol	0.03 mol	1.16 g	0.026 mol	有
4.0 g	0.048 mol	0.03 mol	1.01 g	0.023 mol	有

塩酸を気にしてない　$1.0 = \frac{x}{0.03}$　誤差

【考察1】反応後の各ビーカーに，さらに炭酸水素ナトリウムを1.0 g追加すると，どのような結果が起きるだろうか？

未反応物質の存在を検証してみる。

班	追加したときの様子
1.0 g	反応して、泡が出た
2.0 g	反応おきて、少し残った
3.0 g	反応なし、残った
4.0 g	反応なし、残った

飽和した

【考察2】この実験からわかったことをまとめよう。
（空欄に$NaHCO_3$かHClの化学式を入れよう）

①炭酸水素ナトリウム1.0 gに1.0 mol/Lの塩酸30 mLを加えたとき
（ $NaHCO_3$ ）はすべて反応し，未反応の（ HCl ）がある。

②炭酸水素ナトリウム2.0 gに1.0 mol/Lの塩酸30 mLを加えたとき
（ $NaHCO_3$ ）はすべて反応し，未反応の（ HCl ）がある。

③炭酸水素ナトリウム3.0 gに1.0 mol/Lの塩酸30 mLを加えたとき
（ HCl ）はすべて反応し，未反応の（ $NaHCO_3$ ）がある。

④炭酸水素ナトリウム4.0 gに1.0 mol/Lの塩酸30 mLを加えたとき
（ HCl ）はすべて反応し，未反応の（ $NaHCO_3$ ）がある。

未反応物質について整理する。

【考察３】この実験結果をグラフ化してみよう

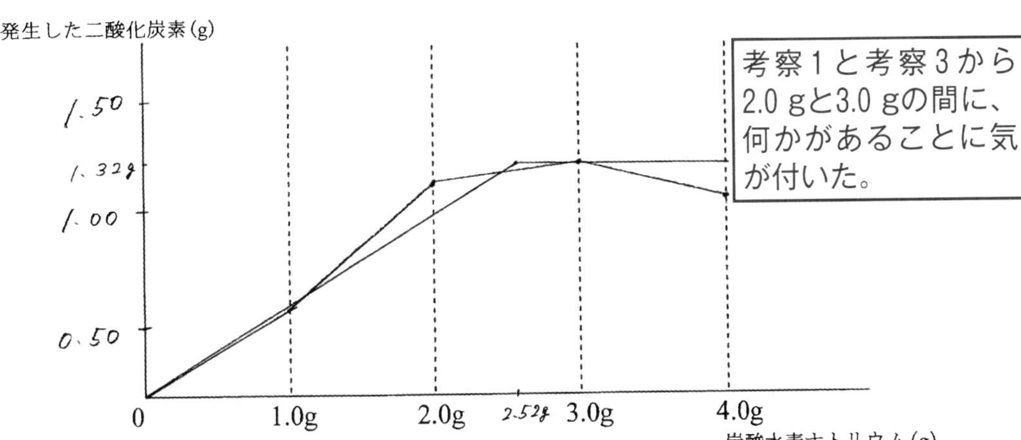

【考察４】1.0 mol/Lの塩酸30 mL（0.03mol）とちょうど反応する炭酸水素ナトリウムとそのとき生成する二酸化炭素の，物質量と質量の理論値を計算で求めよう。（炭酸水素ナトリウムの式量$NaHCO_3$＝84，二酸化炭素の分子量CO_2＝44）

$NaHCO_3 + HCl \rightarrow NaCl + H_2O + CO_2$

2.52 g　0.03mol　1.32 g

$0.03 = \frac{x}{84}$

$x = 84 \times 0.03$

$NaHCO_3 = 2.52$ g

$0.03 = \frac{x}{44}$

$x = 44 \times 0.03$

$CO_2 = 1.32$ g

これまでの学習を生かして，過不足なく反応する量的関係を考察する。

【考察５】ここまでの考察から考察１のグラフを見直して，訂正する場合は赤で記入しよう。

【感　想】

実験をしたとき、炭酸水素ナトリウム4gより3gのほうが二酸化炭素が発生していて、実験まちがったかと思ってあせったけど、全然そんなことなくて、二酸化炭素が発生する限度があるんだーと理解できた。
mol出したりgを出したり計算ばっかで大変だけどわかると楽しい。

1章　物質量と化学反応式 ⑪時　過不足のある化学反応2（探究活動④）

知・技

思・判・表

主体的

●本時の目標：　炭酸カルシウムと塩酸とを反応させる実験を行い、結果をグラフで表現する。

●本時で育成を目指す資質・能力：　思考力、判断力、表現力等

●本時の授業構想

　一定量の塩酸に対して炭酸カルシウムの質量を変えて反応させる実験を行わせる。結果をグラフに表現させ、過不足なく反応させると各物質の物質量の比を求めることができ、化学反応式の係数の比と一致するといった規則性に気付かせる。

●本時の評価規準（B規準）

　炭酸カルシウムと塩酸とを反応させる実験を行い、実験結果を基にグラフで表現している。

・本時の課題

炭酸カルシウムと塩酸とを反応させる実験を行い、加えた炭酸カルシウムと発生する二酸化炭素の物質量の関係はグラフでどのように表されるだろうか

【課題の把握】　（5分）

一定量の塩酸に対して炭酸カルシウムの質量を変えて反応させ、過不足なくちょうど反応するときの質量を求め、各物質の物質量と化学反応式の係数との関係を見いだしましょう。各班で実験内容の確認をしてください。

まず化学反応式を書かなければ。

実験で注意すべきはどんなところかな。

物質量で比較するんだね。どんな関係にあるのかな。

続けると反応しなくなるところもあるのかな。

【課題の探究1】　（15分）

②生徒実験を行う。

実験をスタートしてください。
実験結果から、グラフもしっかり書いてみてください。

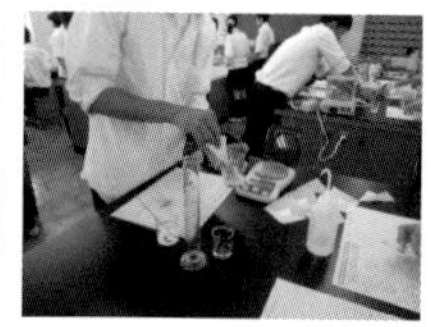

操作自体は簡単だね。

発生するのは二酸化炭素なので、空気より重いからしっかり逃がさなければ。

中学校からのつながり

　中学校では、化学反応の量的関係の実験を質量で行っている。

ポイント

　よく行われている実験である。十分に思考力を働かせて実験の意義や目的を再確認させることが求められる。

　炭酸カルシウムは粉末状で、反応が激しくなる可能性があるため、少しずつ塩酸に加えることが大切である。また、炭酸カルシウムは反応が途中で終わる前に二酸化炭素をしっかり逃がさないと、正確な測定値が測定できないが、本時ではあえて教師からは注意せず、うまくいかないことも経験させる。

　二酸化炭素が発生する際に薬品が多少飛散するので、コニカルビーカーは少し大きめのサイズが適している。

本時の流れ

実験目的・内容を理解する
↓
実験を行い結果をまとめる
↓
実験の結果ら結論を導き出し、表現する。
↓
結果からグラフを記述する

実験の概要

器具、薬品　炭酸カルシウム（$CaCO_3$）、塩酸（HClの水溶液）、電子天秤、実験セット

操作　試料について、下記の実験（1）～（6）を行い、結果を表に記入する。

（1）ある濃度の塩酸HClをメスシリンダーを用いて25mL計り、100mLのコニカルビーカーに入れる。
（2）試料（炭酸カルシウムまたは炭酸水素ナトリウム）の粉末を薬包紙に計りとる。
計りとった質量、たとえば1．03とか0．97など、の値を下表に記入しておくこと。
（3）（1）で用意した塩酸入りコニカルビーカーの質量を測定する。
（4）薬包紙に測りとった試料をコニカルビーカーに少量ずつ加えて反応させる。
一度に大量に加えると溶液が飛び散り危険であるのでゆっくり加えること。
（5）加え終わったらコニカルビーカーの中を観察し、反応物が残っているかをどうかも確認すること。
反応終了が確認できたら測定する。さらによく振り混ぜ、発生した二酸化炭素を追い出してから測定すること。
（6）2回目以降はコニカルビーカーに炭酸カルシウムを加えていきながら、全測定を行う。

実験結果の記述（例）

<結果1．$CaCO_3$の場合>	反応式 $CaCO_3 + 2HCl \rightarrow CaCl_2 + H_2O +$ [illegible]				
	1回目	2回目	3回目	4回目	5回目
1加えた炭酸カルシウムの質量（g）	1.0	1.0	1.0	1.0	1.0
X 加えた炭酸カルシウムの物質量mol	0.010	[illegible]	0.010	[illegible]	[illegible]
2反応前のフラスコの質量（g）	90.84	91.46	91.94	[illegible]	93.69
3反応前の全質量（g）（1+2）	91.84	92.46	92.94	[illegible]	94.69
4反応後の全質量（g）	91.46	91.94	92.71	93.69	94.69
5発生した二酸化炭素の質量（g）	0.38	0.52	0.23	0.02	0
Y 発生した二酸化炭素の物質量mol	0.0090	[illegible]	[illegible]	0.000450	0
[illegible]	[illegible]	[illegible]	[illegible]	[illegible]	[illegible]

結論　3班が記述

一定量の塩酸に対して炭酸カルシウムの質量を変えて反応させ、過不足なくちょうど反応するときの質量を求めると、各物質の物質量の比を求めることができ、それは化学反応式の係数の比と一致する。

【課題の探究2】（20分）

③実験結果をまとめグラフで表現する。

実験結果をまとめて、結論を書いてください。
代表で3班は、黒板に書いてください。
さらに結果をグラフにしましょう。

結論をまとめよう。

<結果1．$CaCO_3$の場合>	反応式 $CaCO_3 + 2HCl \rightarrow CaCl_2 + H_2O +$ [illegible]				
	1回目	2回目	3回目	4回目	5回目
1加えた炭酸カルシウムの質量（g）	1.0	1.0	1.0	1.0	1.0
X 加えた炭酸カルシウムの物質量mol	[illegible]	[illegible]	0.010	[illegible]	[illegible]
2反応前のフラスコの質量（g）	90.84	91.46	91.94	[illegible]	93.69
3反応前の全質量（g）（1+2）	91.84	92.46	92.94	[illegible]	94.69
4反応後の全質量（g）	91.46	91.94	92.71	93.69	94.69
5発生した二酸化炭素の質量（g）	0.38	0.52	0.23	0.02	0
Y 発生した二酸化炭素の物質量mol	0.0090	[illegible]	[illegible]	0.000450	0

どことどこをグラフにすればよいのかな。

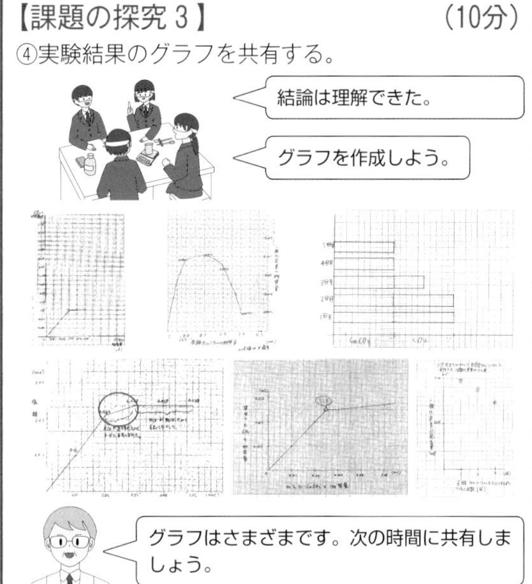

【課題の探究3】（10分）

④実験結果のグラフを共有する。

結論は理解できた。
グラフを作成しよう。
グラフはさまざまです。次の時間に共有しましょう。

本時の評価（指導に生かす場合）

炭酸カルシウムと塩酸とを反応させる実験を行い、実験結果からグラフにまとめている姿を見取る。

授業の工夫

化学反応式を正しく書き、化学反応式の生成物を正しく理解し、化学反応式の係数を正しく合わせることが前提となる。物質量計算が正しくできるか、過不足の処理を正しくできるか、化学反応式を理解し、それに基づいて実験を行わせることが重要である。

次時間との組み合わせで構成されているため、意図的に失敗させたり、うまくいっていないことを経験させたりして、直接指摘しないようにすることが大切である。

1章　物質量と化学反応式 ⑫時　実験レポートの書き方3

知・技

思・判・表

主体的

●本時の目標：　過不足の実験でグラフの作成を行い、留意点や修正点に気付き、改善しようとする。

●本時で育成を目指す資質・能力：　学びに向かう力、人間性等

●本時の授業構想

グラフ作成で留意すべき点について生徒間で評価規準を考えさせる。相互評価活動を行い、さらなる改善を目指したグラフを再記述する活動により学びの有用性を実感させる。年間を通して3回のレポート活動のうち3回目にあたる授業の例である。

●本時の評価規準（B規準）

適切なグラフ作成を目指し、試行錯誤しながら粘り強く、グラフの作成をしようとしている。

・本時の課題

実験結果のグラフはどのように表現すればよいのだろうか。

【課題の把握】（5分）

①グラフを確認する。

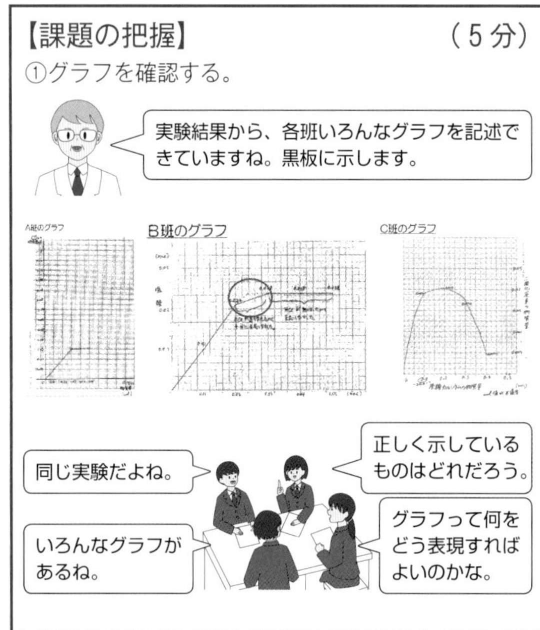

実験結果から、各班いろんなグラフを記述できていますね。黒板に示します。
A班のグラフ
B班のグラフ
C班のグラフ
同じ実験だよね。
正しく示しているものはどれだろう。
いろんなグラフがあるね。
グラフって何をどう表現すればよいのかな。

【課題の追究1】（10分）

②グラフ作成で大切な要素を理解する。

作成したグラフを先生になった気持ちで評価するなら、どのような規準が考えられますか。各班3つ程度挙げてください。

軸に名前。点か線か。直線か曲線か。

一般論かな。この実験についてかな。

いろいろ挙がるな。順番を付けよう。

出来たら黒板に貼ろう。

よく考えられましたね。では、こちらが準備した評価規準を黒板に提示します。どうですか？

すごい。ほとんど先生が作成したものと一致しているな。

グラフ作成で大切な視点がわかってきた気がする。

中学校からのつながり

中学校までは、実験を行った際に、結果をグラフで示すことを経験している。

ポイント

実験結果をまとめる際の重要な要素の一つとして、グラフの読み取りや作成があげられる。これは、情報活用能力育成の視点からも重要性が指摘されている。しかし、「21世紀を生き抜く児童生徒の情報活用能力育成のために」（2015）における、生徒の情報活用能力の調査では、数値情報をグラフで伝える際、適切なグラフの種類の選択や目盛の値等の読み取りが苦手であることが指摘されている。

理科において、規則性を見いだして、論理的、科学的な表現力を育成するうえでも、グラフ作成は重要である。

ここでは、学びに向かう力、人間性等を育成するため、生徒一人ひとりにじっくり考えさせるとともに、グループで協議させた後、自らの考えをまとめさせる学習活動、さらに再実験を計画するなど粘り強く改善する学習活動を取り入れる授業を計画した。

本時の流れ

グラフの作成の確認
↓
自分たちでグラフ作成の評価規準を考える
↓
相互評価表によるグラフの評価
↓
再実験やグラフの書き直し
↓
事後の評価

各班が考えた評価規準（例）

1.目もりを読めるか。
2.グラフの題名は書かれているか。
3.単位は書かれているか。
4.縦軸、横軸がなにを表しているかわかるか。
5.見やすく、わかりやすいか。

正しく単位がついているか
軸に名前が
目盛りが正しく振られているか
題名がある
比例を示している
物質量の比が1：1になっている
点を示している
定規を使っている

準備していた評価規準

項目1	①グラフに題をつけることができた
	②定規を用いて書くことができた
	③グラフの点は、× か ・ 等でわかりやすく示すことができた。
項目2	①書きやすいように目盛りを決めることができた。（正しく刻まれている）
	②x軸、y軸に単位を付けることができた。
	③x軸、y軸に軸の名前を付けることができた。
項目3	①x軸には変化させた値（独立変数という（自分が変化させる値））をおくことができた。y軸には測定した値（従属変数という（測定する値））をおくことができたけた。
	②傾向を読むことができるグラフが書けた。「Xを増やすとYも増える関係」（化学反応が起こった）と「Xを増やしてもYが増えない関係」（化学反応が起こらない）が、両方とも示されていること（文章でもよい）
	③「この反応における物質量の比」を示すグラフが書けた。⇒ 原点を通る右上がりの直線、係数の比を示しているグラフが書けた。ただし、係数の比と異なる傾きの直線があれば減点する。

グラフの評価表の項目は英国のGCSEで用いられているフレームを参考に作成した。

＜再実験の目的＞（C班の例）

全体的にやり直してみたい。4回目以降二酸化炭素の出る量を0にしてみたい。

気付いたこと
＜最初に書いたグラフとの比較＞

- グラフの書き方がわかり、直線で示す意味が分かった。
- グラフが何を表しどうなるかを表せたと思う。
- 2度行っても同じようなデータが出たところもあったので、正確さについて理解できた。

【課題の追究 2】 （20分）

③相互評価表によるグラフの評価を行う。

先生になった気持ちでそれぞれの班のグラフについて相互評価してみましょう。

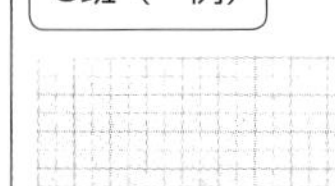

C班（一例）

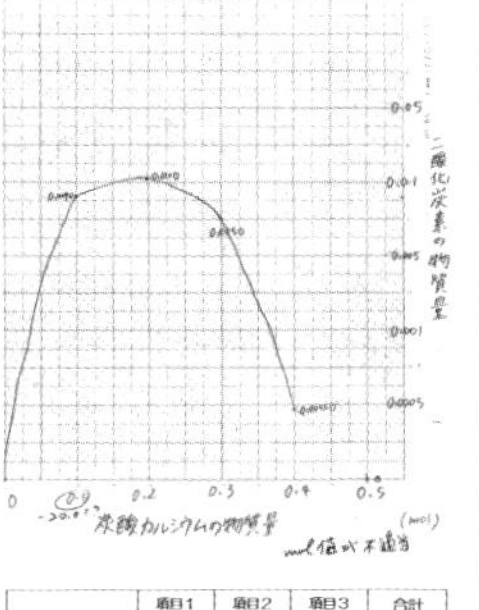

	項目1 題 定規 点 4点	項目2 目盛り 単位 軸名 4点	項目3 縦横軸 比例 1:1 4点	合計 12点
	項目1 4点	項目2 4点	項目3 4点	合計 12点
自己評価 平均 (採点者4人)	2．0	4．0	1．0	7．0
他者評価 平均 (採点者15人)	1．9	3．5	1．7	7．2

C班は、y軸のメモリの位置がなんかおかしい。

傾向を読むことができるグラフになっていないな。

【課題の追究 3】 （15分）

④再実験、及びグラフの書き直しを行う。

相互評価によりたくさんの助言を得られましたね。指摘事項や気付いたことをしっかり生かして、必要であれば再実験を行い、再度グラフを作成し自己評価してみましょう。

実験の目的を理解して実験しないと、目的にあったグラフを作成できないな。

C班
再グラフ記述
再自己評価

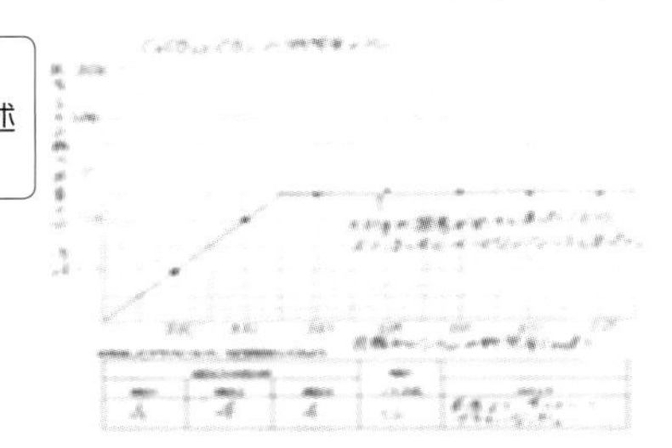

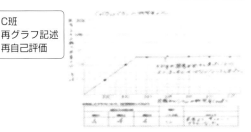

本時の評価（記録に残す場合）

適切なグラフ作成を目指し、他者の意見を取り入れて、試行錯誤しながら粘り強くグラフの作成を行っているかを見取る。

生徒が記述した感想の一例を掲載する。

＜今回の一連の取り組みに対する感想＞

> 最初は何をしていいか全然わからなくて困った。グラフを自分たちで考えてつくるのもすごく難しかったけど、他の班のも見て自分たちのグラフのどこがいけなかったのかが自分たちで発見することができてとてもいい経験になりました。

授業の工夫

後藤（2015）は相互評価活動を学習活動に内包させる「学習としての評価」(Earl,2003）に取り組んでいる。本授業は、具体的な例と共にそれを実践したものである。相互評価活動により協働的な学びを自然な形で導入させ、深い学びにつなげていく場面を設定している。これを成立させる要件として欠かせないのが「心理的安全性」である。学習者間が自由に意見を言い合えるような状況や環境を整えることが大切である。

準備した評価規準と評価方法

項目1	①グラフに題をつけることができた
	②定規を用いて書くことができた
	③グラフの点は、×　か　・　等でわかりやすく示すことができた。
項目2	①書きやすいように目盛りを決めることができた。（正しく刻まれている）
	②x軸、y軸に単位を付けることができた。
	③x軸、y軸に軸の名前を付けることができた。
項目3	①x軸には変化させた値（独立変数という（自分が変化させる値））をおくことができた。y軸には測定した値（従属変数という（測定する値））をおくことができたけた。
	②傾向を読むことができるグラフが書けた。 「Xを増やすとYも増える関係」（化学反応が起こった）と 「Xを増やしてもYが増えない関係」（化学反応が起こらない）が、 両方とも示されていること（文章でもよい）
	③「この反応における物質量の比」を示すグラフが書けた。 ⇒　原点を通る右上がりの直線、係数の比を示しているグラフが書けた。 ただし、係数の比と異なる傾きの直線があれば減点する。

グラフの評価表の項目は英国のＧＣＳＥで用いられているフレームを参考に作成した。

各自に評価表を配布し、自分の班の記述および他の班の評価

- 各項目ごとに４点を満点
- 小項目(1)～(3)がうまく書けていない場合はそれぞれ「減点１点」
- 何か記述されていればどの項目も最低１点

各小計　４点　－（減点分）

総計　小計の合計＿＿＿＿点　／１２点

生徒の評価活動例

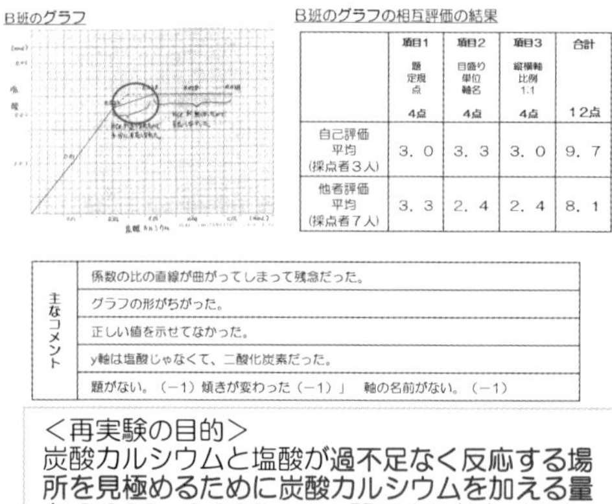
B班のグラフ

B班のグラフの相互評価の結果

	項目1 題 定規 点 4点	項目2 目盛り 単位 軸名 4点	項目3 縦横軸 比例 1:1 4点	合計 12点
自己評価 平均 (採点者３人)	3．0	3．3	3．0	9．7
他者評価 平均 (採点者７人)	3．3	2．4	2．4	8．1

主なコメント
係数の比の直線が曲がってしまって残念だった。
グラフの形がちがった。
正しい値を示せてなかった。
y軸は塩酸じゃなくて、二酸化炭素だった。
題がない。（−1）傾きが変わった（−1）」　軸の名前がない。（−1）

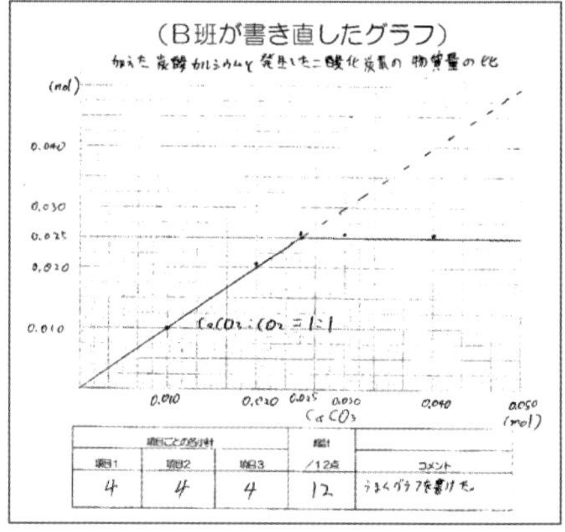

項目ごとの各小計			総計	
項目1	項目2	項目3	／12点	コメント
4	4	4	12	うまくグラフを書けた。

＜再実験の目的＞
炭酸カルシウムと塩酸が過不足なく反応する場所を見極めるために炭酸カルシウムを加える量を0.020～0.030molの間でより細かくした。

＜最初に書いたグラフとの比較＞
点を細かく打つことで炭酸カルシウムが反応しきったところをより正確に知ることができた。前よりも理論上の値に近づけることができたので良かった。

＜今回の一連の取り組みに対する感想＞
いままで実験をやり直すことがなかったので、やり直しでより正確に測れて良かった。また、完全に理論値と同じ値を出すことがとても難しいことが分かった。

本授業の事後アンケート

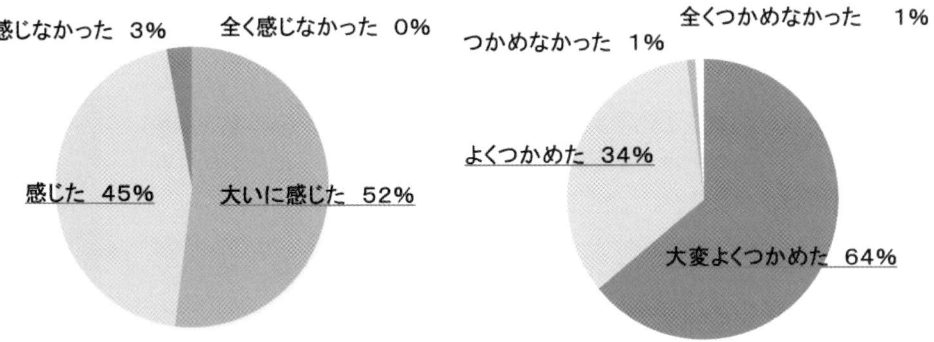

生徒は意欲的に取り組み、大半の生徒がためになったと感想を述べていた。

本授業の活動の様子

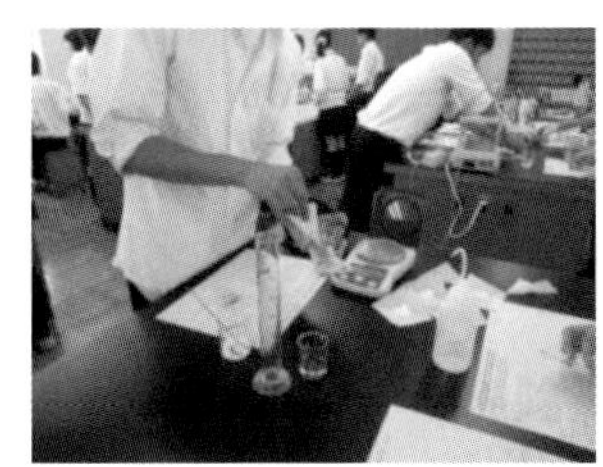

1章　物質量と化学反応式 ⑬時　単元の振り返り

知・技
思・判・表
主体的

●本時の目標：　物質量と化学反応式の学習を振り返り、それらの量的関係を粒子の視点で理解する。

●本時で育成を目指す資質・能力：　知識及び技能

●本時の授業構想

これまで学習した物質量と化学反応式の学習を振り返り、反応の量的関係について、理解しているかを確認する。実験で取り上げた題材などを活用しながら、生徒の理解を深めさせる。

●本時の評価規準（B規準）

物質量と化学反応式の学習を振り返り、それらの量的関係を粒子の視点で理解している。

・本時の課題

物質量と化学反応式の知識を活用して、反応の量的関係を考えよう。

【課題の把握】（5分）

①本単元の学習を振り返る。

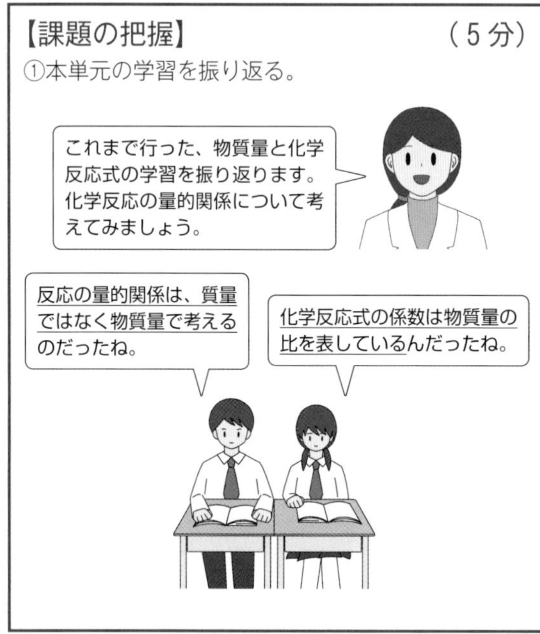

これまで行った、物質量と化学反応式の学習を振り返ります。化学反応の量的関係について考えてみましょう。
反応の量的関係は、質量ではなく物質量で考えるのだったね。
化学反応式の係数は物質量の比を表しているんだったね。

【課題の追究1】（15分）

②これまでの知識を活用して、化学反応における生成量を求める。

反応式から物質量の比で2:1で反応するんだね！

ポイント

これまでの単元全体の学習を振り返る。実験で扱った内容を題材にすると生徒は自発的に取り組みやすくなる。例えば、炭酸水素ナトリウムの熱分解で、実験では生成する炭酸ナトリウムの質量を考えたが、生成する水と二酸化炭素の質量を扱うことで、質量保存の法則を確認することもできる。また、水溶液の反応を扱い、モル濃度の知識が身に付いているかの確認も重要である。

理解の進んでいる生徒には過不足のある反応を取り上げてもよい。実験では炭酸水素ナトリウムと塩酸の組み合わせを扱ったが、この授業では、炭酸カルシウムと塩酸の組み合わせを考えさせている。炭酸カルシウムと塩酸の組み合わせの場合、両者の反応の物質量比が1:2となるため化学反応式の係数と反応の量的関係を確認することができる。発展的な内容として、グラフを読み取る場合や、使用した試薬のモル濃度を求める題材など、生徒の実態に応じて、理解の度合いを確認する課題を提示したい。

・課題① 次の反応で4.2 gの炭酸水素ナトリウムから生成する炭酸ナトリウム、二酸化炭素、水の質量を求めてください。また、その結果からわかることを説明しなさい。

$$2\,NaHCO_3 \rightarrow Na_2CO_3 + H_2O + CO_2$$

・課題② 炭酸カルシウムと塩酸は次のように反応します。1.0 mol/Lの塩酸を50 mL反応させる時、最大何gの炭酸カルシウムを反応させることができますか、またこのとき、発生する二酸化炭素の体積は標準状態で何Lですか。

$$CaCO_3 + 2\,HCl \rightarrow CaCl_2 + H_2O + CO_2$$

【課題の追究２】 （15分）

③化学反応の量的関係を係数比から考え、生成量を正しく求める。

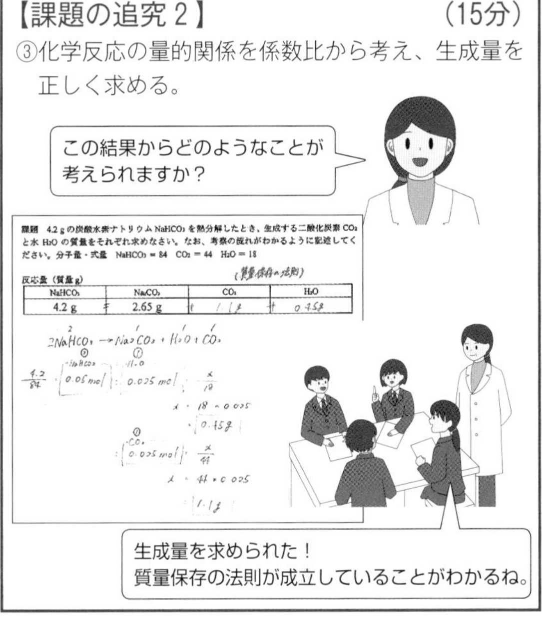
この結果からどのようなことが考えられますか？
課題　4.2 g の炭酸水素ナトリウム NaHCO₃ を熱分解したとき、生成する二酸化炭素 CO₂ と水 H₂O の質量をそれぞれ求めなさい。なお、考察の流れがわかるように記述してください。分子量・式量　NaHCO₃ = 84　CO₂ = 44　H₂O = 18
（質量保存の法則）
反応量（質量 g）
NaHCO₃　Na₂CO₃　CO₂　H₂O
4.2 g　2.65 g　1.1g　0.45g
生成量を求められた！
質量保存の法則が成立していることがわかるね。

【課題の解決】 （15分）

④水溶液の反応における化学反応の量的関係を考える。

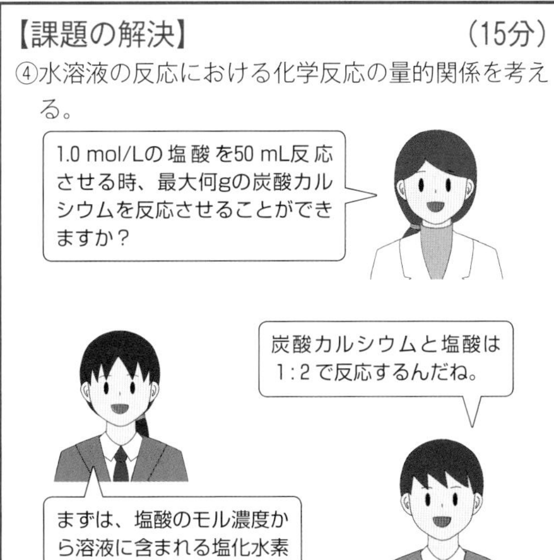
1.0 mol/Lの塩酸を50 mL反応させる時、最大何gの炭酸カルシウムを反応させることができますか？
炭酸カルシウムと塩酸は1：2で反応するんだね。
まずは、塩酸のモル濃度から溶液に含まれる塩化水素の物質量を求めよう。

本時の評価（指導に生かす場合）

ワークシートを見ながらこれまでの学習の定着度を確認する。評価のポイントとして反応の量的関係を考える時、物質量で考えているか、化学反応式の係数比を考慮しているか、また溶液の反応では溶質の物質量を考えているかが挙げられる。

授業の工夫

中学校、高校で共通した自然事象の題材を用いると、生徒の活動を効果的につなげることができるため、なるべく取り入れたい。ここには挙げていないが１%の酸と塩基の反応を取り上げると、次の単元の酸と塩基の理解に、円滑に接続することもできる。

COLUMN

国際単位系（SI）

渡部　智博
（立教新座中学校・高等学校 教諭）

表1　国際単位系（SI）の従来の定義と新しい定義

量	名称・記号	従来の定義	新しい定義*
時間	秒（s）	秒は、セシウム133の原子の基底状態の二つの超微細構造準位の間の遷移に対応する放射の周期の9 192 631 770倍の継続時間である。	秒は、時間のSI単位である。これは、単位Hz（s^{-1}に等しい）による表現において、セシウム周波数$\Delta\nu_{Cs}$、すなわち、セシウム133原子の摂動を受けない基底状態の超微細構造遷移周波数を正確に9 192 631 770と定めることによって設定される。
長さ	メートル（m）	メートルは、1秒の299 792 458分の1の時間に光が真空中を伝わる行程の長さである。	メートルは、長さのSI単位である。これは、単位m/sによる表現において、真空中の光の速さcを正確に299 792 458と定めることによって設定される。
質量	キログラム（kg）	キログラムは質量の単位であって、単位の大きさは国際キログラム原器の質量に等しい。	キログラムは、質量のSI単位である。これは、単位J s（$kg\ m^2\ s^{-1}$に等しい）による表現において、プランク定数hを正確に$6.626\ 070\ 15 \times 10^{-34}$と定めることによって設定される。
電流	アンペア（A）	アンペアは、真空中に1メートルの間隔で平行に配置された無限に小さい円形断面積を有する無限に長い二本の直線状導体のそれぞれを流れ、これらの導体の長さ1メートルにつき2×10^{-7}ニュートンの力を及ぼし合う一定の電流である。	アンペアは、電流のSI単位である。これは、単位C（Asに等しい）による表現において、電気素量eを正確に$1.602\ 176\ 634 \times 10^{-19}$と定めることによって設定される。
熱力学温度	ケルビン（K）	熱力学温度の単位、ケルビンは、水の三重点の熱力学温度の1/273.16である。	ケルビンは、熱力学温度のSI単位である。これは、単位$J\ K^{-1}$（$kg\ m^2\ s^{-2}\ K^{-1}$に等しい）による表現において、ボルツマン定数kを正確に$1.380\ 649 \times 10^{-23}$と定めることによって設定される。

表1（続き）

量	名称・記号	従来の定義	新しい定義*
物質量	モル（mol）	モルは、0.012キログラムの炭素12中に存在する原子の数に等しい数の要素粒子を含む系の物質量であり、単位の記号はmolである。モルを用いるとき、要素粒子が指定されなければならないが、それは原子、分子、イオン、電子、その他の粒子またはこの種の粒子の特定の集合体であってよい。	モルは、物質量のSI単位である。1モルは正確に6.022 140 76 × 10^{23}の要素粒子を含む。この数字は、単位mol^{-1}による表現において、アボガドロ定数N_Aを正確に定めた値であり、アボガドロ数と呼ばれる。系の物質量は、特定された要素粒子の数の尺度である。要素粒子とは、原子、分子、イオン、電子、その他の粒子、あるいは、複数の粒子であってもよい。
光度	カンデラ（cd）	カンデラは、周波数540 × 10^{12}ヘルツの単色放射を放出し、所定の方向におけるその放射強度が1/683ワット毎ステラジアンである光源の、その方向における光度である。	カンデラは、所定の方向における光度のSI単位である。これは、単位lm W^{-1}（cd sr W^{-1}あるいはcd sr kg^{-1} m^{-2} s^3に等しい）による表現において、周波数540 × 10^{12}Hzの単色放射の視感度効果度K_{cd}を正確に683と定めることによって設定される。

＊2019年5月20日に新しい定義が施行された。

表2　SIの新しい定義で用いられる基礎物理定数

基礎物理定数	値
プランク定数h	6.626 070 15 × 10^{-34} J s
電気素量e	1.602 176 634 × 10^{-19} C
ボルツマン定数k	1.380 649 × 10^{-23} J K^{-1}
アボガドロ定数N_A	6.022 140 76 × 10^{23} mol^{-1}

参考文献

国立研究開発法人産業技術総合研究所 計量標準総合センター、「国際単位系（SI）基本単位の定義改定と計量標準―（付録）国際単位系（SI）第9版（2019）日本語版」2020年3月．https://unit.aist.go.jp/nmij/public/report/si-brochure/pdf/SI_9th_日本語版_r.pdf（2024年3月アクセス）

臼田孝、「新たな時代を迎えた国際単位系（SI）―基礎物理定数による基本単位の定義―」、計測と制御、2019年58巻5号p.325～329.

第３編　物質の変化とその利用　(イ)化学反応
２章　酸と塩基（９時間）

1 単元で生徒が学ぶこと

酸や塩基についての観察、実験などを通し、酸と塩基の性質及び中和反応に関与する物質の量的関係を理解させるとともに、それらの観察、実験などの技能を身に付けさせる。また、酸や塩基の物質の変化における規則性や関係性を見いだして表現させる活動などを通し、思考力、判断力、表現力等を育成することが主なねらいである。

2 この単元で（生徒が）身に付ける資質・能力

知識及び技能	化学反応について、酸・塩基と中和を理解するとともに、それらの観察、実験などに関する技能を身に付けること。
思考力、判断力、表現力等	化学反応について、観察、実験などを通して探究し、物質の変化における規則性や関係性を見いだして表現すること。
学びに向かう力、人間性等	化学反応の学びに主体的に関わり、科学的に探究しようとする態度を養うこと。

3 単元を構想する視点

この単元では、「化学反応」の単元を、物質の変化に関する基本的な概念や原理・法則について、物質の具体的な性質や反応と結び付けて理解させ、それらを活用する力を身に付けさせるため、さらに細分化して「酸と塩基」を内容のまとまりとした単元として設定している。

本単元においては、中学校で学ぶ酸やアルカリの性質や中和により水と塩が生成すること、pHは７を中性として酸性やアルカリ性の強さを表していることなどの学習を踏まえ、酸や塩基に関する実験などを行い、酸と塩基の性質及び中和反応に関与する物質の量的関係について理解させることがねらいである。酸や塩基については、水素イオンの授受による定義や、酸や塩基の強弱と電離度の大小との関係を扱う。また、pHと水素イオン濃度や水の電離との関係にも触れる。中和反応については、酸や塩基の価数と物質量との関係を扱う。その際、反応する酸や塩基の強弱と生成する塩の性質との関係にも触れる。ここで扱う実験としては、例えば食酢の中和滴定の実験などが考えられるが、その際、得られた結果を分析して解釈し、中和反応に関与する物質の量的関係を理解させることが考えられる。その際、器具の扱い方や溶液の調製方法など滴定操作における基本的な技能を身に付けさせることも大切である。

いずれの場合も、これまでに学習した「物質の構成粒子」、「物質と化学結合」、「物質量と化学反応式」の単元との関連を図りながら、生徒が見通したり振り返ったりするなどの科学的な探究活動を通して、実感を伴った理解につなげることが重要である。

4 本単元における生徒の概念の構成のイメージ図

酸と塩基

・酸と塩基の定義が広がるんだな。
・酸・塩基の強弱と酸性・塩基性の強さは別の考え方なんだね。
・水素イオン濃度を使うと、酸・塩基の強弱の程度がわかるね。

中和反応

・H^+とOH^-の数に着目すると、量的な関係がつかみやすいね。
・中和することと、ちょうど中和するということは意味が違うんだね。
・ちょうど中和したとしても、中性とは限らないんだね。

5 本単元を学ぶ際に、生徒が抱きやすい困り感

中学校で学んだ酸・アルカリ、中和と何が違うのかわかりません。

酸・塩基の強弱は何となくわかるような気がするけど、酸性、塩基性の強さって何だろう？

中和して中性にならないってどういうこと？

中和滴定の操作は、なぜこんなに複雑なんだろう。

6 本単元を指導するにあたり、教師が抱えやすい困難や課題

これまでに学習したことを、生徒がすっかり忘れてしまっていて困ります。

中学校でどこまで学んでいるのか掴めていません。

化学反応式
$?CH_4 + ?O_2 \rightarrow ?CO_2 + ?H_2O$
$1CH_4 + 2O_2 \rightarrow 1CO_2 + 2H_2O$
★ $CH_4 + 2O_2 \rightarrow CO_2 + 2H_2O$

計算はできるようになるけど、なんか生徒がわかっているような感じがありません。

中和滴定の操作だけでなくて、生徒が見通しをもって主体的に実験に取り組ませるにはどうすればよいのか悩みます。

7 単元の指導と評価の計画（全９時間）

単元の指導イメージ

同じ濃度の酸でも反応やpHなどが違うのはなぜなの？

酸・塩基には強弱や価数というものがあります。

化学反応式
?CH_4 + ?O_2 → ?CO_2 + ?H_2O
1CH_4 + 2O_2 → 1CO_2 + 2H_2O
☆ CH_4 + 2O_2 → CO_2 + 2H_2O

中学校で学んだ中和を使って五つの未知試料を同定してみよう。

中和滴定を使うと反応させる物質同士の量が違う場合でも、同じように考えることができるのかな？

酸と塩基（全９時間）

時間	単元の構成
1	酸・塩基の定義
2	酸・塩基の強弱
3	酸・塩基の pH
4・5	五つの未知試料の同定 探究活動①
6	中和滴定
7	滴定曲線と塩 探究活動②
8・9	未知濃度の食酢の滴定 探究活動③

本時の目標・学習活動	重点	記録	備考（★教員の留意点、〇生徒のB規準）
酸・塩基の定義を理解する。	知		★どのような物質が酸または塩基と呼ばれるかを粒子の視点で理解させる。また、酸・塩基の定義の違いを理解させる。
電離度と酸・塩基の強弱の関係を見いだし表現する。	思		★酸・塩基の強弱について、実験を通して相違点があることを実感させ、その理由について表現させる。
pH の値を水素イオンの粒子と関連付けて表現する。	思		★同じ濃度の酸であっても pH が異なることを実感させる。水素イオンという粒子の感覚を持ちながら実験や考察を進められるようにする。
五つの酸・塩基未知試料を同定する方法について、見通しをもって試行錯誤しながら、実験計画を改善しようとする。	態		★既習事項の価数や中和を用いて、未知試料を同定する方法を試行錯誤できるようにする。
中和滴定の実験を通して、滴定操作の基本的な技能を身に付ける。	知	〇	〇滴定の操作を行い、実験の失敗例などから生徒自身が気付いた操作のポイントをもとに、正しく操作する技能を身に付けている。
滴定曲線の形と塩の液性の関係を見いだして表現する。	思	〇	〇実験結果から、滴定曲線の形と塩の液性の関係を見いだして表現している。 ★中和点が必ずしも pH 7 とはならないことや、中和点における塩の液性と関連付けることで、中和滴定のしくみをより深く考えさせる。
未知濃度の食酢の滴定の実験について、実験操作の意味や意図について考える場面を設定し、科学的に探究する。	態	〇	〇酸・塩基に関する知識及び技能を活用して、実験操作に関する新たな疑問をもとに、科学的に探究しようとしている。 ★実験操作の意図や必要性を考えさせる場面を設定することで、科学的に探究しようとする態度を育成する。

2章　酸と塩基 ①時　酸・塩基の定義

知・技

思・判・表

主体的

●本時の目標：　酸・塩基の定義を理解する。
●本時で育成を目指す資質・能力：　知識及び技能
●本時の授業構想
　どのような物質が酸または塩基と呼ばれるかを粒子の視点で理解させる。
●本時の評価規準（B規準）
　水素イオンと水酸化物イオンに注目し、酸・塩基の定義を理解している。

・本時の課題

酸と塩基の定義を水素イオンと水酸化物イオンに注目して理解しよう。

【課題の把握】　(10分)
①本時で行う酸・塩基の分野に関して中学校の学習を想起する。
中学校で学んだ酸・アルカリの性質を思い出してみましょう。
アルカリは苦い、石けん。赤色リトマス紙を青く変える。BTB溶液で青色。
酸は酸っぱい、金属を溶かす。青色リトマス紙を赤く変える。BTB溶液で黄色。
水酸化ナトリウム水溶液、アンモニア水はアルカリ性。
塩酸、硫酸、硝酸、酢酸は酸性。
水酸化ナトリウムは水溶液中で電離をして水酸化物イオンを出します。
塩酸は電離をして水素イオンを出します。

【課題の追究１】　(10分)
②酸とアルカリをモデルを用いて考えたことを思いだす。
ある物質を水に溶かして酸やアルカリになったことをイオンを含む反応式で表してみましょう。
$NaOH$、NH_3
HCl、H_2SO_4、HNO_3
CH_3COOHかな。
$NaOH \rightarrow Na^+ + OH^-$
$HCl \rightarrow H^+ + Cl^-$
アンモニアはNH_3でOH^-が出てこないけどなぜアルカリ性なんだろう。
良いところに気付きましたね。「水の中に入れる」ということが大切なポイントですね。

中学校までとのつながり

　小学校では、水溶液には酸性、アルカリ性、及び中性のものがあることを学んでいる。

　中学校では、酸とアルカリのそれぞれの特性が水素イオンと水酸化物イオンによること、また、中和反応の実験より水と塩が生成すること、pHについても学んでいる。

ポイント

　本時の導入では、生徒がこれまでに学んできた酸とアルカリの性質について自由に意見交換し合う。互いの理解度を共有させることは、本時に取り組む課題を把握させるために重要である。アルカリと塩基の違いについても説明すると生徒に理解させやすいだろう。

　また、⇄については右向きと左向きの両方の反応が起こっていることを示していることに簡単に触れておくとよい。

　アンモニアが水と反応して水酸化物イオンを生じるイオン反応式を用いてアレニウスの酸・塩基の定義を扱うが、アレニウスの定義では説明できない事象と出会わせることで、ブレンステッド・ローリーによる酸・塩基の定義の価値を生徒が主体的に意識できるような構成が求められる。

○中学校までの定義

酸とは、水溶液中でH^+を、アルカリとは、水溶液中でOH^-を生じる物質である。

→アレニウスの定義

（疑問）

アンモニアはNH_3でOH^-が出てこないけど、なぜ水溶液はアルカリ性なんだろう。

水の中では、

$$NH_3+H_2O \rightleftarrows NH_4^+ + OH^-$$

（疑問）

アンモニアは、水がなかったらアルカリ性ではないのだろうか。

塩化水素とアンモニアの反応を考えてみよう。

$HCl+NH_3 \rightarrow NH_4Cl$（白い煙！）

※酸・塩基の反応は、水溶液中だけで扱うとは限りません。

→水素イオンの動きに着目してみよう！

ブレンステッド・ローリーの定義

【課題の追究２】（20分）

③OH^-だけでアルカリ性を説明できるだろうか。

アンモニアは水に入れると、水の一部と反応して $NH_3+H_2O \rightleftarrows NH_4^++OH^-$ って表すことができるからアルカリ性なんだね。

ということはアンモニアは、水がなかったらアルカリ性ではないってこと？

いいところに気付きましたね。気体のアンモニアも酸と反応するんですよ。観察してみましょう。

反応してる！白い煙が出た！

反応式はこれでいいのかな。$NH_3+HCl \rightarrow NH_4Cl$

酸の性質を打ち消すのは、OH^-だけではないんだな。

生じる塩は溶液の時と同じだな。

【課題の解決】（10分）

④　定義の説明

酸・アルカリは水溶液に限るので、酸・塩基の一部です。アレニウスの定義、ブレンステッド・ローリーを黒板にまとめました。

ブレンステッド・ローリーってどんなことかな。

ブレンステッド・ローリーなら、水は酸にも塩基にもなるんだな。定義が広がったな。

アレニウスの定義については水溶液なら水素イオンと水酸化物イオンなどの粒子に注目することが大切だね。

本時の評価（指導に生かす場合）

ワークシートを用いて、生徒の理解度を記述により判断するとよい。

具体的には、酸・塩基が電離する変化のイオン反応式を書かせることで、生徒の粒子としての理解度を評価する。

授業の工夫

物質量や化学反応の量的関係は粒子の数で考える。酸・塩基に関しても水素イオンや水酸化物イオンという粒子の視点で認識することが必要であることを確認する。

この時間は、酸・塩基の定義を生徒が主体的に学ぶことを重視した構成にし、教え込みにならないように工夫した。この時間が基盤になり２時間目以降の酸・塩基の理解がさらに深まることが期待される。

2章　酸と塩基 ②時　酸・塩基の強弱

知・技
思・判・表
主体的

●本時の目標：　電離度と酸・塩基の強弱の関係を見いだし表現する。
●本時で育成を目指す資質・能力：　思考力、判断力、表現力等
●本時の授業構想
　実験の結果から同じ濃度の酸でも強さが違うことを確認し、その理由を水素イオンという粒子の視点で捉えさせる。
●本時の評価規準（B規準）
　実験の結果から、電離度と酸・塩基の強弱の関係を見いだして表現している。

・本時の課題

同じモル濃度の塩酸と酢酸では、性質に違いがあるのだろうか。

【課題の把握】　（5分）

①前時に学んだ酸・塩基の定義を振り返り、本時の課題を設定する。

前時に学んだアレニウスの定義による酸・塩基について思い出してみましょう。

酸は水溶液中で電離してH^+を生じる物質である。電離するH^+の数によって価数が決まる。

アルカリは塩基といわれ、電離するとOH^-を生じる物質です。価数に関しては酸と同じように考えることができます。

同じモル濃度の塩酸と酢酸でその性質の違いがあるかについて二つの実験を行います。予想して実験をしてみましょう。

【課題の探究１】　（10分）

②実験について考えを共有する。

（1）同モル濃度、同体積の塩酸と酢酸にマグネシウムリボンを入れる実験

塩酸の方が強そうってことはわかるんだけど…。

モル濃度が同じっていうけど実験結果が同じなんてことはないよね。

気体が発生するな。

塩酸のほうが激しそうだけど。

でも濃度は同じ？

酢酸ってお酢でしょう。

（2）同モル濃度、同体積の塩酸と酢酸にそれぞれ電流を流し、電球が光る様子を観察する実験

流れる電流が大きいと明るくなるってことだよね。

モル濃度が一緒だから変わらないかな。

電解質は電流が流れるって習ったよね。

酢酸、暗そう。塩酸強い！

中学校からのつながり

　中学校では、pHと日常生活とのつながりを学んでいる。

ポイント

　酸の強さと酸性の強さは、異なる概念であると理解することが重要である。本時においては、酸や塩基の性質から酸の強さを見いだす取り組みを試みた。

　同じ濃度の酸を比較することで、何となく強い酸であるという理解から水素イオンという粒子の視点で酸の強さを説明することで、電離度へつなげたい。

　実験の結果からその違いを考えさせることで、水素イオンや水酸化物イオンという粒子の視点で考えられpHへとつなげたい。

①Mgと反応させたときの予想
- 水素が発生する反応である。
- 濃度が同じなので、発生量は同じ。
- 塩酸の方が強そう。

②電流を流して電球を光らせたときの予想
- 濃度が同じなら流れる電流の量も同じ。

【実験結果】

	塩酸	酢酸
Mgと反応	激しい	おだやか
電球の明るさ	明るい	暗い

気付いたことについて共有しよう。
- モル濃度が同じでも、反応の激しさに違いがあった。
- 塩酸と酢酸を比較すると、反応するときのH^+の数が違うのではないか。

【課題の探究 2】 (25分)

③実験を行い、実験結果をまとめる。

(1)同じモル濃度の塩酸と酢酸にマグネシウムリボンを入れる実験

モル濃度が同じでも塩酸の方が激しく気体が発生した。

モル濃度が同じでも塩酸のほうが強いね。

強いってどういうことだろう。

濃度が一緒でもH^+の数に違いがあるってこと？

塩酸と酢酸と比較すると、反応するときのH^+の数は違うね。

(2)同モル濃度、同体積の塩酸と酢酸にそれぞれ電流を流し、電球が光る様子を観察する実験

塩酸の方が明るく光った。

モル濃度は一緒なのに。

塩酸の方が電解質が多いってことか。

モル濃度が一緒ってことは粒の数は同じだよね。

【課題の解決】 (10分)

④電離度について生徒が気付き説明する。また、代表的な酸と塩基の強弱についても確認する。

全体の量は変わっていないが着目する量が変わってくる。

同じモル濃度でも、今回、着目しなければならない量は、水素イオンH^+の量ってことだよな。

よく気付きましたね。その考え方をまとめると電離度で示すことができます。

酸の強さを表すのに、pHというのを学んだよね。

でも同じ酸でも濃度が変わればpHは変わるよね。

本時の評価（指導に生かす場合）

ワークシートを用いて、実験の結果を図示させるなどして、電離度の違いにより水素イオンの量が変化することを見いだして表現できているかを評価する。

なお、酸・塩基の強弱を粒子の視点で思考させることがねらいであるため、生徒の思考の過程で、その正誤は問わないことが大切である。

授業の工夫

酸・塩基の強弱については知識として教えがちだが、実験を通して同じ酸でもその性質に相違点があることを確認させ、理由を考えることで納得して、酸・塩基の強弱を理解させることができると考えられる。

また、「粒子」について具体的な記述がある生徒については、全体で共有するとよい。

2章　酸と塩基 ③時　酸・塩基のpH

知・技
思・判・表
主体的

●本時の目標：　pHの値を水素イオンの粒子と関連付けて表現する。
●本時で育成を目指す資質・能力：　思考力、判断力、表現力等
●本時の授業構想

いろいろな酸や塩基について、水で10倍に薄めた時の紫キャベツ液の色の変化や、pHの値を測定する実験を行う。同じ濃度でも強さが異なることを、電離度と関連付けて水素イオンとpHの関係を見いださせたり、塩基における水素イオン濃度の関係を見いださせたりする。

●本時の評価規準（B規準）

既習事項や実験結果から、pHと水素イオンを関連付けて、水素イオン濃度の尺度を用いて酸・塩基の強さを表現している。

・本時の課題

水素イオンの濃度を用いて、酸・塩基の強さを表わそう。

【課題の把握】　（5分）

①前時に学んだ酸・塩基の強弱を振り返るとともに、pHについて中学校のときの学びを想起する。

前時に学んだ酸・塩基の強弱について思い出してみましょう。

同じ濃度の酸でも反応の激しさが違うことがわかったよね。

つまり、電離度が1に近いものを強酸といい。H^+が多く電離しているから反応も激しくなったって事だよね。

pHについて、これまで学んだことを挙げてください。

pHは7で中性。

pHは数字が小さいと酸性が強い。

pHが1と2の違いって何かな？

【課題の探究1】　（15分）

②HCl 1.00 mol/Lと、NaOH 1.00 mol/Lを黒板の方法で10倍に薄めたものをそれぞれ紫キャベツに入れた際の色の変化を観察する。

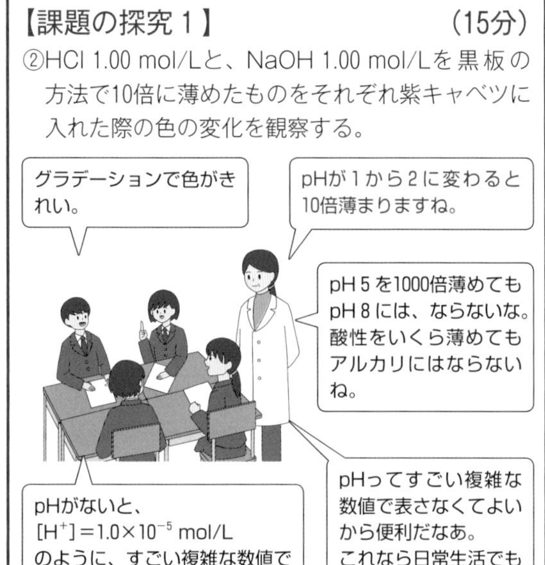

グラデーションで色がきれい。
pHが1から2に変わると10倍薄まりますね。
pH 5を1000倍薄めてもpH 8には、ならないな。酸性をいくら薄めてもアルカリにはならないね。
pHがないと、$[H^+]=1.0\times10^{-5}$ mol/Lのように、すごい複雑な数値で表さなければならなくなるね。
pHってすごい複雑な数値で表さなくてよいから便利だなあ。これなら日常生活でも使えるね。

中学校からのつながり

中学校では、pHの値が酸性やアルカリ性の強さの指標であることを学んでいる。

ポイント

本時では、酸性や塩基性の強さの指標であるpHについて、前時に学んだ酸・塩基の強弱や電離度の関係と関連付けながら、考える場面を設定する。その際、pHについては中学校で学んだことを想起させることが重要である。最初の課題設定では、酸や塩基を希釈する実験を行い、pHの値が1異なるインパクトを体験し、さらにどんなに薄めても中性とはならないことについて、生徒自ら気付くように構成した。

この実験の気づきを踏まえ、pHの有用性について生徒の実感を伴った理解を促すことが大切である。

さらに、同じ濃度の異なる酸のpHを比べさせ、その理解を深める。塩基についても、水酸化物イオンの濃度を水素イオン濃度と置き換え、統一的な尺度で事象を捉えることができるよう促す。

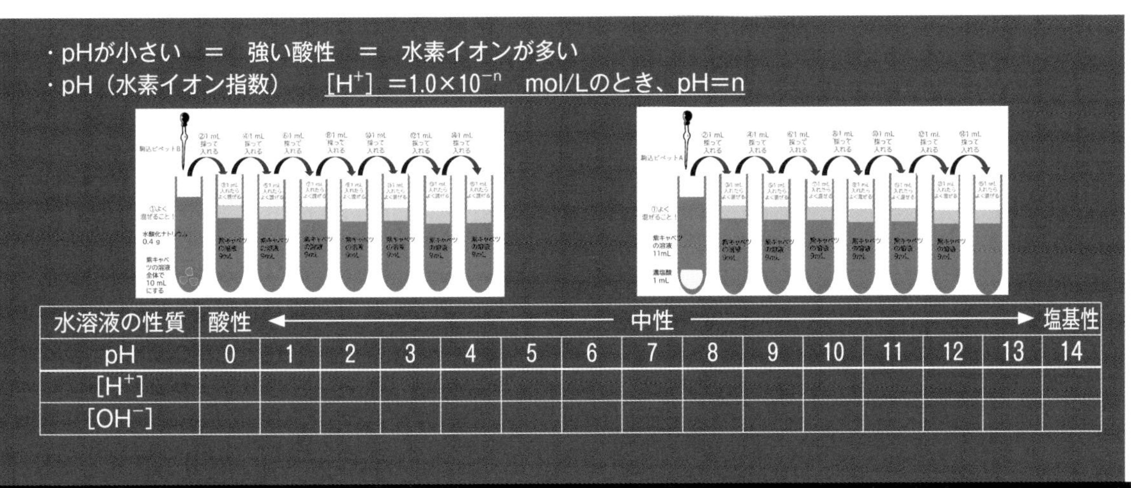
・pHが小さい　＝　強い酸性　＝　水素イオンが多い
・pH（水素イオン指数）　[H⁺] ＝1.0×10⁻ⁿ　mol/Lのとき、pH=n

水溶液の性質	酸性 ←							中性							→ 塩基性
pH	0	1	2	3	4	5	6	7	8	9	10	11	12	13	14
$[H^+]$															
$[OH^-]$															

【課題の探究２】　（20分）

③0.01 mol/Lの塩酸と硫酸、酢酸のpHをpHメーターで測定し、その結果が異なる理由を説明できるようにする。

塩酸と硫酸、酢酸のpHをpHメーターで測定したら硫酸＜塩酸＜酢酸のようになりました。

塩酸と酢酸のpHの違いは前の時間の実験結果を確認するのにちょうどいいね。

硫酸と塩酸を比べたらどちらの電離度も１でかつ、硫酸は１粒で二つのH^+を出すからね。

きっと塩基も同じように考えればいいんだよね。

塩基についてはOH^-の濃度を考えますが、pHで考えるには、少し工夫が必要です。表を見て考えてみましょう。

【課題の解決】　（10分）

④水酸化物イオンの濃度をH^+の濃度と関係付ける。

表では、水素イオン濃度が小さくなればなるほど、水酸化物イオンの濃度が大きくなっているね。

塩基のpHを求めるときには、まず水酸化物イオンに注目し、その後水素イオンの濃度を表から求めることができるね。

10倍に薄めた時の変化は、酸の時と同じような考え方でよさそうだ。

H^+とOH^-の濃度の指数を足すと、どれも－14になるのは、なにか意味があるのかな。

中性でも水は電離しているので、ちゃんとpHの値が決まるのは面白いですよね。

本時の評価（指導に生かす場合）

既習事項や実験結果から、pHと水素イオンとの関係を見いだし、水素イオン濃度の尺度を用いた酸・塩基の強さとして表現できていることを、ワークシートの記述から評価する。

授業の工夫

実際にそれぞれのpHの値に相当する濃度の酸・塩基を作る取り組みを通して、pHの有用性に気付かせることが重要である。

また、同じ濃度の酸であるのにpHが異なることを実感させ、その理由について考察したくなるようにした。常に水素イオンという粒子の感覚を持ちながら、塩基とも関連付けるなどして実験や考察を進めていきたい。10倍希釈については、日常生活と関連付け、環境の視点から考えさせることも可能である。

2章　酸と塩基 ④⑤時　五つの未知試料の同定（探究活動①）

知・技

思・判・表

主体的

●本時の目標：　五つの酸・塩基未知試料を同定する方法について、見通しをもって試行錯誤しながら、実験計画を改善しようとする。

●本時で育成を目指す資質・能力：　学びに向かう力、人間性等

●本時の授業構想

五つの未知試料を、フェノールフタレインを用いて同定する実験計画を立案させる。既習の知識や実験結果等を活用して、より妥当な実験計画となるよう試行錯誤させる。

●本時の評価規準（B規準）

既習の知識や実験結果等から当初立案した実験計画を、より妥当な計画に改善しようとしている。

・本時の課題

五つの未知試料を既習事項を用いて同定する実験計画を立案しよう。

【課題の把握】　（10分）

①課題の提示。

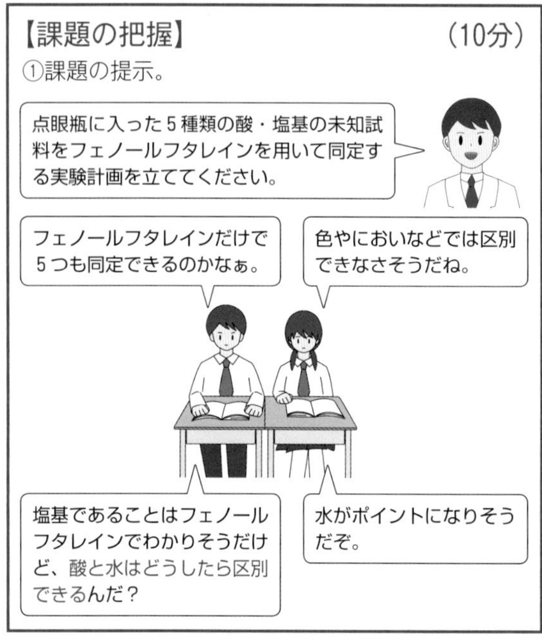

【課題の探究１】　（30分）

②実験計画を立案する。

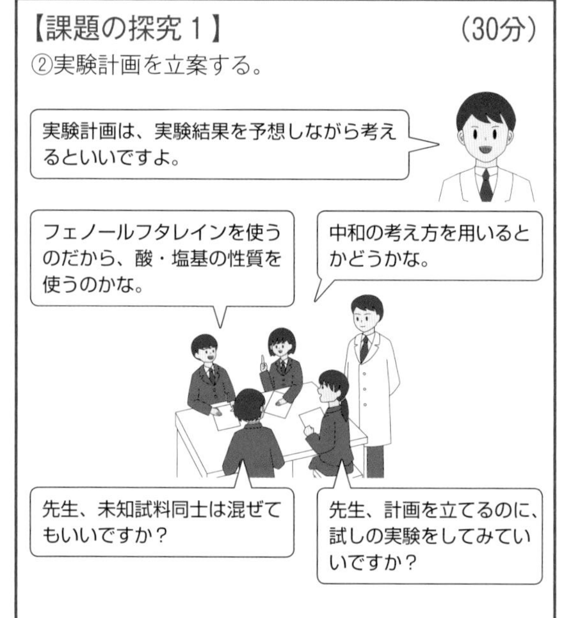

実験計画は、実験結果を予想しながら考えるといいですよ。
フェノールフタレインを使うのだから、酸・塩基の性質を使うのかな。
中和の考え方を用いるとかどうかな。
先生、未知試料同士は混ぜてもいいですか？
先生、計画を立てるのに、試しの実験をしてみていいですか？

中学校とのつながり

中学校では、酸と塩基が反応して、それぞれの性質を打ち消すことを学んでいる。

ポイント

本時においては、これまでの酸・塩基の知識を活用して、試行錯誤を繰り返しながら、より妥当な実験計画の立案に向け、粘り強く取り組ませることが重要である。

また、点眼瓶１滴の体積はほぼ同じものとして扱うが、あらかじめ誤差があることを伝えておくと、計画を立案する思考の助けになる。

本実験ではフェノールフタレインの色の変化で判断するが、生徒によっては無色から赤色の色の変化で判断する場合や、赤色から無色の色の変化で判断する場合など、比較的自由度の高い計画立案となることが考えられる。計画立案に際して見いだした有益な視点や、計画の妥当性については、そのつど全体で共有し、生徒間で議論させるとより理解が深まる。

課題：未知試料は次のいずれかです。

0.1 mol/L塩酸、0.1 mol/L硫酸、水
0.1 mol/L 水酸化ナトリウム
0.1 mol/L水酸化バリウム

※最短手順で同定する実験手順を考えてみましょう。

○フェノールフタレインを加えると…
塩基は赤くなる。
水はどっちだったかな。

○酸・塩基の性質から実験計画に使えそうなアイデア
- 酸と塩基を混ぜ合わせると中和する。
- 塩基に酸を加えていくと無色透明になる。
- 酸と水は、フェノールフタレインでは区別できない。
- 塩酸と硫酸では価数が異なる。
- おおよそ1滴は本当に同じ量？
- 硫酸バリウムは沈殿する？

3編 2章 酸と塩基

【課題の探究2】 (30分)

③議論等を踏まえ実験計画を改善する。

実験計画は、実験結果を予想しながら考えるといいですよ。

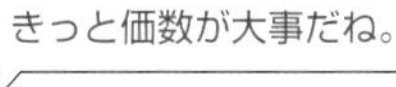
塩基はすぐわかるから、それを基軸に考えてみない？
きっと価数が大事だね。

今、いいこと言った。メモしとかなきゃ。
記録に残すことは大事だね。
未知試料は1滴ずつ使うとは、先生いってなかったよね。

【課題の探究3】 (30分)

④実験しつつ、より妥当な方法を検討する。

議論も深まってきたようですね。それでは、最短の手順となる実験計画をまとめていってください。

硫酸は塩基が2倍必要なはずだけど、2倍だとうまくいかないのはなぜだろう。
色の変化が確実にわかるように、過剰に加える視点が必要なのかも。
今までの記録が役に立ちそうだ。
ほかの班ではどのように考えているのか聞いてこようかな。

試行錯誤のプロセスも大事にしながら、より妥当な実験計画となるよう取り組んでくださいね。

本時の評価（指導に生かす場合）

本時においては、最小の実験回数で五つの未知試料を同定する方法を考えさせ、試行錯誤を繰り返させることにより、生徒の主体性を見取ることができる。ワークシート等を用い、生徒の思考や計画の履歴等の共有によって変化していく個々の生徒の思考のプロセスを記録させるとよい。その上で、妥当な実験計画の立案に向けて自らの学習を調整しようとする態度を評価する。

授業の工夫

点眼瓶とセルプレートを用いることで、生徒が繰り返し試行錯誤しながら、「なぜ実験結果がそうなるか」という化学の本質である物質の性質と向き合いつつ、知識を活用しながら思考を深めることができる。また、ゲーム感覚で行えることも特徴である。なおフェノールフタレインについては、あらかじめ薄い濃度を用いたり、使用後の器具はアルコールで十分洗浄したりするなど、実験準備の際には注意したい。

1 次の酸・塩基・塩等について性質をまとめてみよう。

性質＼試料	0.1 mol/L 塩酸	0.1 mol/L 硫酸	水	0.1 mol/L NaOH	0.1 mol/L Ba（OH） 2
価数	1価の酸	2価の酸		1価の塩基	2価の塩基
強弱	強酸性	強酸性	中性	強塩基	強塩基
pH	1	約1	7	13	約13
反応	塩基と中和する	塩基と中和する	反応しない	酸と中和する	酸と中和する

酸・塩基等の性質（特徴）を表などで整理するなどして、科学的な根拠と結びつけるきっかけを作ります。

酸や塩基についての観察、実験などを通し、酸と塩基の性質及び中和反応に関与する物質の量的関係を理解させ、それらの観察、実験などの技能を身に付けさせる。また、酸や塩基の物質の変化における規則性や関係性を見いだして表現させる活動などを通し、生徒が主体的に関わり、科学的に探究しようとする態度を養う。

2 予備実験

目的：未知試料A～Eにフェノールフタレインを加え、実験でわかることとわからないことを整理する。

方法：セルプレートの別々のセルに、A～Eの未知試料をそれぞれ1滴ずつ滴下し、さらにフェノールフタレインをそれぞれ1滴ずつ滴下する。

実験結果

実験結果の一例です。

性質＼試料	A	B	C	D	E
色の変化	無色透明のまま	無色透明のまま	赤色に変化する	無色透明のまま	赤色に変化する

必要に応じて、考察の書き方の書式を明示するなど、科学的な根拠に基づいて記述させる指導をすると効果的です。

考察

この予備実験の結果から、溶液が赤色に変化した　C、E　は、　NaOH　か $Ba(OH)_2$ のいずれか　であると考えられる。その理由は、いずれも強い塩基性を示すからである。
また、溶液が無色のままであった　A、B、D　は、塩酸、硫酸、水のいずれかであると考えられる。その理由は塩酸と硫酸は酸性、水は中性を示すからである。

3 次の(1)、(2)について各自で考えてみよう。

(1)予備知識：2種類の未知試料を混合して、フェノールフタレインで溶液の色の変化など、変化を確認できると考えられるものに○を付けよう。

試　料	0.1 mol/L 塩酸	0.1 mol/L 硫酸	水	0.1 mol/L NaOH	0.1 mol/L $Ba(OH)_2$
0.1 mol/L 塩酸	＼	×	×	○（中和反応）	○（中和反応）
0.1 mol/L 硫酸	×	＼	×	○（中和反応）	○（中和反応）
水	×	×	＼	13	約13
0.1 mol/L NaOH	○（中和反応）	○（中和反応）	○	＼	×
0.1 mol/L $Ba(OH)_2$	○（中和反応）	○（中和反応）	○	×	＼

⑵実験計画：２の予備実験と、（１）の予備知識をもとに、５種類の未知試料を同定するための実験手順を考えてみよう。

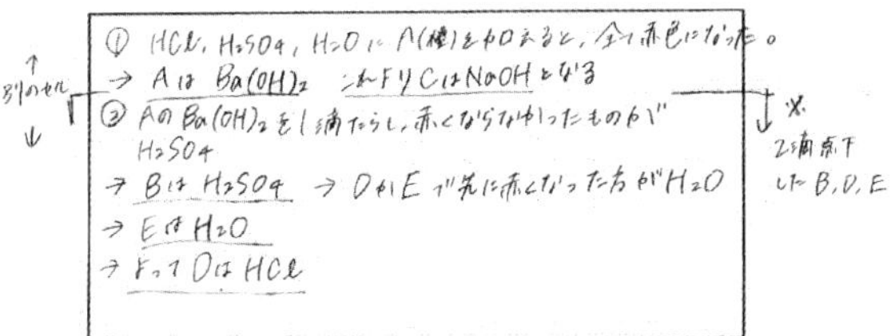

4 各グループで上記の実験計画を共有しよう。他のメンバーの計画の中で参考になる内容、自分の考えを修正しなければならない内容があった場合は、下に記入していこう。

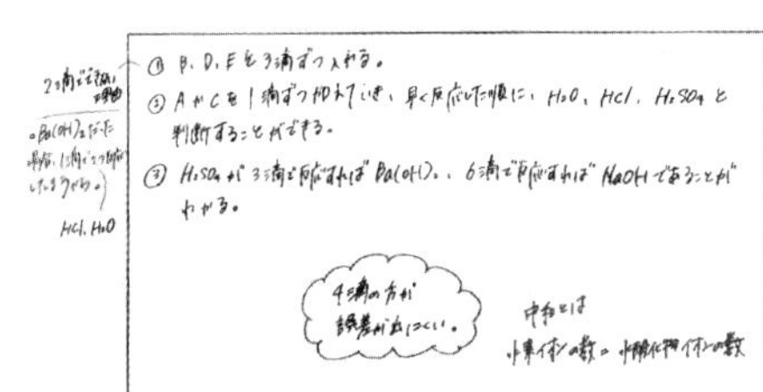

5 これまでの検討を踏まえて、各グループの実験計画を整理して書いてください。図や表を用いても構いません。

実験：①セルプレートに、フェノールフタレインで反応が見られなかった未知試料を、それぞれ４滴ずつ滴下し、フェノールフタレインを１滴加えておく。

②フェノールフタレインで反応した未知試料のいずれか片方を、加える量と変化を記録しながらセルプレートに滴下する。

入れておく試薬 ／ ↓加える試薬			フェノールフタレインで反応しなかった未知試薬			実験回数
			塩酸（４滴）	硫酸（４滴）	水（４滴）	
フェノールフタレインで反応した未知試薬	①	NaOH	**4**滴以上加えると赤く変化すると考えられる。	**8**滴以上加えると赤く変化すると考えられる。	**1**滴以上加えると赤く変化すると考えられる。	3回（①か②のいずれかを実施する）
	②	$Ba(OH)_2$	**2**滴以上加えると赤く変化すると考えられる。	**4**滴以上加えると赤く変化すると考えられる。	**1**滴以上加えると赤く変化すると考えられる。	

観察・実験の計画を評価・選択・決定する取組において、対話的な学びの要素を学習過程に位置付けることによって、生徒の思考力・判断力・表現力を高めることができます。このとき、他者とのかかわりの中で、自分の考えをより妥当なものにする力を身に付けさせる視点が重要です。

実験結果の例

B, D, E 2滴ずつ入れたものに
Cを混合すると、Eは1滴、Dは2滴、Bは4滴で反応したので、
Eは H_2O、Dは HCl、Bは H_2SO_4 であることがわかった。
そして、Cは NaOH であることも同時に分かった。
それは、2滴ずつ入れた1価のHCl、2価の H_2SO_4、価数なしの H_2O がそれぞれちがうCの量で反応したから、CはNaOHだと分かり、速く反応したものから、H_2O、HCl、H_2SO_4 と分かったからだ。
そして残ったAは $Ba(OH)_2$ になる。

2章　酸と塩基 ⑥時　中和滴定

知・技
思・判・表
主体的

●本時の目標：　中和滴定の実験を通して、滴定操作の基本的な技能を身に付ける。

●本時で育成を目指す資質・能力：　知識及び技能

●本時の授業構想

中和滴定で使用する実験器具の操作を行い、失敗を恐れず試行錯誤できる体験を通して、滴定の操作に必要な留意点に生徒自ら気付かせながら、正しい実験操作を身に付けさせる。

●本時の評価規準（B規準）

滴定の操作を行い、実験の失敗例などから生徒自身が気付いた操作のポイントをもとに、正しく操作する技能を身に付けている。

・本時の課題

中和滴定で使用する実験器具の、操作の留意点をもとに中和滴定を行おう。

【課題の把握】（10分）

①前時において、点眼瓶の１滴で酸・塩基反応が大きく変化することを学んでいる。

点眼瓶では１滴の量にばらつきがあって困りました。点眼瓶や駒込ピペットでは限界があるよね。

水酸化ナトリウムを滴下するときも１滴とかではなく正確に体積を測る実験器具がビュレットなのね。

酸と塩基の体積も、本当はもっと大きくしないと、量的な議論は難しいのかも…

液体の体積を正確に測りとるために、メスフラスコやビュレット、ホールピペットという実験器具を使います。

【課題の探究１】（10分）

②ビュレットやホールピペットの操作に触れてみる。

ビュレットで10滴の溶液の体積を調べ、ビュレットの操作に触れてみましょう。

10滴という曖昧な量ではなくて、しっかりと体積を読み取れるね。

液面は一番低いところで目盛りを読むんだったね。

１滴あたりの物質量も計算できるかも！

10滴の体積がわかれば、１滴の体積もおおよそはわかるんじゃないかな？

ホールピペットでも、10 mLはかりとってみましょう。これは、溶液を器具に移したとき、その体積をはかりとるガラス器具です。

中学校からのつながり

中学校の中和の実験では、駒込ピペットの操作等に触れながら、定性的な現象を粒子の視点で捉える学びをしている。

ポイント

本時においては、塩酸と水酸化ナトリウム水溶液を用いて基本的な中和滴定の操作を行うことにより、中和滴定の操作を一通り体験する。実験器具の名称や使い方、留意点を失敗例も含めて整理させ、後の授業に活かすために記録に残す。

【生徒の失敗例】

・フェノールフタレインを入れ忘れる。
・滴下が大雑把すぎる。（一度に１mL滴下）
・２回目の滴定で水酸化ナトリウムが足りなくなり目盛りが読めなくなる。
・ホールピペットで水酸化ナトリウムをはかりとりコニカルビーカー内の水溶液が赤くなる。
・ビュレット内の水溶液が赤くなる。

以上のようなことを実際に体験し、実感を伴った理解につなげることにより、生きて働く技能の習得を目指す。

中和滴定に用いる実験器具

中学校	高校
駒込ピペット、点眼瓶	ビュレット
おおよその入れる体積を求めることができる	正確に入れる体積を求めることができる

・ビュレット１滴の体積を正確にはかる実験器具、１滴あたりの物質量も計算できる。
・使った体積に含まれている水素イオンや水酸化物イオンの物質量に注目すれば求められる。

【生徒が考えた滴定操作の留意点】

・１滴で、色が急に変わるから水酸化ナトリウム水溶液をゆっくり滴下するためにコックをゆっくり動かすのが大切
・10滴を連続して入れる場面もあれば、１滴に集中する場面もあることに注意
・水素イオンや水酸化物イオンに注目することが大切

【課題の探究２】　(20分)

③0.100 mol/Lの塩酸10 mLを中和するために必要な0.100 mol/L水酸化ナトリウム水溶液の体積を調べる。

滴定で体積を求める実験を行ってみて、中和滴定における留意事項をあげてみましょう。実験がうまくいかなくても、留意事項に気付くことが大切ですよ。

ビュレットは滴下した体積をその都度測れるから便利だな。

ホールピペットで10 mlちょうど測っておくから、ちょうど中和したところが求められるんだね。

使った体積に含まれている水素イオンと水酸化物イオンの物質量に注目すれば求められるかもね。

【課題の解決】　(10分)

④生徒の実験操作の事例を共有し、滴定操作における留意事項をもとに、正確な操作に習熟する。

実験で気付いたことを、今後の実験で活かすため、記録にまとめてみましょう。失敗したなって思ったことも大切な情報ですよ。

１滴で、色が急に変わるから水酸化ナトリウム水溶液をゆっくり滴下するためにコックをゆっくり動かすのがコツだね。

水素イオンや水酸化物イオンに注目することが大切。その際、酸・塩基の価数も忘れちゃいけません。

10滴入れる場面もあれば、１滴に集中する場面もあるんだね。

滴下が大雑把すぎて、どばっと色が変わっちゃったんだよ。

本時の評価（記録に残す場合）

ワークシートに従い、中和滴定の操作を行い、生徒間で操作の意味を共有しながら、中和滴定の操作が習熟できているかを評価する。

授業の工夫

技能面に着目した構成であるが、生徒の主体性を育むために、中和滴定の実験を通して、失敗を恐れず試行錯誤できる環境を作り、留意する点を整理させることが重要である。この体験を、以降の未知濃度の食酢の濃度を滴定で求める活動に活かせるよう、実験結果については記録に残させる。

なお、滴定操作で得られた結果の処理については、「中和」の公式に当てはめただけではなく、どのような考えで計算したのか具体的な記述を全体で共有するとよい。

2章　酸と塩基 ⑦時　滴定曲線と塩（探究活動②）

知・技

思・判・表

主体的

●本時の目標：　滴定曲線の形と塩の液性の関係を見いだして表現する。

●本時で育成を目指す資質・能力：　思考力、判断力、表現力等

●本時の授業構想

滴定曲線の形から、中和の過程においてpHの変化の仕方が異なることを見いださせる。さらに中和点が中性ではない場合があることに気付かせ、塩の液性が関係していることを見いださせ表現させる。

●本時の評価規準（B規準）

実験結果から、滴定曲線の形と塩の液性の関係を見いだして表現している。

・本時の課題

酸の水溶液の強弱によって、滴定曲線の形や中和点の液性はどのようになるのだろうか。

【課題の把握１】　（15分）

①水酸化ナトリウム水溶液に塩酸を加えたときのpHの変化を調べる実験を行う。

10 mLの水酸化ナトリウム水溶液に塩酸1 mLずつ加えていったときのpHの変化をpHメーターで調べてみましょう。

なんか最初のうちは、ほとんどpHの値が変わらないんだけど。

急にpHが変化しているところがあるように見えるね。でも、数字だと、ちょっとわかりにくいな…

良いところに気付きましたね。変化の様子をわかりやすくするために、グラフにしてみましょう。

【課題の把握２】　（10分）

②グラフにして気付いた点を協議する。

最初のうち、ほとんどpHが変化していないことが、グラフにするとわかりやすいね。

指示薬で急に色が変わるところは、ダイナミックだね。１滴で色が変わっている時って、pHはこんな変化をしていましたね。

pHが急激に変化しているその真ん中あたりが、ちょうどpH７くらいだね。

中学校からのつながり

中学校では、酸の陰イオンとアルカリの陽イオンが結びついてできた物質が塩であることについて学んでいる。

ポイント

数値として与えられたpHの変化をグラフを活用して分析解釈することで、中和点が必ずしもpH７とはならないことや、中和点における塩の液性と関連付けることで、中和滴定のしくみをより深く理解することがねらいである。

塩の液性については、ほとんどの生徒が中和したら中性であると理解している。その理解を実際の実験を通じて確認することで、今までのイメージを上書きできるのではと考える。さらに、指示薬との関係も理解し説明できるようにする。

また、滴定曲線の形から化学で扱う緩衝溶液につなげることも可能である。化学基礎では扱わないがpHがあまり変化しない部分があることに触れ生徒の興味を刺激することも可能である。

○水酸化ナトリウム水溶液10 mLに塩酸を加えたときのpH変化の様子

	加えたHClの体積														
	0	1	2	3	4	5	6	7	8	9	10	11	12	13	14
読み取った pHの値															

○水酸化ナトリウム水溶液に酢酸10 mLを加えたときのpH変化の様子

	加えたCH 3 COOHの体積														
	0	1	2	3	4	5	6	7	8	9	10	11	12	13	14
読み取った pHの値															

得られた結果の例（タブレットを投影）

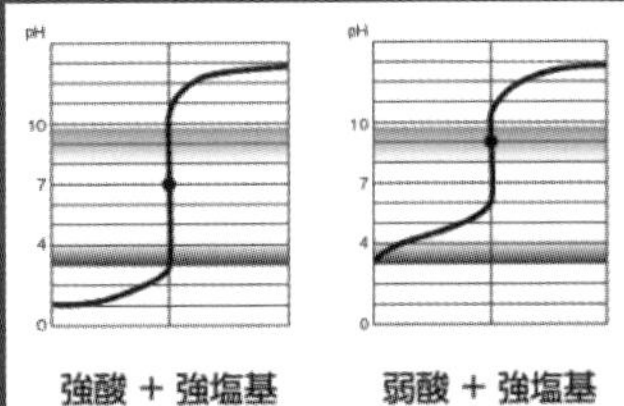

滴定曲線から気付いた点
・中和点は中性とは限らない
・指示薬と中和点の関係性
・できた塩の種類とその溶液の液性との関係性

【課題の探究】　（15分）

③水酸化ナトリウム水溶液に酢酸を加えたときのpHの変化を調べる実験を行う。

酸と塩基の強弱を考えると強い方の液性になるって考えてもいいのかな。

中和点といっても中性になるとは限りません。

中和点では塩が生じてるはずだから、水溶液の性質と関連付けられるってこと？

酢酸の滴定曲線、最初のところに、pH変化がちょっとだけ小さいところがあるけど…。

【課題の解決】　（10分）

④酢酸と水酸化ナトリウム水溶液の中和滴定においてメチルオレンジが使用できないことを見いだして整理する。

フェノールフタレインとメチルオレンジの変色域は板書のようになっています。指示薬はいつも同じでいいでしょうか？

フェノールフタレインは塩基性側に変色域があって、メチルオレンジは酸性側に変色域があります。

一滴で急激にpHが変化するところを探さないといけないから、指示薬はどっちでもいいとはならなさそう。

酢酸の電離度が小さいことと、何か関係があったりするのかな？

本時の評価（記録に残す場合）

数値で得られた実験結果をグラフで表現し、その滴定曲線の形の違いをもとに、pHが急激に変化している理由と塩の液性の関係を見いだして表現している。

授業の工夫

中和点付近における急激なpHの変化については、物質の変化と関連付けさせるためにも、是非実験に取り組ませることで、生徒の驚きを引き出し実感を伴った深い理解を促したいところである。

一方、実際に実験を実施するにあたっては困難があることも想定し、マイクロスケールによる簡易的な実験や、ICTを活用した実験動画を活用するなどの方法も考えられる。いずれにしても、生徒自らが規則性を見いだす場面設定を大切にし、生徒自身の理解につなげていくことが重要である。なお、塩の液性では酸・塩基が中和した際に生じる物質が塩であることに触れながら、塩の水溶液の液性についても理解を深めさせるとよい。

2章　酸と塩基 ⑧⑨時　未知濃度の食酢の滴定（探究活動③）

知・技

思・判・表

主体的

●本時の目標：　未知濃度の食酢の滴定の実験について、実験操作の意味や意図について考える場面を設定し、科学的に探究する。

●本時で育成を目指す資質・能力：　学びに向かう力、人間性等

●本時の授業構想

　これまでに学んだ中和滴定に係る知識及び技能を活用し、酢酸の濃度を質量パーセント濃度として求める実験を行う。その際、疑問を引き出すことを通し、必要な留意点等を整理しながら疑問の解決に向け実験を行わせる。

●本時の評価規準（B規準）

　これまでに学んだ酸・塩基に関する知識及び技能を活用して、実験操作に関する新たな疑問をもとに、科学的に探究しようとしている。

・本時の課題

食酢に含まれる酢酸の濃度を求めよう。

【課題の把握】　（15分）

①実験計画をもとに疑問点を表出させる。

食酢の酢酸の濃度を調べる実験計画を見て、気付いた点について議論してみましょう。

食酢っていっても、いろんな種類があるよね。どれも同じ方法でいいのかな。

食酢の酢酸濃度を調べるって書いてるけど、ほんとに酢酸だけが中和されるのかなぁ。

確か食酢の濃度ってpH 2か3くらいだったよね。

もしかしたら、入っているH^+の量を調べるわけだから、酢酸の濃度だけとは言えないのかも。

それでは、実際に実験を行いながら、疑問点を解決しつつ食酢の濃度を求めてみましょう。

【課題の探究１】　（25分）

②溶液を調製しながら気付きを共有する。

どうして最初に食酢を10倍に希釈しないとダメなんだろうね。そのまま滴定したらどうなるんだろう。

食酢を10 mL取るのにホールピペットを使っているけど、安全ピペッター使うのは苦手なんだよなぁ。

書いてある水酸化ナトリウム水溶液の濃度だったら、ビュレットに入っている量じゃ足りなくなるんじゃない？

濃度が決まった水酸化ナトリウムで滴定するんだ。

食酢に水酸化ナトリウムを加えているけど、逆にしたらダメなのかなぁ。

体積はかる器具で、水で洗っちゃいけない器具があったような気がする。

10 mLのメスフラスコがあったら、正確に10 mLとれたりしないの？

ポイント

　本時においては、定番の食酢の濃度滴定の操作について、生徒自身がこれまでの学びを踏まえながら、素朴な疑問や深い疑問をぶつけ合うことにより、その実験操作の意味や意図を学ぶ場面として設定した。

　生徒が実験プリントに記載されているとおり、レシピのように操作して実験を行っていることが多く見受けられる。実験操作の意図を考えたり、なぜその操作が必要なのかをクリティカルに考えたりする場面を設定することで、科学的に探究しようとする態度を育成したいと考えた。メスフラスコの標線を超えると溶液を吸い出してむりやり標線に合わせるような操作を生徒はしがちであるが、なぜその操作を行ってはいけないのかを生徒と共有し、その操作の意図を生徒が理解することで科学的に探究しようとする態度につなげたい。

　また、10倍に希釈することについても、実際にはその操作を行う理由があるが、こうした生徒の素朴な疑問に対して、教師として解を与えるだけではなく、ともに寄り添い疑問を共有する姿勢が重要である。

実験手順
①市販の食酢を用意し、10倍に希釈する。
②希釈した食酢を10 mL測り取り、適切な指示薬を入れる。
③濃度が決まった水酸化ナトリウム水溶液で滴定する。
④③の滴定操作を3回行い、平均値を求める。

実験中に気付いた疑問点

【食酢の濃度を調べる事についての疑問】
・食酢中では酢酸だけが中和されるのだろうか
・含まれるH^+は、酢酸由来のH^+だけか

【実験操作に関する疑問】
・なぜ食酢を10倍に希釈するのだろうか
・濃度が決まったものを使う理由は何だろうか

【中和点から濃度を求める時の疑問】
・弱酸と強塩基の中和点はpH 7だろうか
・指示薬には何を使えばよいだろうか

3編 2章 酸と塩基

【課題の探究2】 (40分)

③気付きを共有した後、中和滴定の実験を行う。

とても良い気付きが得られていますね。先生も10倍希釈することは、書いてあるからそうするものだとしか考えていませんでしたよ。他にも気付いたことはありますか。

前の時間、弱酸と強塩基の中和について学んだけど、中和点がpH 7じゃなかったよね。

指示薬にフェノールフタレインを使うと書いてあるけど、他の指示薬は使えないのかな。メチルオレンジを使ったら、結果はどうなるんだろう。

試薬を節約するために、滴定量が2～3 mLくらいになるように水酸化ナトリウム水溶液の濃度を濃くしたらどうだろうか。

3回滴定するって書いてあるけど、正確にやれば1回でいいんじゃない？

【課題の解決】 (20分)

④実験結果から食酢の濃度を求める。

計算で酸のモル濃度はわかるけど、質量パーセント濃度に変換する必要があるんだね。

3回の測定値を平均してから計算するの？それとも、計算してから平均するの？

最初に10倍に薄めたことを忘れないようにしないといけないんだな。

最後は小数点いくつで求めたらいいの？

最後、質量パーセント濃度にするには、分子量と食酢の密度が必要になるけど、どうしたらいいのかな。

実験書に書かれている事項は、自然の事象をできるだけ正確に把握しようとした叡智の結晶です。その操作の意味を一つ一つ理解しようとすることが大切なんですよ。

本時の評価（記録に残す場合）

生徒の新たな疑問や、実験操作の意味や意図に関して気付いたこと、試行錯誤して改善しようとしているなど、粘り強く科学的に探究しようとしている態度を振り返りシートの記述などで評価する。

なお、単元全体の評価については、「酸・塩基」という言葉について自由記述させ、単元の初めにイメージしていた中和の概念と比較し、その変容から自己調整しようとする姿を評価することも考えられる。

授業の工夫

教科書や実験書にある操作には、必ずその理由があることについて、生徒と教員が真摯に向き合い、ともに探究しようとする場面として本時を設定した。

実験操作については、注意事項として覚えさせるのではなく、なぜそうなるのか、なぜそうする必要があるのかについて考える学習場面を設定して、生徒が主体的に取り組めるようにしたい。

第３編　物質の変化とその利用　(イ)化学反応
３章　酸化と還元（10時間）

1 単元で生徒が学ぶこと

酸化と還元についての観察、実験などを通し、酸化還元反応が電子の授受によることを理解させるとともに、それらの観察、実験などの技能を身に付けさせる。また、酸化と還元での物質の変化における規則性や関係性を見いだして表現させる活動などを通し、思考力、判断力、表現力等を育成することが主なねらいである。

2 この単元で（生徒が）身に付ける資質・能力

知識及び技能	化学反応について、酸化と還元を理解するとともに、それらの観察、実験などに関する技能を身に付けること。
思考力、判断力、表現力等	化学反応について、観察、実験などを通して探究し、化学反応おける規則性や関係性を見いだして表現すること。
学びに向かう力、人間性等	化学反応の学びに主体的に関わり、科学的に探究しようとする態度を養うこと。

3 単元を構想する視点

この単元は、物質の変化に関する基本的な概念や原理・法則を、物質の具体的な性質や反応と結び付けて理解させ、それらを活用する力を身に付けさせるため、さらに細分化して「酸化と還元」を内容のまとまりとして設定している。

本単元においては、中学校で学ぶ酸化や還元が酸素の関係する反応であることや、金属の種類によってイオンへのなりやすさが異なることなどの学習を踏まえ、酸化還元反応が電子の授受によることを理解させることがねらいである。酸化と還元については、その定義を酸素や水素の授受から電子の授受へと広げ、酸化と還元が同時に起こることを扱う。また、酸化還元反応は、反応に関与する原子やイオンの酸化数の増減により説明することを扱う。また、酸化還元反応に関連して、金属のイオン化傾向やダニエル電池の反応にも触れ、日常生活との関連も考慮しながら、酸化還元反応が身近な自然現象を捉える視点であることに気付かせ、次の最終単元へ続くのりしろとしたい。

いずれの場合も、これまで慣れ親しんだ酸素や水素の反応から概念を大きく拡張させ、原子を構成する粒子である電子に着目させ、これまでに学習した「物質の構成粒子」、「物質と化学結合」、「物質量と化学反応式」、「酸・塩基と中和」の単元との関連を図りながら、生徒が見通したり、振り返ったりするなどの科学的な探究活動を通して、実感を伴った理解を得させることが重要である。

4 本単元における生徒の概念の構成のイメージ図

単元のねらい

酸化還元反応が電子の授受によることを理解し、規則性や関係性を見いだす。

酸化と還元

- 酸化還元反応には、どんな規則性や関係性があるのかな。
- 酸化数の増減を調べると、電子の授受がわかりやすくなるね。
- 酸化と還元は同時に起こるから、反応には相手が必要だね。

酸化剤と還元剤

- 電子を含むイオン反応式から、化学反応の量的関係が見えてくるね。
- 酸化剤と還元剤の強さによって、反応が異なる場合があるんだな。
- 金属のイオンのなりやすさを考えると、電池の理解も深まるね。

5 本単元を学ぶ際に、生徒が抱きやすい困り感

結局酸化数って何なのよ。「酸化する」と「酸化される」は何が違うの？

過マンガン酸カリウム？ヨウ化カリウム？見たことも聞いたこともないぞ。

同じ物質なのに、反応したり、しなかったり、どう考えたらいいの？

酸化剤・還元剤に電子を含むイオン反応式、そして酸化還元反応式、覚えること、計算すること多過ぎ！

6 本単元を指導するにあたり、教師が抱えやすい困難や課題

中学校の反応すら、生徒がすっかり忘れてしまっていて困ります。

どこでどのような実験をすればよいか指導計画を立案するのが難しいです。

化学反応式

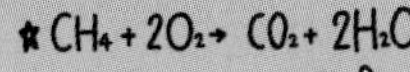
?CH4 + ?O2 → ?CO2 + ?H2O
1CH4 + 2O2 → 1CO2 + 2H2O
☆ CH4 + 2O2 → CO2 + 2H2O

酸化還元反応は電子の授受で起こることに気付かせるのが難しいです。

7 単元の指導と評価の計画（全10時間）

単元の指導イメージ

酸化・還元の定義がいくつもあって、複雑だな。

酸化数を使うと、酸化と還元が見極めやすいよ。

酸化還元反応を利用して、未知の濃度を求めることができるよ。中和滴定と同じだね。

酸化還元反応は、日常生活でどのように利用されているのかな？

酸化と還元（全 10 時間）

時間	単元の構成
1	酸化と還元の定義
2	酸化と還元
3	酸化還元反応と酸化数
4	酸化剤と還元剤 探究活動①
5	酸化還元反応の化学反応式
6	酸化剤と還元剤のはたらきの強さ
7	酸化還元滴定 探究活動②
8	イオン化傾向と酸化還元
9	電池の仕組み（ダニエル型電池）
10	金属の精錬

本時の目標・学習活動	重点	記録	備考（★教師の留意点、○生徒のB規準）
酸化還元反応の規則性や関係性を見いだして表現する。	思		★四つの反応の共通点から、酸化還元反応の規則性や関係性を、酸素の授受以外の視点から見いだし、電子の授受で表現している。
共有結合でできた分子の酸化と還元が、酸素、水素、電子の授受であることを理解する。	知		★共有結合でできた分子の酸化還元について、酸素、水素、電子の授受の視点で理解しているかどうかを見取る。
反応に関与する原子やイオンの酸化数の反応前後の増減から、酸化還元反応が説明できることを理解する。	知	○	○酸化還元反応について、反応に関与する原子やイオンの反応前後の酸化数の増減を、電子の授受と関連付けて理解している。
酸化剤と還元剤を混合する観察、実験を通し、科学的に探究しようとする。	態	○	○酸化剤と還元剤を混合する観察、実験を通し、電子の授受や酸化数の変化と関連付けながら、粘り強く科学的に探究しようとしている。
酸化還元反応を、酸化数の変化や電子の授受の視点から考察し、化学反応式で表現する。	思		★電子を含むイオン反応式の酸化数や電子の授受に着目して考察し、電子の授受の合計が等しくなるよう、化学反応式で表現しているかどうかを見取る。
同じ物質でも反応する物質によって、酸化剤にも還元剤にもなる場合があることを理解する。	知		★酸化剤としても還元剤としてもはたらく物質の特徴について、酸化数の変化と関連付けて説明できているかを見取る。
酸化還元反応の質的な変化と量的な取扱いを踏まえ科学的に探究しようとする。	態	○	○酸化還元滴定を題材に、酸化還元反応の質的な変化と量的な取扱いを踏まえて科学的に探究しようとしている。
金属のイオンへのなりやすさについて、規則性や関係性を見いだして表現する。	思	○	○金属のイオンへのなりやすさについて、金属の反応性に関する実験の様子から、規則性や関係性を見いだして表現している。
ダニエル型電池の仕組みを酸化還元反応と関連付けて表現する。	思		★ダニエル型電池の仕組みについて、電子の授受に着目して説明しているかどうかを見取る。
酸化還元反応を利用して、金属を得ていることを理解する。	知		★金属の精錬についてイオン化傾向、酸化還元、電子の授受などを含めた今までの既習事項と関連付けて示すことができているかを見取る。

3章　酸化と還元 ①時　酸化と還元の定義

知・技
思・判・表
主体的

●本時の目標：　酸化還元反応の規則性や関係性を見いだして表現する。
●本時で育成を目指す資質・能力：　思考力、判断力、表現力等
●本時の授業構想
　銅元素をそれぞれ用いた四つの酸化還元反応の、共通点を見いだす活動行う。それにより、酸化と還元が電子の授受であることを見いださせ、電子が重要な役割をしていることに気付かせる。
●本時の評価規準（B規準）
　四つの反応の共通点から、酸化還元反応の規則性や関係性を電子の授受で表現している。

・本時の課題

酸化還元反応と呼ばれている化学反応には、どのような共通点があるのだろうか。

【課題の把握１】　（15分）

①黒板に示した銅に関する四つの反応について、観察、実験を行い、共通点を自由に考える。

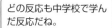

どの反応も中学校で学んだ反応だね。
四つともCuが関わっているね。
銀樹きれいだなぁ。どの反応も、もともとの金属の性質がなくなってる？
銅線を加熱してから水素に入れる実験は、酸化と還元で勉強したよね。

これら四つの反応は、どれも高校では酸化還元反応と呼びます。

【課題の把握２】　（10分）

②酸化と還元が同時に起こっていることを共有する。

まずは四つとも化学反応式で整理してみようかな。

Aの銅粉の加熱は酸素と反応しているから酸化で間違いないよね。

Bの反応は酸化銅が還元されて、水素が酸化されている。

片方が酸素で酸化されると、もう片方は酸素がとれて還元されている。そういえば、酸化と還元は同時に起こっているって習ったなあ。

中学校からのつながり

　中学校では、酸化や還元が酸素の関係する反応であることを学んでいる。

ポイント

　本時では、本単元を進めていくに当たり、銅に関する黒板に示した四つの観察、実験（A～D）を行い、酸素の定義だけでは酸化還元反応を説明するには限界があることに気付かせる。また、新たな共通点として、酸化と還元が電子の授受であることを見いださせることをねらいとしている。

　Aの銅の酸化の実験と、Bの酸化した銅の還元実験との比較により、Bは酸素の授受で説明ができるがAは説明できないことに気付かせる。

　一見、関係性を見いだすことが難しい四つの反応であるが、酸化銅（Ⅱ）がイオン結晶であることやイオンの生成などの既習事項を想起させることから、酸化還元反応の共通点が電子のやりとりの授受であるということに気付かせる。

　A～Dの反応について、反応式と変化を以下に示す。

A：$2Cu + O_2 \rightarrow 2CuO$（酸化銅が生成される）
B：$CuO + H_2 \rightarrow Cu + H_2O$（酸化銅は銅に還元される）
C：$Cu + S \rightarrow CuS$（硫化銅が生成される）
D：$Cu + 2Ag^{+} \rightarrow 2Ag + Cu^{2+}$（銀が析出する）

　AとBの反応が、酸素の授受だけでなく、電子の授受でも定義できることを踏まえ、CとDの反

○次の四つの反応
　A　銅粉をガスバーナーで加熱する。
　B　加熱した銅線を水素の中に入れる。
　C　加熱した硫黄に銅を入れる。
　D　硝酸銀水溶液に銅線を入れる。
※これらの反応はすべて酸化還元反応
　　→共通点を探してみよう。

中学校では…
　酸化と還元は酸素の関係する反応

見いだしたこと
　・AとBは酸素が関係した反応なので酸化反応か還元反応。でもAの説明は難しい。
　・CはCuSが生成するので、Cu^{2+}とS^{2-}が反応しているのではないか。
　・Dは、Ag^{+}が金属の銀になって、銅線からCu^{2+}が溶けだしているのではないか。

【課題の追究１】　（10分）
③酸化還元反応を酸素の視点から捉える。

でもその説明だったら、Aの反応は酸素から酸素がとれて還元するってことに…なんか変じゃない？

そもそもCとかDの反応は酸素が見当たらない…。

いいところに気付きましたね。中学校では酸化還元反応を酸素の関与する反応として定義していましたが、それだけではないようですね。これまでに学んだことも活用して考えを深めてみましょう。

酸・塩基の時のようにH^{+}やOH^{-}で考えるような共通点があるのかなぁ？

【課題の追究２】　（15分）
④イオンの視点から電子の視点へ転換する。

酸化銅はイオン結合でできたイオン結晶だね。

その視点で見ると、Cの硫化銅もイオン結晶だ。

Dの銀樹の実験も、銅がイオンに変化していると捉えることができるね。

イオンができるってことは、電子が移動してるってことなのかな？

化学反応式の量的関係では「粒子の数」、酸・塩基ではH^{+}やOH^{-}に着目したように、この単元では電子の数に着目して考えると理解しやすいですよ。

応についても電子の授受で説明できることを示す。もし電子の数に注目した生徒があれば、その気付きを共有し、量的関係の学習等に生かすとよい。

本時の評価（指導に生かす場合）

　四つの反応の観察、実験をもとに、共通点が電子の授受であることを、化学反応式やイオン反応式、モデル図等を活用して表現できるかどうかを見取り評価する。

授業の工夫

　酸化還元のダイナミックな化学変化の世界を生徒が安心して学んでいけるよう、既習事項を丁寧に振り返り、本単元の基礎となる事項を整理する時間として位置付けた。

　本時では単元全体を見通すことのできる探究活動により、酸化還元反応では電子に注目するという新たな視点を全体で共有することが重要である。

3章　酸化と還元 ②時　酸化と還元

知・技

思・判・表

主体的

●本時の目標：　共有結合でできた分子の酸化と還元が、酸素、水素、電子の授受であることを理解する。

●本時で育成を目指す資質・能力：　知識及び技能

●本時の授業構想

メタンの燃焼のように、共有結合を持つ分子の酸化還元反応は、酸素の授受だけでなく、水素の授受や電子の授受で説明できることについて、反応の共通点や相違点から見いださせて理解させる。

●本時の評価規準（B規準）

共有結合でできた分子の酸化と還元について、酸素、水素、電子の授受であることを理解している。

・本時の課題

共有結合を持つような分子の場合には、酸化と還元はどのように考えればよいだろうか。

【課題の把握1】　（5分）

①前時の酸化還元反応について振り返る。

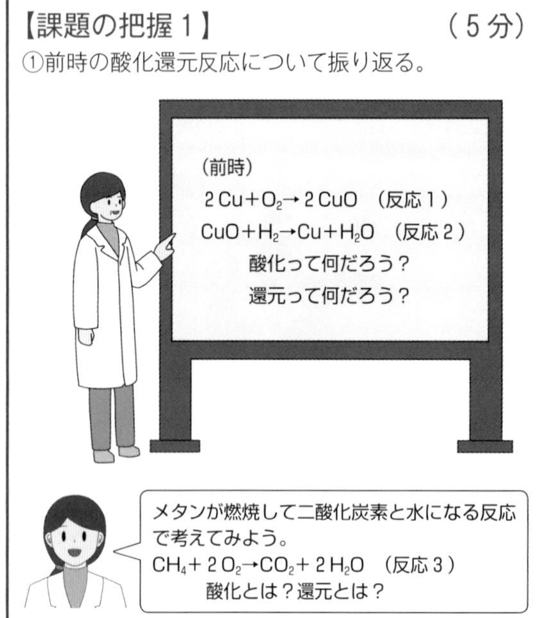

（前時）
$2Cu+O_2 \rightarrow 2CuO$　（反応1）
$CuO+H_2 \rightarrow Cu+H_2O$　（反応2）
酸化って何だろう？
還元って何だろう？
メタンが燃焼して二酸化炭素と水になる反応で考えてみよう。
$CH_4+2O_2 \rightarrow CO_2+2H_2O$　（反応3）
酸化とは？還元とは？

【課題の把握2】　（10分）

②メタンの燃焼を例として、あらたな課題を把握する。

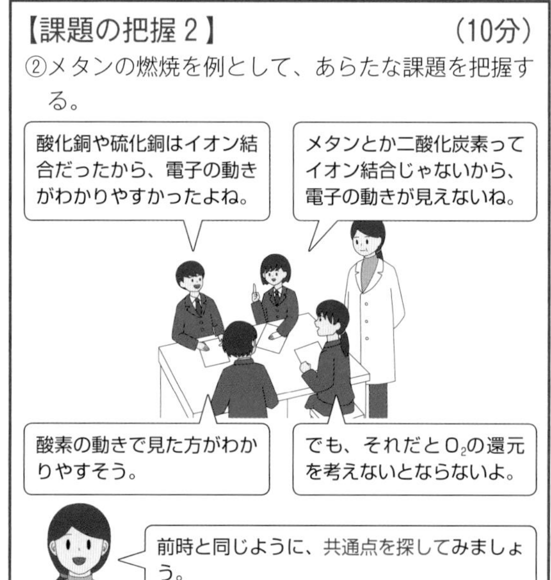

酸化銅や硫化銅はイオン結合だったから、電子の動きがわかりやすかったよね。
メタンとか二酸化炭素ってイオン結合じゃないから、電子の動きが見えないね。
酸素の動きで見た方がわかりやすそう。
でも、それだとO_2の還元を考えないとならないよ。
前時と同じように、共通点を探してみましょう。

中学校からのつながり

中学校では酸化とは「物質が酸素と反応して酸化物になること」、還元とは「酸化物が酸素を失うこと」と定義し学習している。

ポイント

銅を空気中で強熱する実験では 銅が酸化されて酸化銅となり（反応1）、酸化銅を水素と反応させる実験では銅原子が還元されて単体の銅になる（反応2）。前時において、これらの反応が電子の授受で考えることができることについて学んだ。

本時では、小・中学校で学んだ「ものが燃える」現象から酸化還元反応を考える。そこでメタンの燃焼反応（反応3）を加え、酸化還元の定義について再度考えさせる。

反応3では、反応物のメタンや生成物の二酸化炭素が共有結合を持つ分子であることから、酸素や電子の視点だけでは酸化還元反応を考えることが難しいことに気付かせることが重要である。反応2と反応3を比較することで、水素を失うことや水素を得ることでも酸化還元を捉えることができることに気付かせることができる。

前時の学習では…

$2Cu + O_2 \rightarrow 2CuO$　（反応１）
　銅は酸化された。
$CuO + H_2 \rightarrow Cu + H_2O$　（反応２）
　酸化銅は還元された。
　水素は酸化された。

では、次の反応では？
　$CH_4 + 2O_2 \rightarrow CO_2 + 2H_2O$　（反応３）
　・メタンは水素を失った？
　・酸素は水素を受け取った？
　・酸化は水素を失い、還元は水素を受け取ること？

酸化還元の定義に対する疑問
・反応１には水素は登場しない
・反応２で、Cuは水素を得てないし、失ってもいない。

金属は電子の移動で理解しやすい。

わかりやすく酸化還元を判断する方法はないのだろうか。

【課題の追究】　（20分）

③板書の反応２と反応３に共通していることを整理する。

反応２と反応３だけ見ると、どちらも水素が反応に関わっているね。
水素も、酸素と同じように、酸化還元の定義に使えたりするのかなぁ。
反応１には水素がないから、全部の酸化還元反応には使えないね。
共有結合でも電子のやりとりで考えるような上手な方法はないのかなぁ。

メタンの燃焼のような有機物の反応は、電子のやりとりがわかりにくいですね。これも電子の授受で説明できるのですが、酸素や水素の授受で判断することも大事な視点です。

【課題の解決】　（15分）

④酸化と還元の定義を整理する。

	酸化された	還元された
O原子	受け取った	失った
H原子	失った	受け取った
電子	失った	受け取った

酸化還元反応の定義が整理できると、化学反応式を見て、酸化された物質と還元された物質を見分けることができますね。
「酸化数」という考え方を使うと、もっと見分けやすくなりますよ。

水素原子の授受でも酸化還元反応が説明できるんだね。H^+と違うことには気を付けないといけないな。電子の授受が見えにくいときはどうしたらいいんだろう？

本時の評価（指導に生かす場合）

酸化還元反応の化学反応式の前後を比較し、反応後に酸化された物質・還元された物質について、酸素原子の授受、水素原子の授受、電子の授受のいずれかの視点で説明できているかどうかを見取ることで、生徒が理解できているかどうかを評価する。

授業の工夫

水素原子の授受による酸化還元の定義は、「化学」の有機化合物の分野で酸化還元反応を捉えることにもつながる。酸・塩基におけるH^+の授受との混同には十分配慮する必要があり、酸化数を組み合わせて電子の授受を把握できるようにするとよい。

本時は、酸素原子、水素原子、電子にそれぞれ着目して酸化還元反応を捉えた。次時は、酸化数という考え方の有用性について学ぶ機会となるようつなげていく。

3章　酸化と還元 ③時　酸化還元反応と酸化数

知・技

思・判・表

主体的

●本時の目標：　反応に関与する原子やイオンの酸化数の反応前後の増減から、酸化還元反応が説明できることを理解する。

●本時で育成を目指す資質・能力：　知識及び技能

●本時の授業構想

　電子の授受をわかりやすく示すことのできる酸化数の考え方を導入する。化学反応の前後における酸化数と電子の授受に着目させ、反応前後の酸化数の総和と、反応前後の電子の授受による増減の総和が等しくなることを比較して、生徒の理解を促す。

●本時の評価規準（B規準）

　酸化還元反応について、反応に関与する原子やイオンの反応前後の酸化数の増減を、電子の授受と関連付けて理解している。

・本時の課題

酸化数の考え方を用いると、酸化還元反応はどのように捉えられるのだろうか。

【課題の把握】　（5分）

①電子の授受で酸化還元反応を捉えるときには、どんな難しさがあるのだろうか。

ナトリウムイオンNa^+みたいに、イオンでできた物質を考える場合には、イオンの価数を見ればわかりやすいよね。

でも、炭素の燃焼で二酸化炭素ができるような、共有結合でできた分子の反応の場合には、電子の動きで考えるのは難しそうだね。酸素の授受の方がわかりやすいかも。

いいところに気付きましたね。電子の授受で反応を捉えやすくする**酸化数**という考え方があります。

【課題の追究１】　（5分）

②原子やイオンがどの程度酸化（還元）されているかを示す数値として、酸化数の考え方を導入する。

単体を基準として考えるんだね。

イオンの場合は、イオンの電荷そのものとして考えればいいのかな。

化合物中の水素や酸素の酸化数は、酸素や水素の授受と関係がありそうだね。

ずいぶん前に学んだ電気陰性度とも関係がありそうだよ。

ポイント

　前時までに、酸化還元反応が酸素や水素の視点だけではなく、電子の授受による視点で捉えることができることを学んでいる。電子の授受の有無については、イオンからなる物質や金属は捉えやすいが、共有結合をつくるような分子では電子の授受で捉えることが難しい。そこで、酸化還元反応を電子の授受として統一的に理解する考え方として、酸化数の考え方を導入する。

　分子中の原子の酸化数については、電気陰性度の大小に応じて共有結合電子対の偏りの有無が生じることにも触れ、電子の振る舞いと関連付けて理解を促してもよい。

　また、反応前の酸化数の総和と反応後の酸化数の総和についても考えさせ、酸化数と電子の授受とを関連付け、理解を深めさせる工夫をするとよい。

原子の酸化数の決め方

①単体が基準　→酸化数0
②化合物中のH原子とO原子→＋1と−2
③イオンの酸化数はイオンの電荷
④多原子イオンは構成原子の総和を考える

酸化還元反応と酸化数
銅の酸化反応を酸化数で考えてみよう。

・反応の前後で、原子1つ1つの酸化数を考えるのがポイント
・酸化数の総和はどうなっているのかな？
（例）

A：$2\underset{0}{\underline{Cu}} + \underset{0}{\underline{O_2}} \rightarrow 2\underset{+2}{\underline{Cu}}\underset{-2}{\underline{O}}$

B：$\underset{+2}{\underline{Cu}}\underset{-2}{\underline{O}} + \underset{0}{\underline{H_2}} \rightarrow \underset{0}{\underline{Cu}} + \underset{+1}{\underline{H_2}}\underset{-2}{\underline{O}}$

C：$\underset{0}{\underline{Cu}} + \underset{0}{\underline{S}} \rightarrow \underset{+2}{\underline{Cu}}\underset{-2}{\underline{S}}$

D：$\underset{0}{\underline{Cu}} + 2\underset{+1}{\underline{Ag^{+}}} \rightarrow 2\underset{0}{\underline{Ag}} + \underset{+2}{\underline{Cu^{2+}}}$

【課題の追究2】　（25分）

③この単元の1時間目に行った四つの銅の実験について、反応の前後の酸化数の変化で捉えさせる。

それぞれの酸化数について考えてみよう。

酸化数は原子一つ一つを見るんだったよね。

Aの反応は酸素との反応だから、銅が酸化される反応だけど、酸化数は増えているね。

酸素原子の側から見ると、酸化数は逆に減っているのか。

【課題の追究3】　（15分）

④他の酸化還元反応とも比較しながら、反応の前後での酸化数の総和の変化、電子の総和の変化を考える。

銅の酸化反応では、反応前の酸化数は、銅も酸素も単体だから0だね。

反応後の酸化銅は、銅イオンが＋2で、酸素が−2、合計で0になるのか。

他の酸化還元反応ではどうなるのかな。B～Dもやってみよう。

本時の評価（記録に残す場合）

酸化還元反応に関与している物質の原子一つ一つに着目して、反応前後の原子の酸化数をそれぞれ比較し、原子が酸化されているか、還元されているか、酸化も還元もされていないかを説明できるかを見取ることにより、理解できているかどうかを評価する。

授業の工夫

酸化数の考え方を用いた酸化還元反応の学習では、反応の前後で、変化しているものとそうでないものを見いださせながら考えさせることが大切である。

酸化還元反応について、酸化数の考え方で理解を深めていく学習活動は、以降の授業でも視点を変えながら繰り返し行っていくため、単元を通して生徒の理解を深めていくことが重要である。

なお、生徒にとって初見となる酸化数の求め方について指導することに終始しがちではあるが、酸化還元反応の概念形成の軸足が電子の授受となるように、生徒の活動を促すとよい。

3章　酸化と還元 ④時　酸化剤と還元剤(探究活動①)

知・技
思・判・表
主体的

●本時の目標：　酸化剤と還元剤を混合する観察、実験を通し、科学的に探究しようとする。

●本時で育成を目指す資質・能力：　学びに向かう力、人間性等

●本時の授業構想

代表的な酸化剤と還元剤を用いた酸化還元反応の観察、実験を行い、反応条件や反応の組合せの違いによって、その振る舞いが変化することを実感させながら、既習事項を踏まえ科学的に探究させる。

●本時の評価規準（B規準）

酸化剤と還元剤を混合する観察、実験を通し、電子の授受や酸化数の変化と関連付けながら、科学的に探究しようとしている。

・本時の課題

酸化剤、還元剤はどのような変化をするのだろうか。

【課題の把握】　（5分）

①観察、実験で用いる酸化剤と還元剤について、教科書で情報を把握する。

教科書に出てくる過マンガン酸カリウムって、なんだか難しそうだし、見たこともないや。
なぜ過酸化水素は、酸化剤、還元剤の両方に書いてあるんだろう。
ヨウ化カリウムってヨウ素じゃないの？

はじめて見る物質も多いですね。酸化剤と還元剤の理解を深めるためにも、A～Cの実験で確かめてみましょう。

【課題の探究１】　（15分）

②過マンガン酸カリウムに還元剤の過酸化水素を加えた時の変化を観察する。

過マンガン酸カリウムって、濃い紫色をしているね。
還元剤を加えると色が消えたよ。まるで酸・塩基の指示薬みたい。
硫酸を入れなかったら、すごくたくさん泡が出てきたんだけど…。
電子を含むイオン反応式から何かわかることはないかなあ。

ポイント

探究１の、$KMnO_4$とH_2O_2の反応では、硫酸酸性の場合には$KMnO_4$ の赤紫色がほぼ無色のMn^{2+} に変化する様子が観察できる。注意深い生徒であれば、同時に酸素の発生も観察できる。一方、硫酸酸性でない（硫酸を加えていない）場合には、酸化マンガン（Ⅳ）MnO_2の沈殿とともに、酸素の激しい発泡が観察できる。硫酸の有無の違いについて考察を深める機会とするとよい。

探究２の$KMnO_4$とKIとの反応では、I_2の遊離が観察できる。この反応では、探究１で見いだしたMn^{2+}の色とI_2の色の両面で変化を考える必要がある。中学校のヨウ素デンプン反応と関連付け、反応の前後でデンプン水溶液を加えさせてもよい。

探究２、３より、H_2O_2が酸化剤としても還元剤としても働くことを見いだすことができる。物質が酸化剤としてはたらくか、それとも還元剤としてはたらくかは、相手によって異なるという大切な視点を得ることができる。

<A>～<C>の各反応は以下のとおりである。

<A>

$$2KMnO_4 + 5H_2\underset{-1}{\underline{O_2}} + 3H_2SO_4$$

$$\rightarrow 2MnSO_4 + K_2SO_4 + 5\underset{0}{\underline{O_2}} + 8H_2O$$

今日実施する実験

<A>　硫酸酸性過マンガン酸カリウムと、
過酸化水素の反応

<B>　硫酸酸性過マンガン酸カリウムと、
ヨウ化カリウムの反応

<C>　硫酸酸性過酸化水素と、
ヨウ化カリウムの反応

実験で気付いたことの共有

・過マンガン酸カリウムの色がすごい。
・硫酸を入れたときと、そうでないときで反応が異なる。
・ヨウ素はデンプンを入れると変化がわかりやすい。

【課題の探究２】　（15分）

③過マンガン酸カリウムに還元剤のヨウ化カリウムを加えた時の変化を観察する。

【課題の探究３】　（15分）

④過酸化水素に、還元剤のヨウ化カリウムを加えた時の変化を観察する。

過マンガン酸カリウムのときと同じような色がついたね。
さっきと同じようにデンプンと反応させてみようよ。
過酸化水素って、過マンガン酸カリウムと同じようなはたらきをしているのかな。
酸化数や電子の視点からも考えてみるといいかもしれないね。

<B>

$$2KMnO_4 + 10KI + 16H_2SO_4 \rightarrow 2MnSO_4 + 8H_2O + 5I_2 + 6K_2SO_4$$

<C>

$$H_2\underset{-1}{\underline{O_2}} + 2KI + H_2SO_4 \rightarrow I_2 + 2H_2\underset{-2}{\underline{O}} + K_2SO_4$$

本時の評価（記録に残す場合）

酸化剤と還元剤の反応について、質的な変化として捉えながら、電子や酸化数と関連付け、実感を伴った理解に結び付けようと粘り強く取り組む様子を、生徒の活動や記述から見取ることで評価する。

授業の工夫

高校で学ぶ多くの酸化剤、還元剤の反応が、生徒にとって未体験であることを踏まえる必要がある。特に、代表的な酸化剤・還元剤については、生徒の実感を伴った理解につなげるためにも、酸化剤と還元剤を混合した際にどのような変化が起こるのかを、必ず観察、実験として取り入れることが重要である。百聞は一見にしかず。

酸化還元反応について考える

1 使う溶液の色を確認しよう。

過マンガン酸カリウム	ヨウ化カリウム	過酸化水素	硫酸	デンプン
①	②	③	④	⑤

2 溶液の変化について記録しよう。

＜A＞ 硫酸酸性過マンガン酸カリウムと、過酸化水素の反応

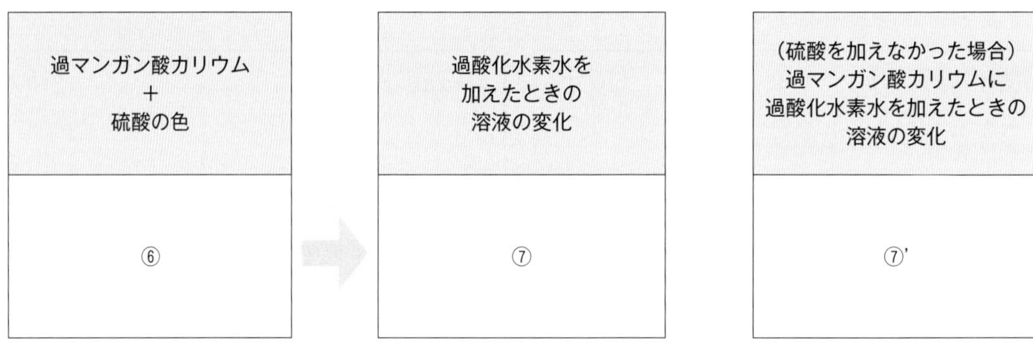

過マンガン酸カリウム
＋
硫酸の色
⑥
過酸化水素水を
加えたときの
溶液の変化
⑦
（硫酸を加えなかった場合）
過マンガン酸カリウムに
過酸化水素水を加えたときの
溶液の変化
⑦'

＜B＞ 硫酸酸性過マンガン酸カリウムと、ヨウ化カリウムの反応

＜C＞ 硫酸酸性過酸化水素と、ヨウ化カリウムの反応

過酸化水素 ＋ 硫酸の色	→	ヨウ化カリウムを 加えたときの 溶液の変化	→	デンプンを 加えたときの 溶液の変化
⑪		⑫		⑬

準備　5％過酸化水素水、0.01 mol/L過マンガン酸カリウム水溶液、2 mol/L硫酸、0.1 mol/Lヨウ化カリウム水溶液、デンプン水溶液、点眼びん（10 mL）、ラミネートフィルム

方法

1　生徒が実験結果を記録する用紙（左のページ）を作成し、その用紙と同じものをラミネートフィルムにはさみ、ラミネートシートを作成する。

2　準備した水溶液は、すべて点眼びんに入れ用意する。

3　ラミネートシートの①～⑤の位置に、使用する試薬をそれぞれ1滴ずつ滴下し、使用する溶液の色を観察させ、記録させる。

4　ラミネートシートの⑥と⑦の位置に、過マンガン酸カリウムと硫酸を混合するようにそれぞれ1滴ずつ滴下してから、⑦の位置に過酸化水素水を1滴滴下し、変化の様子を観察させ、記録させる。

⑦'では、硫酸を加えない状態で過マンガン酸カリウム1滴に、過酸化水素水1滴を滴下し、変化の様子を観察させ、記録させる。

5　ラミネートシートの⑧～⑩の位置に、過マンガン酸カリウムと硫酸を混合するようにそれぞれ1滴ずつ滴下し、⑨と⑩の位置にヨウ化カリウム水溶液を1滴ずつ滴下し、変化の様子を観察させ、記録させる。その後、⑩にはさらにデンプン水溶液を1滴滴下し、変化の様子を観察させ、記録させる。

6　図4のラミネートシートの⑪～⑬の位置に、過酸化水素と硫酸を混合するようにそれぞれ1滴ずつ滴下してから、⑫と⑬の位置にヨウ化カリウムを1滴ずつ滴下し、変化の様子を観察させ、記録させる。その後、⑬にはさらにデンプン水溶液を1滴滴下し、変化の様子を観察させ、記録させる。

生徒に指導するポイント

1　ラミネートシート上の物質については、色の変化などから、どのような反応が起こったのか考えさせる。

2　反応に関与する原子やイオンの酸化数の増減から、物質が酸化剤としてはたらいたのか還元剤として働いたのかについて考えさせる。

3　硫酸を用いる場合と、用いない場合の反応性を比較し、水素イオンのはたらきについて考えさせる。

TIPS

・点眼びんはグループごと、ラミネートシートは一人1枚ずつ用意し、生徒一人一人が納得できるまで、繰り返し観察と実験に取り組ませると良い。

・観察、実験後のラミネートシートは、廃液を集めたあと、水洗いして乾燥させるだけで繰り返し使用することができる。

・シーズン終了後は、点眼びんの試薬を大きなボトルに移し替え、点眼びんを洗っておくと、翌年もそのまま用いることができる。なお、過マンガン酸カリウムは遮光しておくこと。過マンガン酸カリウムの空気酸化による二酸化マンガンには注意。

・ラミネートシートは、生徒の実態に合わせて容易に変更できることが利点である。

3章　酸化と還元 ⑤時　酸化還元反応の化学反応式

・本時の課題

酸化還元反応における電子を含むイオン反応式は、どのように活用できるのだろうか。

知・技

思・判・表

主体的

●本時の目標：　酸化還元反応を、酸化数の変化や電子の授受の視点から考察し、化学反応式で表現する。

●本時で育成を目指す資質・能力：　思考力、判断力、表現力等

●本時の授業構想

前時に学習した酸化剤、還元剤を題材に、電子を含むイオン反応式における酸化数の変化や電子の授受の視点から、酸化剤が受け取る電子の数と還元剤が放出する電子の数が等しくなることで酸化還元の化学反応式が導出できることを見いださせる。

●本時の評価規準（B規準）

酸化還元反応を、電子を含むイオン反応式の酸化数や電子の授受の合計に着目して考察し、化学反応式で表現している。

【課題の把握】　（10分）

①酸化剤と還元剤のはたらきを示す反応式（電子を含むイオン反応式）の活用について議論する。

酸化剤のはたらきを示す反応式では、反応後に酸化数が減っていたね。
酸化数が減ったということは、他の物質から電子を受け取ったということだね。
還元剤は、酸化剤の反対で、反応後に酸化数が増えて、電子を放出しているよね。
酸化数は原子１個あたりで考えるから、原子の数が２個以上のときは電子の数を間違えないようにしないとね。

【課題の追究１】　（10分）

②電子を含むイオン反応式を活用して酸化還元反応を考える。

どっちかが多い状態って考えなくても本当にいいのかな？

中学校からのつながり

電気分解や電池の単元で電子を含むイオン反応式について学習している。

ポイント

前時で観察、実験を行った反応を中心に、酸化剤と還元剤の電子を含むイオン反応式を活用して、反応の前後で電子の授受の合計が等しくなるよう組み合わせると、酸化還元反応の化学反応式が導出できるようにすることがねらいである。①では、酸化剤の電子を含むイオン反応式では電子を受け取ることによって自らが還元されていること、還元剤では電子を放出することによって自らが酸化されていることに着目させる。②では、酸化剤と還元剤を反応させたとき、受け取る電子数と放出する電子数が等しいとき、過不足なく酸化還元反応が起きていることを見いださせる。③では、物質そのものに着目させることにより、反応に直接関係しないイオンを補うことで化学反応式が得られることを導き出す。④では、生徒の理解度に応じて、H^+の供給源である硫酸についても触れる。最終的には

$$2\,KMnO_4 + 5\,H_2O_2 + 3\,H_2SO_4 \rightarrow 2\,MnSO_4 + K_2SO_4 + 5\,O_2 + 8\,H_2O$$

酸化剤と還元剤の反応

○過マンガン酸カリウムと過酸化水素の反応を考えてみよう。

酸化剤　$MnO_4^- + 8H^+ + 5e^- \rightarrow Mn^{2+} + 4H_2O$

還元剤　$H_2O_2 \rightarrow O_2 + 2H^+ + 2e^-$

※過不足なく反応させるためには、酸化剤と還元剤の電子の数を等しくする必要がある。

省略されたイオンを補って、化学反応式を完成させると、

$2KMNO_4 + 5H_2O_2 + 3H_2SO_4 + 10e^-$

$\rightarrow 2MnSO_4 + 5O_2 + 8H_2O + K_2SO_4 + 10e^-$

・電子e^-の数が、反応の前後で等しいことを確認のうえ、消去する。

・酸化数の変化にも着目する。

※係数の意味についても考えてみよう。

3編 3章 酸化と還元

【課題の追究2】　（15分）

③省略されたイオンの扱いについて考える。

電子を含むイオン反応式には省略されたイオンもあるよね。

過マンガン酸カリウムだと、カリウムイオンも考える必要があるね。

硫酸酸性の過マンガン酸カリウムだから、H^+は硫酸からきているんだね。

H^+が必要なだけなら、硫酸に限らなくてもいいんじゃない？

【課題の追究3】　（15分）

④電子を含むイオン反応式で考える意味や、係数の表す意味について議論する。

酸化数が変化しているのは、電子を含むイオン反応式で考えた部分だけなんだね。

化学反応式の係数は、物質量と関係があるから、物質の質量の比較ができるのかも。

もしかしたら酸・塩基のときみたいに過不足も考える必要があるのかなぁ。

本時の評価（指導に生かす場合）

電子を含むイオン反応式から、酸化剤が受け取る電子の数と、還元剤が放出する電子の数が等しくなるように組み合わせ、酸化還元反応の化学反応式として表現できているかを見取ることで評価する。

授業の工夫

本時においては電子の授受に着目させることを念頭におき、酸化還元反応の化学反応式の立式について、単元を通して習熟できるようにすることが大切である。

観察、実験などで体験した反応を中心に扱うが、教科書記載の反応すべてを行うことは難しいので、電子を含むイオン反応式の表を活用したり、後の学習で観察・実験として扱ったりするなどの工夫をするとよい。

3章　酸化と還元 ⑥時　酸化剤と還元剤のはたらきの強さ

知・技

思・判・表

主体的

●本時の目標：　同じ物質でも反応する物質によって、酸化剤にも還元剤にもなる場合があることを理解する。

●本時で育成を目指す資質・能力：　知識及び技能

●本時の授業構想

同じ物質でも、酸化剤としてはたらく場合と還元剤としてはたらく場合があることについて学ぶ。また、ハロゲン単体の酸化作用とハロゲン化物イオンの還元作用の強弱について、周期表と関連付けながら理解を深める。

●本時の評価規準（B規準）

同じ物質でも、酸化剤としてはたらく場合と還元剤としてはたらく場合があることから、その強さには違いがあることを理解している。

・本時の課題

酸化作用や還元作用が、強い、弱いとはどのようなことだろうか。

【課題の設定】　（５分）

①どのような物質も、酸化剤は常に酸化剤、還元剤は常に還元剤なのか振り返る。

以前の実験で、酸化剤としても還元剤としてもはたらく物質がありました。酸化数の変化に着目して考えてみましょう。

あの実験、色が消えたり、逆に色がついたりして面白かったよね。

過酸化水素は、酸化剤としても還元剤としても登場していたので不思議に思っていました。

電子を含むイオン反応式で考えると、酸素原子に着目すればいいのかな。

酸化剤での反応後は水になるので、反応後酸化数は－２だったね。還元剤での反応後は酸素が発生するので反応後の酸化数は０でした。

【課題の追究１】　（10分）

②酸化還元反応では、相手の物質によってその振る舞いが異なることについて理解を深める。

過酸化水素の酸素原子の酸化数は－１だから、－２にも０にも変化できるんですね。

相手が酸化剤だったら酸化数が減るし、相手が還元剤だったら酸化数が増えるのか。

いろんな酸化数をとる原子を含む物質の場合には、相手によってどちらも起こりうる可能性があるってことだね。

いいところに気付きましたね。相手の物質によって反応性が異なるというのは大切な視点です。還元剤のヨウ化カリウムを例に、さらに理解を深めていきましょう。

ポイント

本単元の４時間目に実施した実験結果を踏まえ、酸化剤としても還元剤としてもはたらく物質の特徴について、酸化数の視点から気付かせる。ここでは、酸化数が増加も減少もできる物質が、反応の相手次第で酸化剤にも還元剤にもなり得ることに着目することが重要である。

さらに、ハロゲン単体とハロゲン化物イオンの３つの反応の結果について、何が酸化剤としてはたらき何が還元剤としてはたらくかといった視点から、同じ物質であっても酸化剤や還元剤としてはたらかないことがあることを見いださせる。そのうえで、酸化されやすい物質と酸化されにくい物質、還元されやすい物質と還元されにくい物質の序列を考えさせ、酸化剤と還元剤のはたらきの強さについての理解を深めさせる。逆反応が起こらないことを自明のこととして取り上げているが、逆反応も実際に観察させて起こらないことを確認させることも大切である。

酸化剤と還元剤のはたらきの強さ
○過酸化水素の反応を考えてみよう
酸化剤　$H_2O_2 + 2H^+ + 2e^- \rightarrow 2H_2O$
※還元剤のKIと反応
還元剤　$H_2O_2 \rightarrow O_2 + 2H^+ + 2e^-$
※酸化剤の$KMnO_4$の反応
（酸化数の変化）
O^{2-} −2 ←還元される← H_2O_2 −1 →酸化される→ O_2 0

◎次の反応の結果から、わかることを整理しましょう。
ア　$Cl_2 + 2KI \rightarrow I_2 + 2KCl$
イ　$Br_2 + 2KI \rightarrow I_2 + 2KBr$
ウ　$Cl_2 + 2KBr \rightarrow Br_2 + 2KCl$
気付いたことについて共有しよう。
・ハロゲンの反応である。
・単体が酸化剤、イオンが還元剤
・ヨウ素や臭素も酸化剤なのに、逆向きの矢印にはならないのかな？

【課題の追究2】（25分）
③ハロゲンの単体とハロゲン化物イオンの反応の結果から強弱の違いを見いだす。

ア〜ウの反応の結果を、これまでの学習から、共通点と相違点に着目しながら、酸化還元反応の視点で考えてみましょう。

どの反応もハロゲンが関わっているね。ヨウ化カリウムが還元剤だから、塩素や臭素が酸化剤としてはたらいているね。

でもウの反応では臭素が生成しているけど、これは酸化剤にならないの？

その視点でみたら、アとイの生成物のヨウ素も酸化剤にはなっていないよね。

ウの反応で還元剤としてはたらいているKBrも、イの反応では還元剤としてはたらいていないんだね。

【課題の解決】（10分）
④本時の学習を周期表と関連付けながら整理する。

これも相手の物質によって反応性が違うところに着目するのかな。

逆向きの反応では、酸化剤や還元剤として反応しないとすると整理できそうだね。ハロゲンであることも何か関係があるのかな。

そのとおりです。酸化剤と還元剤のはたらきの強さで整理してみましょう。

周期表のハロゲンの並び方と関係がありそうです。
反応していないヨウ素も、相手次第では酸化剤として使えるのかもしれないね。

本時の評価（指導に生かす場合）

酸化剤としても還元剤としてもはたらく物質の特徴について、酸化数の変化と関連付けて説明できているかを見取り、評価する。

授業の工夫

本時においては、対象となる物質によって反応性が異なったり、反応が起こらなかったりする実験結果を踏まえ、その理由や強弱の傾向について見いださせることが重要である。また、生徒の理解の状況を見ながら、ハロゲンの酸化力を周期表や原子の構造とも関連付けたり、塩素の強い酸化力やヨウ素の弱い酸化力が日常生活とどのように関わっているかに触れたりするなどの工夫も考えられる。

ハロゲンの酸化力については、逆向きの反応も併せて観察させ、酸化還元反応が起こる視点だけでなく、酸化還元反応が起こらない視点からもその反応性を直に捉えさせ、その強弱について考えさせてもよい。

3章　酸化と還元 ⑦時　酸化還元滴定（探究活動②）

知・技
思・判・表
主体的

●本時の目標：　酸化還元反応の質的な変化と量的な取扱いを踏まえ科学的に探究しようとする。

●本時で育成を目指す資質・能力：　学びに向かう力、人間性等

●本時の授業構想

濃度がわかっている$KMnO_4$水溶液を用いて過酸化水素水のモル濃度を酸化還元滴定で求める実験の記述を通し、生徒の新たな疑問を引き出しながら、既習事項を振り返りつつ、酸化還元反応の質的な変化と量的な取扱いをイメージさせる。

●本時の評価規準（B規準）

酸化還元滴定を題材に、酸化還元反応の質的な変化と量的な取り扱いを踏まえて科学的に探究しようとしている。

・本時の課題

酸化還元滴定で濃度を求めるとは、どのようなことなのだろうか。

【課題の把握】　（5分）

①課題に関する疑問を共有する。

濃度がわかっている$KMnO_4$水溶液を使って、過酸化水素水のモル濃度を求めてみましょう。

滴定は酸と塩基でも学んだね。何が違うのかな。

酸・塩基のときはH^+の量を調べたわけだから、今回も基準となるものがあるはずだよね。

酸・塩基の時は指示薬を使ったけど、今回も変化がわかるような指示薬を入れるのかな。

過マンガン酸カリウムは還元すると色が変化したから、そういった性質を使うのかも。

それでは、疑問点を解決しつつ、過酸化水素水のモル濃度を求めてみましょう。

【課題の探究１】　（10分）

②実験操作に関する疑問について話し合う。

硫酸酸性の過マンガン酸カリウムって習ったけど、どうして過酸化水素水に硫酸を入れているんだろう。

温めているのはどうして？

過マンガン酸カリウムが還元されなくなったところを読み取っているのかな。

きっとビュレットに過マンガン酸カリウムを入れて滴定しているよね。逆にしたらダメなのかなぁ。

ポイント

本時は、酸化還元滴定を題材に、生徒自身がこれまでの学びを振り返りながら、素朴な疑問や深い疑問を共有して科学的に探究しようとする場面として設定した。

生徒の素朴な疑問に対しては、教師として解を与えるだけでなく、生徒と教師が疑問を共有し解決しようと試みることが重要である。

実験内容を示す記述には、目的とする反応が起こるために、必要な情報が過不足なく書かれていることが多い。例えば、酸化還元滴定の滴下される側に硫酸を加えておくのは、酸化還元反応が起こる所でH^+が過剰に存在する必要があるためであり、本実験において過マンガン酸カリウムに硫酸を加えていても、反応の際にH^+が不足して、酸化マンガン(Ⅳ)が生じることから適切ではない。

また、量的な取扱いにおいても、公式に当てはめるのではなく、酸化剤が受け取る電子の物質量と還元剤が失う電子の物質量が等しくなるように、電子を含むイオン式から酸化還元反応の反応式を導き出した学びを踏まえ、既習事項である化学反応式の係数の関係などを想起させながら、生徒が妥当な考えを見いだすことができるよう促すことが重要である。

課題：濃度不明の過酸化水素水H_2O_2 10 mLを希硫酸で酸性にしてあたため、2.00×10^{-2} mol/Lの過マンガン酸カリウム$KMnO_4$水溶液で滴定したところ、12.0 mL加えたところで、$KMnO_4$の赤紫色が消えなくなり、水溶液が薄い赤紫色になった。このことから過酸化水素水のモル濃度を求めよ。

気付いた疑問点

【実験操作についての疑問】
- ・ビュレットの側に硫酸を加えていないのはなぜだろうか。
- ・過マンガン酸カリウムに過酸化水素を滴下していないのはどうしてだろうか。

【濃度を求める際の疑問】
- ・滴定した量から何がわかるのだろうか
- ・酸化還元が過不足なく起こっている状態って、どう考えればいいのだろうか。

【実験計画を立てる際の疑問】
- ・どのような器具を用意すればよいのだろうか。
- ・2.00×10^{-2} mol/Lの$KMnO_4$水溶液って、どうやって作ったらいいのだろうか。

【課題の探究 2】（15分）

③滴定の結果から過酸化水素水のモル濃度を求める。

とても良い気付きが得られていますね。モル濃度を求める部分での疑問はありませんか？
過マンガン酸カリウム水溶液の濃度がわかっているから、体積が分かると過マンガン酸カリウムの物質量は求められるね。
前の時間に、イオンを含む化学反応式を使って、反応式の係数をもとめたから、化学反応式の係数と物質量の関係が使えるんじゃないかな。

物質量がイメージできれば、イオンを含む化学反応式だけで、酸化剤と還元剤の量の関係が見えてくるかも。

【課題の探究 3】（20分）

④実験を行うとしたら、どのような操作で行うか実験計画を立案する。

過酸化水素水を10.0 mL量り取るためには、ホールピペットが必要だな。
先生が過マンガン酸カリウムは還元されやすい性質があるって言っていたけど、試薬の濃度そのものは信用しても大丈夫なのかな。

硫酸酸性にするには、硫酸はどれくらい加えたらいいんだろう。後から加えても大丈夫だろうか。
滴定量が10 mLより小さい場合も考えて、有効数字3桁で求めるために、ビュレットの最小目盛り0.1 mLの1/10までしっかり読み取らないといけないね。

酸化還元反応を使うと、溶液の濃度を求められることがわかりました。どんな場面で活用することができるのかな？

本時の評価（記録に残す場合）

本単元の4～6時間の学びを中心に、これまで化学基礎で学んできた既習事項を踏まえ、疑問を表出して解決しようとしているかを、ワークシートの記述や生徒の活動状況を通して見取り、評価する。

授業の工夫

教科書や実験書にある操作には、必ずその理由があることについて、生徒と教師が真摯に向き合い、ともに追究しようとする場面として本時を設定した。

なぜそうなるのか、なぜそうする必要があるのかについて、具体的なイメージを持たせながら生徒が粘り強く主体的に取り組めるようにしたい。なお、計画した実験計画については、単元の最後にCODを求めさせる探究活動と関連付けるなどして、日常生活との関連も想起させながら、酸化還元の理解を深めさせる方法も考えられる。

ワークシート【酸化還元滴定】

クラス（　　　）番号（　　　）名前（　　　　　　　　）

○次の酸化還元滴定に関する課題を読み、あとの問いに答えなさい。

【課題】濃度不明の過酸化水素水$H_2O_2$10 mLを希硫酸で酸性にしてあたため、2.00×10^{-2} mol/Lの過マンガン酸カリウム$KMnO_4$水溶液で滴定したところ、12.0 mL加えたところで、$KMnO_4$の赤紫色が消えなくなり、水溶液が薄い赤紫色になった。このことから過酸化水素水のモル濃度を求めよ。

1　この課題を読んで、最初に気になったことや疑問点を記述してください。（箇条書き可）

・酸塩基滴定と似ている。
・モル濃度を求めるので物質量で考える。
・あたためる…ってなんだ？
・H^+とOH^-の関係に近いのは、電子…かな？
・赤紫色が消えなくなったところが終点。

2　**1**の記述を次の(1)〜(3)の項目に整理し、どのような場面で学んだか思い出しながら、そのことがわかるように記述してください。新たに気づいたことや疑問点を加えても構いません。

(1)　この酸化還元滴定ではどのような変化が起こっているか。

・色が変化するまでは、加えた$KMnO_4$はすべて反応して、消えなくなったら、ちょっとだけ$KMnO_4$が多いはず（物質量の量的関係）
・酸塩基滴定と違って、指示薬を使わない。（酸塩基）
・酸化還元の色の変化で終点がわかる。（酸化還元）

(2)　この酸化還元滴定の実験操作を行うとしたら、どのように行うか。

（自分の考え）
・滴定にはビュレットを使う。（酸塩基）
・過酸化水素水はホールピペットで量りとる。（酸塩基滴定）
・どうして硫酸を過酸化水素水の方に入れてるんだろう。硫酸酸性じゃなかったっけ。
・滴定、１回だけでいいのかな。（酸塩基滴定）

（参考になる他の考え）
・温めたら、水が蒸発すると思うけど、大丈夫なのか。（状態変化）
・$KMnO_4$は光に弱いので、褐色のガラス器具を使うらしい（予習した！）
・希硫酸の濃度と量はどれくらい必要？
　指示薬の１滴くらいのイメージだろうか。

(3) 過酸化水素水のモル濃度は、どのようにして求めるか。

（自分の考え）
・イオンを含む半反応式で考えると、物質の量的な関係を化学反応式で書ける。
・色が変化したところを、酸塩基の終点と同じように捉えるとよさそう。

（参考になる他の考え）
・溶液の体積とモル濃度から、物質量は求められる。（物質量）
・電子の授受が、酸化剤と還元剤で同じになるように考えるとわかりやすい。（酸化還元）

3　2でまとめたことを踏まえ、過酸化水素水のモル濃度を求めてください。

2.00×10^{-2}の$KMnO_4$を12.0 mL使っているので、滴定した$KMnO_4$の物質量は
2.00×10^{-2} mol/L × 12.0×10^{-3} L = 24.0×10^{-5} mol = 2.40×10^{-4} mol
$KMnO_4$とH_2O_2のイオンを含む反応式から化学反応式を作ると、
$2KMnO_4 + 5H_2O_2 + 3H_2SO_4 \rightarrow 2MnSO_4 + K_2SO_4 + 8H_2O + 5O_2$
$KMnO_4$が2 molに対してH_2O_2が5 molのとき過不足なく反応しているので、
2.40×10^{-4} molの$KMnO_4$と反応しているH_2O_2は、2.40×10^{-4} mol × 5/2 = 6.00×10^{-4} mol
過酸化水素水の体積が10 mLなので、求めるモル濃度は、6.00×10^{-4} mol/10×10^{-3} L = 6.00×10^{-2} moL

最低限必要な硫酸の量も予想できるかも！
足りないとまずいかな？

4　この酸化還元反応を行うための、実験計画を記述してください。ただし、未知濃度の過酸化水素水と1.0 mol/L硫酸は事前に準備されており、試薬の$KMnO_4$（式量158）は還元されていないものとする。

【準備】
未知濃度の過酸化水素水、$KMnO_4$、純水、安全ピペッター、50 mLビュレット、電子天秤、薬さじ、100 mLビーカー、10 mLホールピペット、ガラス棒、100 mLメスフラスコ、コニカルビーカー、ヒーター、1.0 mol/L硫酸、駒込ピペット

【操作】
①$KMnO_4$ 3.16 gを電子天秤ではかりとり、100 mLビーカーに入れて純水50 mLを加えて溶かす。
②ビーカーからメスフラスコに溶液を移す。ビーカーに何度か水を加えて壁面を洗い、その溶液もメスフラスコに入れる。このとき標線を超えないように気を付ける。
③メスフラスコに標線まで水を加え、よく振り混ぜてから、乾燥したビュレットに移す。ビュレットから少し溶液を出しておいて、先端に空気が入っていないようにする。
④過酸化水素水をホールピペットではかりとり、10 mLをコニカルビーカーに入れ、1.0 mol/L硫酸を1 mL入れてヒーターであたためる。（硫酸は、3.6×10^{-4} mol以上になるように過剰に入れる）
⑤コニカルビーカーをよく振り混ぜながら滴定し、透明な液が赤紫色になって消えなくなったところのビュレットの数値を1/10の値まで読み取る。滴定は3回行い平均をとる。

5　この課題を考えるうえで、自分が最も大切にしたい考え方を理由とともに一つ書いてください。

電子の数を合わせることができたら、物質量で量を追いかけることができる。

3章　酸化と還元 ⑧時　イオン化傾向と酸化還元

知・技
思・判・表
主体的

●本時の目標：　金属のイオンへのなりやすさについて、規則性や関係性を見いだして表現する。
●本時で育成を目指す資質・能力：　思考力、判断力、表現力等
●本時の授業構想
　金属の反応性に関する実験を行い、金属をイオン化傾向の大きい順番に並べられるようにする。
●本時の評価規準（B規準）
　金属のイオンへのなりやすさについて、金属の反応性に関する実験の様子から、規則性や関係性を見いだして表現している。

・本時の課題

酸化作用や還元作用が、強い、弱いとはどのようなことだろうか。

【課題の把握１】　（５分）
①亜鉛と銅をそれぞれ、塩酸と反応させる演示実験を行う。変化の様子を見て、何が起きているかを考える。

亜鉛と塩酸は反応して、気体が発生しているね。

銅の方は、変化が無いように見えるね。

亜鉛は、電子を失って亜鉛イオンに変化して、塩酸中の水素イオンは電子を受け取って気体の水素が発生しているね。銅は塩酸と反応していません。

つまり、銅より亜鉛の方がイオンになりやすいのですね。

【課題の把握２】　（15分）
②硝酸銀水溶液に銅線を入れる演示実験を行う。変化の様子を見て、何が起きているのかを考える。

銅線の周りに何か伸びてきているよ。

これは、銀なのかな。顕微鏡で様子を見てみたいな。

中学校からのつながり
　イオンのなりやすさの違いに関しては、３種類程度の金属を用いた実験を、中学校ですでに行っている。

ポイント
　金属の変化の様子を観察することから、反応性の違いを考える。まずは、塩酸との反応の比較から、亜鉛と銅ではどちらの方が反応が起きやすいかを考える。次に、金属イオンと金属単体の反応から、２種の金属の反応性を直接比較する。気体の発生や析出物の有無など、化学変化の様子から反応性を考えられるように促すことが大切である。演示実験を行うことによって、その後の探究における実験操作のイメージを持てるようにする。
　４種の金属(Cu、Fe、Ag、Zn)のイオン化傾向を比較する実験においては、生徒自らが実験方法や実験の順序を考える時間をしっかり取り、見通しを持った実験を行えるようにすることが大切である。

・金属と酸との反応

$$Zn \rightarrow Zn^{2+} + 2e^-$$
$$2H^+ + 2e^- \rightarrow H_2$$
$$Zn + 2H^+ \rightarrow Zn^{2+} + H_2$$

・金属の単体と金属イオンの反応

$$2Ag^+ + Cu \rightarrow 2Ag + Cu^{2+}$$

Znの放出したe^-をH^+が受け取る。

実験のまとめ

	Cu^{2+}	Ag^+	Zn^{2+}
Fe			
Zn			
Cu			

【課題の探究】（15分）

③次の試薬を用いて、金属のイオンのなりやすさを調べる実験を計画、実施する。

鉄板	硫酸銅水溶液
亜鉛板	硝酸銀水溶液
銅板	硫酸亜鉛水溶液

結果を表で整理した方がいいよね。

いろんな組み合わせで実験してみようよ。計画を立てよう。

【課題の解決】（15分）

④実験結果を考察する。

変化がなかったものもあるね。結果を表にして整理してみよう。

	Cu^{2+}	Ag^+	Zn^{2+}
Fe	Cuが析出した	Agが析出した	×
Zn	Cuが析出した	Agが析出した	×
Cu	×	Agが析出した	×

結果の表から、金属のイオンへのなりやすさがわかるね。

金属のイオンへのなりやすさを金属のイオン化傾向というみたいだよ。

本時の評価（記録に残す場合）

金属の反応性に関する実験の結果を基にイオン化傾向の順で並べることができているかなど、規則性や関係性を見いだして表現しているかどうかを見取り評価する。

授業の工夫

グループ活動を通して、より良い計画を立案したり結果をまとめたりできるように促す。

イオン化傾向を比較する実験の方法はさまざまある。ウェルプレートと金属片を用いる方法、金属樹が観察しやすいように黒い紙の上で実験する方法などが考えられる。

3章　酸化と還元　⑨時　電池の仕組み(ダニエル型電池)

・本時の課題

ダニエル型電池はどのような仕組みで働くのだろうか。

知・技　思・判・表　主体的

●本時の目標：　ダニエル型電池の仕組みを、酸化還元反応と関連付けて表現する。

●本時で育成を目指す資質・能力：　思考力、判断力、表現力等

●本時の授業構想

　ダニエル型電池を、化学基礎で学習した酸化還元反応の原理を用いて、電子のやり取りの視点から表現できるようにする。

●本時の評価規準（B規準）

　ダニエル型電池の仕組みを、実験の様子から酸化還元反応と関連付けて表現している。

【課題の把握１】　（５分）

①身の回りの電池にはどのようなものがあるか意見を出し合う。

電池のおかげで、時計やリモコン、スマホが使える。

電池の中で化学変化が起きて、エネルギーが取り出せるんだよ。

乾電池とか、ボタン電池とか…。スマホの電池はリチウムイオン電池だよね。

身の回りには、いろいろな電池がその用途に合わせて使われていますね。電池はどのようにして電気の流れを生み出しているのでしょうか？
ダニエル型電池を作って、観察してみましょう。

【課題の把握２】　（15分）

②ダニエル型電池を作製する。

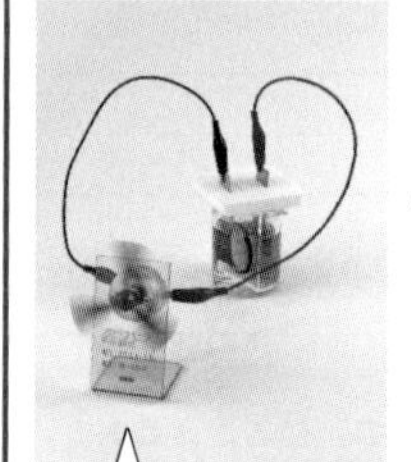

正極（銅板）、負極（亜鉛板）付近で起きている変化の様子を観察してみよう。

ダニエル型電池では、亜鉛板を硫酸亜鉛水溶液に、銅板を硫酸銅水溶液に入れて、つないでいるね。

プロペラが回った！ビーカーの中で何が起きているんだろう？

亜鉛と銅の性質が、電池の仕組みに関係がありそうだね。電気の流れが生まれるということは、イオンになって電子を放出する原子があるってことだね。
亜鉛と銅のどっちがイオンになるんだろう？

中学校からのつながり

　中学校では、ダニエル型電池の基本的な仕組みついて学習している。

ポイント

　まずは、身の回りにある電池に目を向けさせる。私たちの生活の中には、さまざまな電池がその用途に合わせて使用されていることに、生徒自身が気付くことが大切である。マンガン乾電池、アルカリマンガン乾電池、リチウムイオン電池などを具体例に挙げて、日常生活とのつながりを見いださせるとよい。

　化学電池では、電池内の化学変化によって、電流を生み出している。中学校理科でもダニエル型電池は扱っており、その学びを尊重しながら、高校化学基礎で学習した酸化還元反応を用いて、電子のやり取りを説明できるようにしたい。

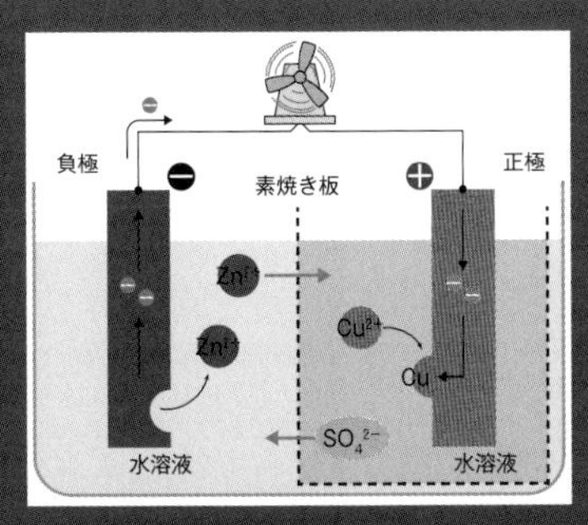

ダニエル型電池の原理
負極（－）　$Zn \rightarrow Zn^{2+} + 2e^-$
正極（＋）　$Cu^{2+} + 2e^- \rightarrow Cu$

気付いたこと

・酸化反応と還元反応は同時に起こっている。

・亜鉛と銅のイオン化傾向を比べると、亜鉛の方がイオンになりやすい。

・亜鉛板から亜鉛原子がイオンになって、電子を放出する。

ダニエル型電池を長く保たせるには

・銅イオンがたくさんある方が電池が長持ちする。

・硫酸銅水溶液は濃くした方がよい。

・亜鉛がなくなると終わりだから亜鉛板は大きいほうがよい。

【課題の探究１】　（15分）

③黒板やホワイトボードに、ダニエル型電池のモデル図を描きながら、その原理を考える。

電子を放出する極は負極だから、亜鉛板が負極になるね。
負極側の亜鉛は、徐々に減っていくね。

亜鉛と銅のイオン化傾向を比べると、亜鉛の方がイオンになりやすいよね。
そうすると、亜鉛板から亜鉛原子がイオンになって、電子を放出するね。

$Zn \rightarrow Zn^{2+} + 2e^-$ってことだね。

亜鉛が放出した電子は、その後どうなるんだろう？

【課題の探究２】　（15分）

④実用電池としてのダニエル型電池の仕組みや工夫を考える。

硫酸銅水溶液に含まれる銅イオンが電子を受け取れるね。$Cu^{2+} + 2e^- \rightarrow Cu$
銅イオンがたくさんある方が、電池が長持ちするのでは？

ダニエル型電池を長時間放電させるためには、硫酸銅水溶液の濃度はどのようにしたらいいのかな？

硫酸銅水溶液は濃くした方がいいね。

素焼き板や半透膜や塩橋は、無いとまずいのかな。またダニエル型電池において、どのようなはたらきをしているのかな？

直接酸化還元反応してしまうよね。
素焼き板などがあるからイオンは行き来できるみたいだから、電荷のバランスをとっているのかな。

本時の評価（指導に生かす場合）

ダニエル型電池の仕組みについて、電子の授受に着目して説明しているかどうかを見取り、評価する。

授業の工夫

グループで協議しながら、ダニエル型電池の仕組みを思考しているか確認する。モデル図を使って、その原理を発表させるなどして、化学用語を正しく用いて説明できているかを確認するのもよい。その際、電子のやり取りを正確に説明しているかについて着目することが大切である。

生徒から問いが出るようにするのが理想である。問いは教師が与えるのではなく、学びの中で生徒から自然に生まれるような学習展開を考えたい。

3章　酸化と還元 ⑩時　金属の精錬

知・技
思・判・表
主体的

●本時の目標：　酸化還元反応を利用して、金属を得ていることを理解する。
●本時で育成を目指す資質・能力：　知識及び技能
●本時の授業構想
　身のまわりで利用されている金属に着目し、銅、鉄、アルミニウムについて精錬の方法やその歴史的な背景を扱う。
●本時の評価規準（B規準）
　酸化還元反応を利用して、金属を得ていることを理解している。

・本時の課題

酸化数の考え方を用いると、酸化還元反応はどのように捉えられるのだろうか。

【課題の把握１】　（５分）

①身の回りで利用されている金属にはどのようなものがあるか、意見を出し合う。

金メダルの金
銀メダルの銀
銅メダルの銅

大昔から金が使われているな。

鉄や銅は鉱石から取り出したんだよ。

アルミニウムは軽くて使いやすいけど、使われ始めたのは近代になってかららしいよ。

青銅や鉄が出てから人類は進歩したと歴史で学んだな。

金属の単体を取り出すことと人類の発展はきってもきれない関係ですね。
金属を利用する過程では、青銅のような合金も重要な役割を果たしてきたんですよ。

【課題の把握２】　（10分）

②鉱石から金属の単体を取り出す方法について、銅と鉄の精錬について調べる。

銅は、黄銅鉱に炭素を入れて加熱して還元すると、不純物を含む粗銅（99%）が得られるとのことです。

粗銅から純銅を得るため、電気分解を利用（電解精錬）するんだね。

鉄は、溶鉱炉に鉄鉱石、コークスC、石灰石$CaCO_3$を混合して入れ加熱して還元すると炭素を含む銑鉄が得られるとのことです。

銑鉄は、もろいから含まれる炭素を減らして、硬さや強さが増した鋼として使うんだね。

鉱石に炭素を加えて加熱したり、水溶液を電気分解したりして銅や鉄を取り出すんだよね？
アルミニウムも同じ方法で取り出せるのかな？

中学校からのつながり

　日常生活や社会と関連した例として、酸化では金属が錆びることなど、還元では鉄鉱石から鉄を取り出して利用していることなどについて学んでいる。

ポイント

　人類は、銅器、青銅器、鉄器のように、酸化しにくい金属(還元しやすい金属)から順にその利用を広げてきた。多くの金属は、鉱物中に酸化物や硫化物などの状態で存在し、それを還元し、金属を得る操作を金属の精錬という。

　本授業では、金属の中でも身の回りでよく使われているアルミニウムに着目し、アルミニウムの単体を得るための方法について取り上げる。アルミニウムには、電気をよく通す、耐食性に優れる、軽い、毒性がない、強いなどの特徴があり、その性質を活用していろいろな場面で活用されている。

　具体例を示しながら、人間生活での活用に触れることが大切である。また、アルミニウム単体の製造においては、イオン化傾向の違いや電気分解の利用など、これまでの学習内容が生かされる展開である。

本時の振り返り

●アルミニウム＞鉄＞(H_2)＞銅＞銀＞金
●人間の叡智で、イオン化傾向が大きな金属でも、酸化物から取り出せる。
●アルミニウムは、作るのが複雑でも、軽くて電気を通しやすく使いやすい金属
●アルミニウムは大変身近な金属である。

●アルミニウムは溶融塩電解だからたくさんの電気とエネルギーが必要
●酸化物の融点を下げるために、氷晶石を用いる。
●リサイクルが大切だね。アルミニウムは、リサイクルだと約97%のエネルギーが節約できるそうです。

【課題の追究 1】　(15分)

③アルミニウムの単体を取り出す方法について調べる。

アルミニウムは、まず、鉱石のボーキサイトを精製して酸化アルミニウム（アルミナ）を作ります。

次に、酸化アルミニウムを融解した氷晶石の中で溶かし、炭素電極を用いて電気分解する方法ってあります。なんか複雑だね…。

銅や鉄みたいに、炭素を入れて加熱したり、水溶液の電気分解しないのには、きっと理由があるんだよね。

アルミニウムは、鉄よりもイオン化傾向の大きな金属であることと関係があるのかな。

イオン化傾向が大きいということは、酸化されやすいということ、視点を変えてみると、還元しづらい、電子を受け取りづらい、ということだよね。

【課題の追究 2】　(20分)

④今までの学びをつなげて本時を振り返る。

アルミニウム＞鉄＞(H_2)＞銅＞銀＞金です。

でも、人間の叡智で、イオン化傾向が大きな金属でも、酸化物から取り出すことができるんですね。

イオン化傾向が大きいのに、アルミホイルが錆びているのを見たことないけど、どういうこと！？

作るのが複雑でも、軽くて電気を通しやすく使いやすい金属だから、こんなに身近なんだね。

アルミニウムは溶融塩電解だからたくさんの電気とエネルギーが必要です。

酸化物の融点を下げるために、氷晶石を用いるんだね。

もし反応式を書けたら、材料をどれだけ輸入しなきゃならないかも計算できたりするのかな。

リサイクルが大切だね。アルミニウムは、リサイクルだと約97%のエネルギーが節約できるそうです。

本時の評価（指導に生かす場合）

金属の精錬について、イオン化傾向、酸化還元、電子の授受などを含めた今までの既習事項と関連付けて示すことができているかを見取る。

授業の工夫

金属の精錬の歴史を調べることで、科学技術の発展（酸化還元反応）が人類の生活と大きなつながりがあることに気付かせたい。その学習活動により、今まで学んだことがどのようにつながっているかを生徒に考えさせる場面を最後に設定した。ここでは、今までの学びを生徒が視点を変えて捉えられるようになることを目指したい。

第3編　物質の変化とその利用
4章　化学が拓く世界（5時間）

1 単元で生徒が学ぶこと

化学基礎の学習を終えるに当たって、化学とはどのような学問であるのかを常に念頭において、これまでの学習を想起させる。具体的な事例として日常生活の水、食品、洗浄などをあげ、化学基礎で学習した科学技術とどう結びつくかを考え、これまでの学習に対する振り返りを重視した探究活動を通して、化学が身近な生活に密接に関連していることを実感させたい。

2 この単元で（生徒が）身に付ける資質・能力

知識及び技能	化学が拓く世界について理解するとともに、それらの観察、実験などに関する技能を身に付けること。
思考力、判断力、表現力等	化学が拓く世界について、観察、実験などを通して探究し、化学が拓く世界における規則性や関係性を見いだして表現すること。
学びに向かう力、人間性等	化学が拓く世界に主体的に関わり、科学的に探究しようとする態度を養うこと。

3 単元を構想する視点

この単元では、「化学を拓く世界」について学習する。「安全な水道水を得るための科学技術」、「食品を保存するための科学技術」、「ものを洗浄するための科学技術」などの科学技術を取り上げる。

「安全な水道水を得るための科学技術」では、化学基礎で学習した知識を活用し、ろ過や吸着を利用した物質の分離や精製、酸や塩基の性質を利用した河川の中和、酸化還元反応を利用した殺菌などを想起して、探究活動などを行う。その際、1章「化学と人間生活」での各自の探究活動などの結果と比較することで、生徒の知識・技能の深まりや変容を見いださせたい。

「食品を保存するための科学技術」では、化学基礎で学習した知識を活用して、これまでの食品を保存する方法などと比較することで、科学技術が食品の保存と関わっていることを理解させるなど、科学技術が身近な生活と結びついていることを実感させ、学びを深めていけるよう支援したい。「ものを洗浄するための科学技術」では、洗剤の役割や環境への負荷軽減などに科学技術が役立っていることを実感させたい。

化学基礎の最後の単元であることを考慮し、できるだけ生徒にとって身近な物質や現象を取り上げ、自主的・自発的に学ぶ姿勢を育みたい。また、これまでの学習を振り返った探究活動などを取り入れることで、科学的な研究の手法や考察の仕方をさらに身に付けさせたい。

4 本単元における生徒の概念の構成のイメージ図

食品の保存	・食品を保存するための科学技術は化学基礎で学習した知識が活用されているね。
ものの洗浄	・ものを洗浄するための科学技術も化学基礎で学習した知識が活用されているね。
水を安全に得る	・水を安全に得るためには、ろ過、中和、酸化還元などの科学技術を使っているんだね。 ・初めの授業と比べると、水を安全に得るための科学技術の知識を増えました。
学んだことを発表しよう	・発表を聞いていると、自分が考えていないこともわかるね。

5 本単元を学ぶ際に、生徒が抱きやすい困り感

身近な生活と科学技術が結び付いていることを学ぶ必要があるの？

探究をしていくと、授業で学習したこと以外の内容が出てきて、理解できない！

教科書で学習したこと以上に、身近な生活は仕組みが複雑でわかりにくい。

調べたりまとめたりして、発表するのが面倒です。

6 本単元を指導するにあたり、教師が抱えやすい困難や課題

これまでの学習につまずきがある生徒に対して、どのようにアプローチすればいいのか、心配です。

身近な日常生活と科学技術が結びついていることを理解させるための事例は、何を使えばいいのかな。

この最後の単元は、どのように展開すればよいかわかりません。

身近な例を、学習したことから説明するためには、教えていない知識を活用する場面もあるので心配です。

7 単元の指導と評価の計画

単元の指導イメージ

化学は身近な生活ととっても強く結び付いていることがわかってきました。

化学基礎で学習したことが、科学技術とどう結び付くかを考える時間です。

水を安全に得るためには、これまでの知識がどう活用できるのかな。

探究したことをまとめて、クラスで情報共有するためにどのように説明したらいいかな。

化学と人間生活（全5時間）

時間	単元の構成
1・2	食品を保存する 探究活動①
3	ものを洗浄する 探究活動②
4・5	安全な水を得る 探究活動③

本時の目標・学習活動	重点	記録	備考（★教員の留意点、○生徒のB規準）
1時間目：食品の品質を保持するために化学の英知を使ってどのように食品を保存しているか理解する。	知	○	○食品の品質を保持する方法を理解している。 ★ICT機器を活用して、過去と現在の食品の保存方法を調査する。その際、調べた内容がデータとして信頼性があるかどうかを考えさせることも大切である。
2時間目：調べてまとめたことを班ごとに発表する。	思		
日常生活でものを洗浄する場面を考え、洗浄の仕組みについて簡単な実験を通して説明する。	思	○	○洗浄の仕組みを説明している。 ★洗浄については、家庭科で学習しているので、家庭科で学習したことを想起させるなどして、クロスカリキュラムとして授業を構成することも考えられる。
これまでの学習を振り返り、化学が身近な生活と関連していることについて科学的に探究しようとする。	態	○	○化学が身近な生活と関連していることについて、これまでの学びを活用して科学的に探究しようとしている。 ★安全な水を得るための方法については、化学基礎の最初の授業（化学の特徴）における自分の記述との比較をさせることで、化学基礎を学習した成果やその意義を実感させる。

4章　化学が拓く世界 ①②時　食品を保存する（探究活動①）

知・技

思・判・表

主体的

●本時の目標：　1時間目：食品の品質を保持するために化学の英知を使ってどのように保存しているか理解する。2時間目：調べてまとめたことを班ごとに発表する。

●本時で育成を目指す資質・能力：　1時間目：知識及び技能
2時間目：思考力、判断力、表現力等

●本時の授業構想

食品の保存技術において、品質を劣化させる要因を考えさせ、そのために人類がこれまで培ってきた英知を学ばせる。特に酸素、湿気、微生物等を焦点に化学を利用した人類の工夫を生徒に調べさせ、次の時間に発表させる。

●本時の評価規準（B規準）

1時間目　食品の品質を保持する方法を理解している。

2時間目　整理してまとめたことを説明している。

・本時の学習課題

実験結果を基にした考察記述をどのようにすればよいのだろうか。

【課題の把握】　（10分）

①食品が劣化する要因を理解する。

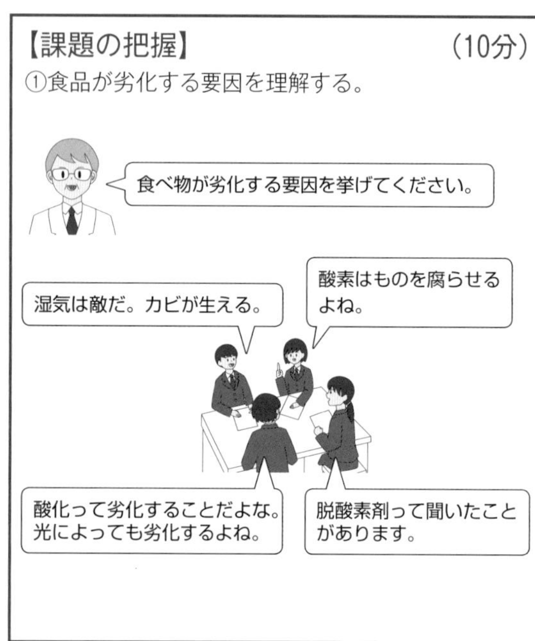

食べ物が劣化する要因を挙げてください。
湿気は敵だ。カビが生える。
酸素はものを腐らせるよね。
酸化って劣化することだよな。光によっても劣化するよね。
脱酸素剤って聞いたことがあります。

【課題の追究１】　（15分）

②食品の劣化の抑制方法と理由を調べる。

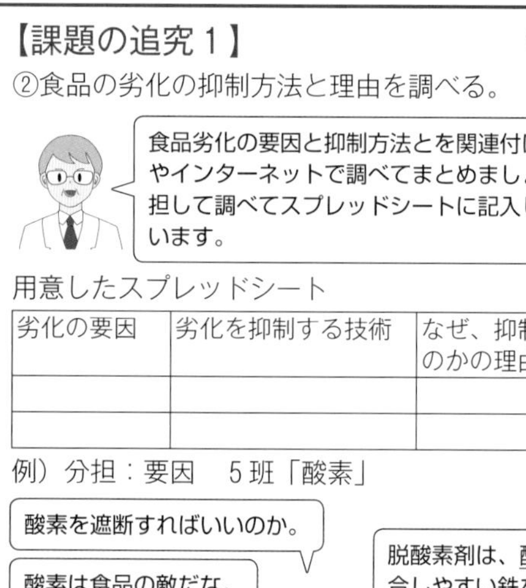

食品劣化の要因と抑制方法とを関連付けて書籍やインターネットで調べてまとめましょう。分担して調べてスプレッドシートに記入してもらいます。

用意したスプレッドシート

劣化の要因	劣化を抑制する技術	なぜ、抑制できるのかの理由

例）分担：要因　5班「酸素」

酸素を遮断すればいいのか。

酸素は食品の敵だな。

酸素をチッソに置き換えればいいんだね。

脱酸素剤は、酸素と結合しやすい鉄を利用して作られていて、食品より先に酸化させることで食品を守る技術だね。

中学校からのつながり

中学校では、暮らしを支える科学技術で食と科学技術について学習している。

ポイント

食品の劣化を防ぐ技術は、さまざまな視点で考えることができる。また、化学基礎でこれまで学んできたことと関連付けることも可能である。

①劣化の要因、②劣化を抑制する技術、③なぜ抑制できるのかの理由、これらについてまとめることで、生徒が日常生活に化学の考え方や科学技術がどのように使われているのかを知るきっかけになると考えられる。

たとえば、酸素を遮断するために缶詰などの金属の利用、プラスチックの利用など、容器の工夫で食品の劣化を防ぐ視点での整理が考えられる。

また、酸化防止剤や脱酸素剤といった化学反応を利用した整理も考えられる。

ここでは酸化に限定して示しているが、食品の保存には、日に干したり、漬物など塩を使って水分を抜いたり、お酢など、酸を加えてその殺菌作用で微生物や細菌が生存しづらいようにしたりする工夫がされてきたことにも触れるとよい。

授業の流れ
（1時間目） 食品を劣化させる要因を挙げる ↓ 要因を抑制するための食品保存の科学技術を整理 ↓ 発表資料を作成 （2時間目） 各班で発表する

食品を劣化させる要因と分担	
1班‥酸素	5班‥酸素
2班‥微生物	6班‥微生物
3班‥湿気	7班‥湿気
4班‥光	8班‥光

結果を記入するスプレッドシート		
劣化の要因	劣化を抑制する技術	なぜ、抑制できるのかの理由

まとめたものを発表資料にする。

【課題の追究2】（15分）

③劣化要因と抑制する技術、抑制できる理由を調べてまとめる。

グループ内で相互評価しください。相手の改善につながるように、必ずコメントも書いてください。

劣化の要因	劣化を抑制する技術	なぜ、抑制できるのかの理由
酸素	脱酸素剤	より酸素と結び付きやすい鉄などを入れ先に酸素と結び付くことで、食品自体を守る
酸素	ガス置換包装	酸素を別のガスに置き換えることで食品の劣化を防ぐ

【課題の追究3】（10分）

④次の時間に発表するための準備を行う。

よく調べられましたね。同じ内容で調べている班もあります。お互い情報共有をしながら、さらに何を発表するか各班で考えてください。

知らない技術が駆使されていることがわかります。
うちの班はパワーポイントでまとめよう。
食品の品質を守る技術は奥が深いな。
他の班の発表が楽しみです。

2時間目は発表の時間とする。

本時の評価（記録に残す場合）

1時間目　食品の品質を保持する方法のまとめから理解できているか見取る。

2時間目　整理してまとめたことを発表している様子を見取る。

授業の工夫

さまざまな視点から食品の劣化を防ぐ方法を調べさせたい。現代の方法と過去の方法を比較する視点等があると学びが深まると考えられる。学習した内容と結び付けて理由を説明できるようになれば、科学の有用性を感じるきっかけを与えることが可能になると思われる。

発表に際しては、さらなる内容の充実を目指して、相互評価活動などを活用することも考えられる。

4章　化学が拓く世界　③時　ものを洗浄する科学技術（探究活動②）

・本時の学習課題

洗浄の仕組みを説明できるだろうか。

知・技

思・判・表

主体的

●本時の目標：　日常生活でものを洗浄する場面を考え、洗浄の仕組みについて簡単な実験を通して説明する。

●本時で育成を目指す資質・能力：　思考力、判断力、表現力等

●本時の授業構想

　日常生活でものを洗浄する場面を挙げさせる。また、油脂の付いた繊維を水と洗剤液に入れ込んだときの様子を観察する実験を行い、洗浄できる理由を説明させる。

●本時の評価規準（B規準）

　洗浄の仕組みを説明している。

【課題の把握】　（5分）

①日常で汚れを落とす現象を共有する。

生活の中で汚れを落とす場面はどんなもので落とすかをお教えてください。

洗濯。洗濯機。泥汚れは水である程度落ちることが経験でわかります。

食器洗い。手洗い。食洗器。お皿の油汚れは水だけではなかなか落ちにくい。洗剤が必要だ。

掃除。家の床や家具、窓などの汚れを落とします。掃除道具が必要だ。

お風呂もあります。シャンプーなど1日の体の汚れを落とします。

帰宅の際、食事の前、トイレの後の手洗いはセッケンで洗います。

【課題の探究1】　（15分）

②洗浄の実験を行う。

ラー油が付いている糸を水、洗剤を入れた水に入れて比較してみましょう。

すごい。違いがよくわかる。

おもしろいですね。水に入れたほうは何も変わらないけど洗剤はすごいな。

洗剤を入れた水はラー油の球がまるく浮きあがってきたね。

中学校からのつながり

　中学校では、暮らしを支える科学技術でについて学習している。

ポイント

　洗浄について学ぶ意義は以下が挙げられよう。

　化学の基本的な概念や原理・法則の理解：洗浄に関連する化学的な事象や現象を理解するためには、化学の基本的な概念や原理・法則の理解が必要である。

　観察、実験などに関する技能の習得：洗浄のプロセスを観察したり、実験を行うことで、理論と実践の間のギャップを埋めることができる。

　科学的な探究の力を養う：洗浄に関する問題を解決するためには、科学的な探究の力が必要である。

　主体的に関わり、科学的に探究しようとする態度を養う：自分自身で問題を見つけ、解決策を探すためには、主体的に関わり、科学的に探究しようとする態度が必要である。

授業の流れ	日常生活で汚れを落とす現象	界面活性剤による洗浄のメカニズム
日常生活で汚れを落とす現象を共有する ↓ ラー油を付けた糸を水と洗剤水に入れて様子を観察する。 ↓ 図に書いてわかりやすく理由を説明する。	食器洗い：食事の後、食器についた食べ残しや油を落とす 洗濯：衣類が汚れたり、汗をかいたりした場合、洗濯機を使う 掃除：家の中の床や家具、窓などが汚れた場合、掃除道具を使う 手洗い：外出から帰ったときや、食事前、トイレ後など 風呂：体の汚れを落とすため	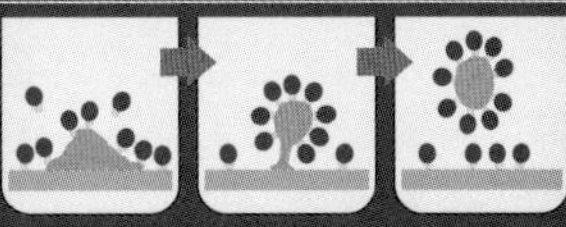 説明 界面活性剤は油と水の界面に作用し、油膜を分散させて水と混ざりやすくし、油汚れを落とします。

【課題の探究２】（20分）

③汚れが落ちる理由を考える。

ラー油が浮いてきた理由、浮いてこなかった理由を調べてください。できたら、端末に説明を書いてください。

極性と非極性の視点から考えられそうです。水は極性分子、油は非極性分子だね。
界面活性剤は、水と混じりにくい疎水性の部分と水に混ざりやすい親水性の部分があります。
水中では、界面活性剤の分子が親水性の部分を外側にしてたくさんあると、親水性だから水に浮遊することができるんだね。
洗剤が入ったほうはラー油の疎水性の部分が油を取り囲み、油が浮いてきたのかな。

図を端末に書き、生徒が説明する。

【課題の探究３】（10分）

④ドライクリーニングの原理を理解する。

最後にドライクリーニングの原理を調べてみましょう。

ドライクリーニングは、水を使用せずに衣類を洗浄する方法です。
水の代わりに石油系溶剤などの有機溶剤を使用します。
油汚れには強そうだな。溶剤と回転させて汚れを浮かばせながら取り除くんだね。
最後に衣類を乾燥させて溶剤を蒸発させ、仕上げ。
ドライクリーニング、水洗い、それぞれのメリット・デメリットがあるね。

本時の評価（記録に残す場合）

水と洗剤液に油脂の付いた繊維を入れ込んだときの様子を観察する実験を行い、洗浄できる理由を説明できているかを見取る。

授業の工夫

洗濯については、家庭科の一部として行われる。家庭科では、日常生活に必要な技能や知識を学ぶ。その一部として、衣類の手入れや洗濯の方法について学んでいる。

一方、理科の授業では、自然現象や科学的な原理を学ぶ。洗剤の化学的な性質や洗濯の原理について洗浄の仕組みを日常生活とつないで科学的に説明できるようにする。

それぞれの教科の利点を生かし、家庭科とのクロスカリキュラムも考えられる。

4章　化学が拓く世界　④⑤時　安全な水を得る（探究活動③）

知・技

思・判・表

主体的

●本時の目標：　これまでの学習を振り返り、化学が身近な生活と関連していることについて科学的に探究しようとする。

●本時で育成を目指す資質・能力：　学びに向かう力、人間性等

●本時の授業構想

　これまで化学基礎で学習した内容を振り返りながら「安全な水を取り出すには」を課題として探究を行わせる。化学基礎の最初の授業「化学の特徴」での記録と比較して、これまでの学びを振り返り、自己の変容を見取ることができるようにする。

●本時の評価規準（B規準）

　化学が身近な生活と関連していることについて、これまでの学びを活用して科学的に探究しようとしている。

・本時の学習課題

これまで学習したことを踏まえて、安全な水を取り出す方法を考えよう。

【課題の把握】　（20分）

①初めの授業「化学の特徴」の記録から振り返るとともに課題を設定する。

皆さんが化学基礎の最初の授業に書いていた記録を提示します。何が書かれていますか？

安全な水を取り出すにはろ過や殺菌が必要だと書いていました。

物質や化学変化についていろんなことを学んできたので、安全な水を取り出す方法もより深くとらえることができそうです。

最初に記録したものと比較しながら、これまで学習したことを踏まえて安全な水を取り出す仕組みについて改めて考えてみませんか。

【課題の探究】　（30分）

②安全な水を取り出す仕組みについて議論する。

個人で考えたものをグループで発表して、自分の考えにないものを追加しましょう。

4月のときより、科学的根拠に基づいた記述が数多く書けていますね。

中和を使って、水を中性に…

蒸留を使えば、水だけを…

酸化還元反応を利用して、塩素を…

生物基礎の知識を使えば…

中学校からのつながり

　中学校では、自然環境の保全と科学技術の利用の在り方について科学的に考察することを通して、持続可能な社会を創ることが重要であることについて学んでいる。

ポイント

　化学基礎の最後の授業であるため、中学校理科を含むすべての教科での知識を踏まえて、多面的、総合的に思考させる。

　化学基礎の学習を通して、初めの授業での「安全な水を取り出すには」の記録を、最後の授業で提示する。学びの深まりを生徒自身が実感できる学習を通して、初めの授業での「安全な水を取り出すには」の記録を、最後の授業で提示する。学びの深まりを生徒自身に実感させ、自己の変容を捉えさせる。

　化学基礎の最初の授業での考えと本時の考えを比較し、その変容を実感し、自らの成長を確認させるため、そのときの授業のワークシートの記録を取っておくことが望ましい。その際、ICTを活用することも考えられる。

課題　化学基礎の知識を活用して、安全な水を得るためにはどうしたらよいだろうか。

この浄水場の図をもとに、考えてみよう。

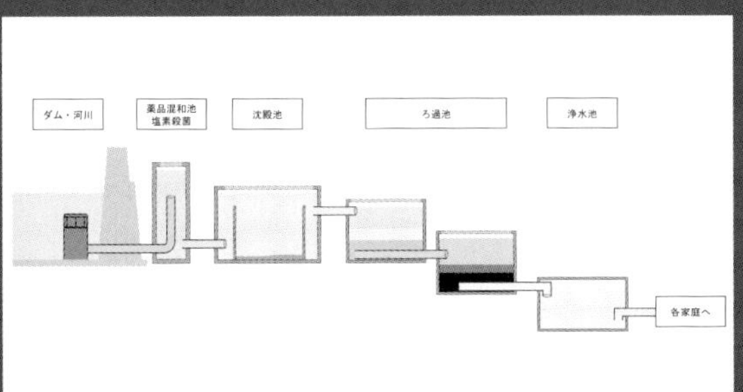

みなさんの考え

・ろ過で枯れ葉などを除去する。
・蒸留して、水を得る。
・塩素を加えて、酸化還元を利用して殺菌を行う。
・中和を行い、中性にする。
・ネットで調べたところ、逆浸透という技術があることがわかった。

化学基礎の初めの授業からの自分の変容やさらに調べたいことを視点にして、振り返りを記述しましょう。

【課題の解決】　（40分）

③最初の授業の記録との比較や話し合いを通して、自己の学び変容を実感する。

はじめの授業	最後の授業
・蒸留 ・ろ過	・不純物が含まれているのでろ過をする ・細菌、微生物が含まれているので塩素消毒して酸化還元反応を利用する ・沸騰させて、蒸留を利用して水のみを取り出す ・中和反応を利用して、酸性の水を中性の水にする ・水を煮沸して殺菌する

水の浄水だけでもこんなに多面的な視点で捉えられるようになってきました。

化学基礎で学習した内容、例えば中和反応や酸化還元反応を利用したものが使われていることがわかりました。

【新たな課題の把握】　（10分）

④化学が拓く世界について考える。

これまでの学習を振り返って、化学が身近な生活と密接に関係していると感じることはありますか。

食品を保存するために、金属やプラスチックを利用しています。

極性を利用したドライクリーニングがあるね

食品の保存で酸化還元反応を利用した酸化防止剤もあるね。

身の回りは化学であふれていますね。物質の視点で世の中のことを考えることは面白そうだな。

本時の評価（記録に残す場合）

化学が身近な生活と関連していることについて、科学的な根拠を基に、多面的総合的に探究しようとしている姿を最初の授業と比較して、記録や議論の深まりから見取る。

授業の工夫

本時では今までの学びを物質という視点で振り返る授業として構想したい。化学基礎の最初の授業の記録と比較して、自己の変容に気付くような視点について記述させることで、試行錯誤させたり自己調整させたりする学習場面を設定することが大切である。

その際、他教科との連携を意識して、多面的、総合的に取り扱うことも考えられる。

化学基礎が化学を学ぶ最後の機会となる生徒がいることから、身の回りの生活は化学であふれていることを実感させ、授業を終えたい。

また、さらに「化学」を深く学んでいく生徒にとっては、化学基礎で学習したことが、以後の学びの礎となることを強調したい。

大学入試の視点から探究的な学びを考える

林　誠一
（富山大学大学院教職実践開発研究科 教授）

高校生の学びの成果を効果的に大学に接続するため、高校教育と大学教育の接続段階で実施される大学入試改革が進められています。高校教育における学習成果をどのように問うかが課題となっており、大学入学共通テストにおける問題作成方針には次のように書かれています。

・「主体的・対話的で深い学び」を通して育成することとされている、深い理解を伴った知識の質を問う問題や、知識・技能を活用し思考力・判断力・表現力等を発揮して解くことが求められる問題を重視する。

・社会や日常の中から課題を発見し解決方法を構想する場面、資料やデータ等を基に考察する場面、考察したことを整理して表現しようとする場面などを設定することによって、探究的に学んだり協働的に課題に取り組んだりする過程を、問題作成に効果的に取り入れる。

・（化学においては、）見通しを持って観察、実験を行うことなどを通して、自然の事物・現象の中から本質的な情報を見いだしたり、課題の解決に向けて考察・推論したりするなど、科学的に探究する過程を重視する。

各大学における個別入試においても同じ方向で改革が進み、探究的な学びがますます重要になっています。

ところで、これまで高校は「大学入試が変わらない限り、高校教育は変えようがない」と言ってきました。大学入試が変わろうとしている今こそ、大学教育の入口段階までにどのような資質・能力を身に付けることが求められるのかを知り、「教員が何を教えるか」だけでなく、「何をどのように学び、何ができるようになるのか」を明確にすることが必要です。また、「何が身に付いたか」を評価で見取りながら、授業改善を進めていくことが大切になります。

今回の学習指導要領のポイントは主語が教師から学習者に変わったことです。化学においては、観察や実験の結果を踏まえて、科学的に考え議論するといった教育活動こそが不可欠な学びではないでしょうか。入試改革は、このような学びを実現するための重要なメッセージであり、一人一人の教師にまず求められるのは、教職としての原点に立ち帰って、担当教科に関する専門性を捉え直し、高めることではないかと思います。化学を教える教師自らが、指導のねらいとする資質・能力の育成を目指した「主体的・対話的で深い学び」の実現に向けた実践を進めていかなければなりません。

【高校の先生のつぶやき①】過不足のある化学反応の視点から

そういえば、最近の共通テストでもグラフから量的関係を見いだして課題解決を促すような設定の問題がありましたね。塩酸に二枚貝の貝殻を加えて発生するに二酸化炭素の量を調べて、炭酸カルシウムの量も塩酸の濃度も求められる問でした。化学基礎の範囲で探究にしっかり向き合った良問でしたね。

塩酸も貝殻に含まれる炭酸カルシウムの量もわからないのに、異なる考え方を組み合わせることで、どちらも求められるのはすごいですね。

この実験もとてもおもしろいと感じました。授業でもぜひ取り扱ってみたいです。

生徒に実験計画を考えさせるなど、探究的に取り組ませることもできそうですね。

グラフを活用する授業は、実験結果の見通しをつけるうえでも大切ですね。

- 求められている資質・能力……実験の見通しを持つ力、グラフを分析する力など

- どんな授業が求められるのか？

○化学反応を質量で考える視点とモルで考える視点、そのメリットとデメリットを生徒自身が実感できるような学習活動を取り入れていく必要がある。どういったときにモルで考えなければならないのか、どういったときに質量で考えなければならないのか、具体的な学習場面を設定するとよいのではないか。

○なぜそのグラフを書いたのか理由を説明させるなど、授業を一工夫することも考えられる。この素材で最終的には生徒に問題を作らせてみてもおもしろい。

○生徒の状況に応じて予想させたり、計画を立てさせたりして、生徒たちが自ら過不足の状況に気付いていくような、生徒が探究したくなるような仕掛けを授業に組み込むことが大切であろう。

○あえて最初は測定する場所を３点程度に減らして、その他の点はどのようになっているかを予想させ、自分たちでその予想を確かめる実験を計画させるような学習活動も考えられる。

○過不足の現象における、その分岐点について自分で探究したくなるような学習活動を設定し、付けたい力と学習活動をリンクさせながら多様な授業デザインが想定できそうである。生徒の実態に合わせて、求める資質・能力を設定しやすい内容であり、工夫の仕方でさまざまな学習活動が展開できる。

【参考】2023 共通テスト追・再試験　化学基礎

化学基礎

問 8　二枚貝の貝殻は，炭酸カルシウム $CaCO_3$(式量 100)を主成分として含んでいる。$CaCO_3$ は塩酸と反応して二酸化炭素 CO_2 を発生する。このときの反応は次の式(3)で表される。

$$CaCO_3 + 2HCl \longrightarrow CaCl_2 + H_2O + CO_2 \qquad (3)$$

貝殻に含まれる $CaCO_3$ の含有率(質量パーセント)を知る目的で，濃度 c(mol/L)の塩酸 50 mL に貝殻の粉末を 2.0 g ずつ加えて十分に反応させ，発生した CO_2 の物質量を調べた。図 2 は実験結果をまとめたものである。後の問い(**a**・**b**)に答えよ。ただし，貝殻に含まれる $CaCO_3$ 以外の成分は塩酸とは反応せず，発生した CO_2 の水溶液への溶解は無視できるものとする。

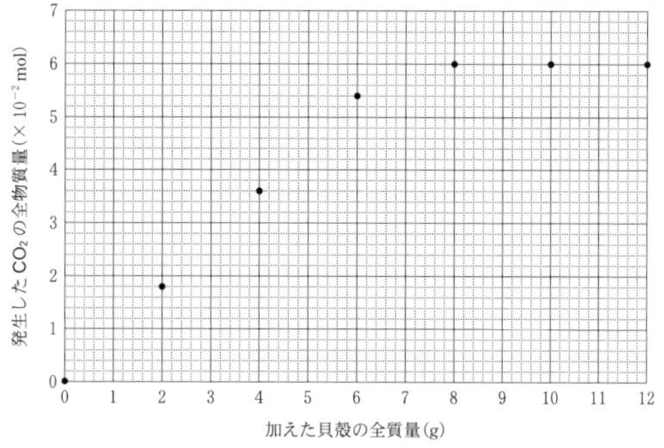

図 2　加えた貝殻の全質量と発生した CO_2 の全物質量との関係

【高校の先生のつぶやき②】モル濃度と酸塩基滴定の視点から

グラフの意味を生徒が説明できるような学習活動も大切です。共通テストでも、滴定の際、実際にイオンの数や濃度がどのように変化していくのかを問う問題がありました。公式で計算するモル濃度ではなく、粒子の概念として生徒が身に付けることができるよう、普段の授業を通して学んでもらえる工夫が必要ですね。

中学校までの、OH^-の粒子の数だけでイメージしていたら、直線のグラフを選んでしまいがちですね。

直感的に解答するというよりは、例えば、塩酸を10 mL加えた時のOH^-の濃度を計算するようなアイデアが欲しいですね。

中和反応に関する授業では、中和点に焦点を絞って授業を行いがちだけど、中和の過程を理解できるように考えさせることが必要だな。

変化する量と、変化しない量をしっかり捉えさせることが大切ですね。

● 求められている資質・能力……モル濃度を公式ではなく、粒子概念として捉える力など

● どんな授業が求められるのか？

○実験自体はよく行う定番なものであるが、どんな資質・能力を育てたいかによって、さまざまな学習活動が考えられる内容である。

○例えば、白紙のグラフ用紙を渡して、縦軸、横軸も含めてしっかり生徒に表現させるような学習活動が考えられる。正解か不正解かを単にジャッジするような授業ではなく、いろいろな視点でグラフを書かせてみるような学習活動も必要であろう。

○グラフの意味を生徒が説明できるような学習活動も大切である。グループ活動で相互評価を取り入れ、アドバイスの視点を明確にして、グラフを修正していくような学習場面を意図的に設定することも重要であろう。自分の考えを広げ深めるような協働的な学習活動が求められているのではないか。

【参考】2023 共通テスト追・再試験　化学基礎

問 6　0.010 mol/L の水酸化カルシウム $Ca(OH)_2$ 水溶液 10 mL に 0.010 mol/L の塩酸を滴下した。このときの水酸化物イオン OH^- のモル濃度の変化を表すグラフとして最も適当なものを，次の①～⑥のうちから一つ選べ。 6

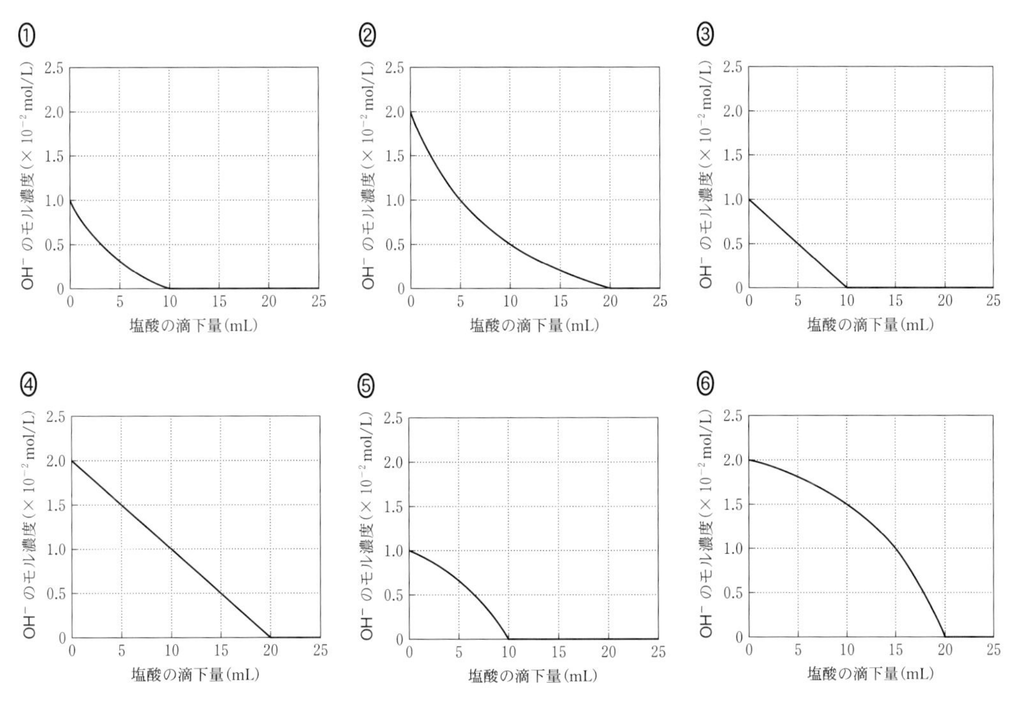

参考文献

■書籍全体の参考文献
A.E.E マッケンジー 著，増田幸夫 他 訳，『科学者のなしとげたこと４』，共立出版（1976）．
B. Z. Shakhashiri 著，池本勲 訳，『教師のためのケミカルデモンストレーション』１～７，丸善出版（1997）．
後藤顕一，飯田寛志，野内頼一，西原　寛，渡部智博 編，『「資質・能力」を育む高校化学―探究で変える授業実践』，化学同人（2019）．
後藤顕一，野内頼一，藤本義博 編，『板書＆展開例でよくわかる　指導と評価が見える365日の全授業　中学校理科　１～３年』，明治図書（2023）．
Catherine H. Middlecam 著，廣瀬千秋 訳，『改訂　実感する化学　上　下』エヌ・ティー・エス（2015）．
北海道立教育研究所附属理科教育センター　研究紀要http://www.ricen.hokkaido-c.ed.jp/?page_id=481（2024年３月アクセス）
稲村　卓「よみがえる長岡原子模型」放射化学，2015年第31号p.55.
http://www.radiochem.org/pdf/rad_nw31.pdf（2024年３月アクセス）
日本化学会 編，『高校化学の教え方―暗記型から思考型へ―』，丸善出版（1997）．
国立教育政策研究所『「指導と評価の一体化」のための学習評価に関する参考資料』，小学校理科，中学校理科，高等学校理科，理数（2018）．
岩田久道，後藤顕一 著，『魅せる化学の実験授業』，東洋館出版社（2011）．
L. R. Summerlin, J. L. Ealy Jr. 著，日本化学会訳編，『実験による化学への招待』丸善出版（1987）．
L. R. Summerlin, J. L. Ealy Jr. 著，日本化学会訳編，『続　実験による化学への招待』丸善出版（1989）．
B. L. Christie, L. R. Summerlin 著，日本化学会訳 編『身近な化学実験Ⅰ.:Ⅱ　中・高校生と教師のために』，丸善出版（1990）．
L. M. Earl, Assessment as Learning: Using Classroom Assessment to Maximize Student Learning, by Corwin,（2012）．
K. Timberlake 著，渡辺 正，尾中 篤 訳，『ティンバーレイク　教養の化学』，東京化学同人（2013）．
文部科学省，『高等学校学習指導要領解説　理科編　理数編』，実教出版（2018）．
日本化学会 編，『実験で学ぶ化学の世界１～４』丸善出版（1996）．
日本化学会 編，『化学と教育』
日本理科教育学会 編，『理科の教育』東洋館出版社．
産業技術総合研究所計量標準総合センター　著，『国際単位系（SI）基本単位の定義改定と計量標準』，産業技術総合研究所計量標準総合センター（2020）．https://ndlsearch.ndl.go.jp/books/R100000002-I030480631
日本理科教育学会 編，『理科教育学研究』
日本科学教育学会 編，『科学教育研究』
『新訂　化学図表』，浜島書店（2023）．
日本化学会近畿支部 編，『もっと化学を楽しくする５分間』，化学同人（2003）．
『視覚でとらえるフォトサイエンス化学図録』，数研出版（2019）．
アメリカ化学会 編，大木道則 訳，『ケムコムー社会に活きる化学―』，東京化学同人（1993）．
佐藤大，佐藤友介 著，「課題の発見から単元を見通す観察・実験のデザイン－「化学基礎」と「化学」の単元びらきの実践紹介－」『理科の教育』，東洋館出版（2021）．
T. L. Brown 他 著，荻野和子 監訳，上野圭司 他 訳，『ブラウン 一般化学Ⅰ，Ⅱ』，丸善出版（2016）．
武田一美 著，『おもしろい化学の実験』東洋館出版社（1992）．
竹内敬人 著，『化学反応のしくみ　高校からの化学入門３』，岩波書店（2000）．
朝永振一郎 編，『物理学読本　第２版』，みすず書房（1969）．
山口晃弘他 編著，『中学校１～３年 板書で見る全単元・全時間の授業のすべて 理科』，(2021)．
米山正信　著，『化学のドレミファ（１）反応式がわかるまで』黎明書房（1997）．
山口晃弘　編，『中学校理科新３観点の学習評価完全ガイドブック』明治図書（2021）．
渡辺　正，北條博彦 著，『高校で教わりたかった化学』日本評論社（2008）．

D. P. Heller, C. H. Snyder著，渡辺　正 訳『教養の化学　暮らしとサイエンス－』，東京化学同人（2019）.

P. Atkins, L. Laverman, L. Jones著，渡辺　正 訳『アトキンス一般化学（上，下）』，東京化学同人（2014）.

中央教育審議会「幼稚園、小学校、中学校、高等学校及び特別支援学校の学習指導要領等の改善及び必要な方策等について（答申）」（平成28年12月21日）https://www.mext.go.jp/b_menu/shingi/chukyo/chukyo0/toushin/1380731.htm（2024年３月アクセス）

中央教育審議会 初等中等教育分科会 教育課程部会「児童生徒の学習評価の在り方について（報告）」（平成31年１月21日）https://www.mext.go.jp/b_menu/shingi/chukyo/chukyo3/004/gaiyou/1412933.htm（2024年３月アクセス）

初等中等教育局長通知「小学校、中学校、高等学校及び特別支援学校等における児童生徒の学習評価及び指導要録の改善等について（通知）」（平成31年３月29日）https://www.mext.go.jp/b_menu/hakusho/nc/1415169.htm（2024年３月アクセス）

中央教育審議会「「令和の日本型学校教育」の構築を目指して～全ての子供たちの可能性を引き出す、個別最適な学びと、協働的な学びの実現～（答申）」（令和３年１月26日）https://www.mext.go.jp/b_menu/shingi/chukyo/chukyo3/079/sonota/1412985_00002.htm（2024年３月アクセス）

日本学術会議「大学教育の分野別質保証のための教育課程編成上の参照基準」https://www.scj.go.jp/ja/member/iinkai/daigakuhosyo/daigakuhosyo.html（2024年３月アクセス）

国立教育政策研究所「OECD生徒の学習到達度調査（PISA）」https://www.nier.go.jp/kokusai/pisa/（2024年３月アクセス）

国立教育政策研究所「学習指導要領実施状況調査」https://www.nier.go.jp/kaihatsu/cs_chosa.html（2024年３月アクセス）

■化学基礎教科書（2023）

東京書籍『化学基礎』『新編 化学基礎』

実教出版『化学基礎　Academia』『化学基礎』『高校化学基礎』

啓林館『化学基礎』『i版 化学基礎』

数研出版『化学基礎』『化学基礎』『新編 化学基礎』

第一学習社『化学基礎』『新化学基礎』

■各章の参考文献

●第２編　第２章　化学結合

江川泰暢，「新・講座：化学結合の化学　高等学校での化学結合の基礎」，化学と教育，2021年69巻８号 p.336-339.

山田陽一，「弱い化学結合（講座：変化や反応はどのように起こるか）」，化学と教育，2009年57巻１号 p.36-37.

小谷正博，「化学結合をどう教えるか」，化学と教育，1994年42巻６号p.438-440.

加藤　毅，「原子が結合するしくみ〔講座：高校で習わなかったところが分かる（物理化学版）」，化学と教育，2010年58巻10号 p.466-469.

下井　守，「液体酸素はどうして青く，磁性があるのか（講座：身の回りの素朴な疑問４）」，化学と教育，2006年54巻５号 p.282-285.

齊藤幸一，「ヘッドライン　続・化学の理論を高校でどう教えるか　高校現場で分子の構造をどう教えるか―高校３年間の授業を通して―」，化学と教育，2017年65巻９号 p.432-435.

国立研究開発法人科学技術振興機構，「Feature「切れない結合」を触媒で切る」，JSTnews，2017年10号 p.5-６.

小谷正博，「化学結合と構造（〈特集〉化学ここが知りたい：Q&Aに基づいて）」，化学と教育，1989年37巻１号 p.26-29.

佐藤　大，「ラミネートシートを用いたマイクロスケール実験教材の開発」，北海道立教育研究所附属理科教育センター研究紀要第28号，平成28年３月，p34-37.

佐藤　大，「酸・塩基・塩等の未知試料を同定する学習プログラムの開発」，北海道立教育研究所附属理科教育センター研究紀要第29号，平成29年３月，p34-37.

●第３編　第２章　酸・塩基

河端康広，「酸と塩基の定義（講座：反応はなぜ起こるのか）」，化学と教育，2008年56巻８号 p.396-399.

内田正夫,「酸・塩基・塩の歴史（ヘッドライン：化学史研究の現在と化学教育）」，化学と教育，2007年55巻 6 号 p.258-261.
加藤優太,「新・講座：酸・塩基　化学の「見方・考え方」を伝える酸・塩基の演示実験」，化学と教育，2020年68巻 7 号 p.302-305.
小塩玄也,「酸・塩基とは何かその概念の変遷をたどる（〈特集〉酸と塩基）」化学と教育，1989年37巻 6 号 p.576-581.
梶山正明,「 8 種の酸・塩基・塩を識別する探究実験（酸・塩基をどう教えるか）」，化学と教育，1996年44巻12号 p.756-757.
梶山正明,「酸・塩基・塩の識別と確認：「酸と塩基の反応」単元の復習実験（定番！化学実験（高校版） 6 酸と塩基の反応）」，化学と教育，2001年49巻 8 号 p.491-493.
宮本一弘,「酸・塩基に関する演示実験」，化学と教育，2020年68巻 6 号 p.246-247.
眞鍋　敬,「酸・塩基の硬さ・軟らかさ（講座：反応はなぜ起こるのか）」，化学と教育，2008年56巻 8 号 p.400-401.
佐藤明子，細矢治夫,「科学の基本概念の段階的で繰り返しを活かした学習：化学分野のイオンと関連概念の外国での教育を例として」，科学教育研究，2003年27巻 5 号 p.362-371.

●第 3 編　第 3 章　酸化・還元

長谷川俊一,「高等学校化学教材「酸」と「塩基」,「中和反応」取り扱いの問題点」，理科教育学研究，2004年44巻 2 号 p.27-34.
倉持健太，有谷博文,「新・講座：酸・塩基　身のまわりにある固体の酸・塩基」，化学と教育，2020年68巻 7 号 p.310-313.
山本孝二,「酸とは？塩基とは？（定番！化学実験（高校版）18酸と塩基の反応）」，化学と教育，2002年50巻 8 号 p.582-583.
松岡雅忠,「草木灰（そうもくばい）からアルカリを抽出する（ビギナーのための実験マニュアル，実験の広場）」，化学と教育，2016年64巻 3 号 p.118-119.
谷　俊雄,「酸化・還元を定義する：高校と中学の橋わたし（〈特集〉酸化還元をどう教えるか）」，化学と教育，1995年43巻12号 p.764-765.
大橋淳史,「清涼飲料水と愛媛県産みかんに含まれるビタミンCの含有量の定量実験を通した酸化還元反応に関する学習：科学教育研究，2012年36巻 3 号 p.262-268.
小松　寛,「机上でできるテルミット反応（実験の広場： 5 分間デモ実験）」，化学と教育，2009年57巻 5 号 p.242-243.
吉田　工,「酸化剤と還元剤の反応（定番！化学実験（高校版） 7 酸化還元反応）」，化学と教育，2001年49巻 9 号 p.560-561.
古寺順一,「酸化・還元の導入：演示実験を見せながら（定番！化学実験（高校版） 7 酸化還元反応）」，化学と教育，2001年49巻 9 号 p.558-559.
平松茂樹,「ヘッドライン　演示実験授業の実践例　マンガンの酸化数変化を示す演示実験」，化学と教育，2021年69巻 5 号 p.192-.193.
肆矢浩一,「簡単にできる酸化還元反応の実験（ビギナーのための実験マニュアル，実験の広場）」，化学と教育，2013年61巻 5 号 p.236-237.
柴辻優俊，佐藤美子，芝原寛泰,「マイクロスケール実験による中学校理科における銅の酸化・酸化銅の還元実験の教材開発と授業実践」，理科教育学研究，2015年56巻 3 号 p.347-354.
木村　優,「 5 酸化・還元の基礎：高校化学で「酸化と還元」をどのように教えるか（化学反応：その本質にせまる）」，化学と教育，1996年44巻 5 号 p.320-324.
松浦紀之,「酸化還元滴定：高等学校における実験例（分離・分析の化学）」，化学と教育，2015年63巻 6 号 p.298-301.
松岡雅忠,「簡単にできる酸化還元滴定（実験の広場：ビギナーのための実験マニュアル）」，化学と教育，2009年57巻 4 号 p.198-199.

●酸・塩基＆酸化・還元

岩田久道,「ヘッドライン　続・化学の理論を高校でどう教えるか　無機物質の反応をどう教えるか」，化学と教育，2017年65巻 9 号 p.436-439.

索　引

執筆者一覧（◎は編者）

執筆者		担当章
◎伊藤　克治	福岡教育大学 教授	第２編第１章、コラム
浦川　順一	茨城県立水戸第二高等学校 教諭	第３編第２章
上村　礼子	東京都立多摩高等学校 校長	第２編第２章
北川　輝洋	千葉県立幕張総合高等学校 教諭	第２編第２章
◎後藤　顕一	東洋大学食環境科学部 教授・教職センター長	高等学校理科の目的とは、第１編第１章、第２編第１章・第２章、第３編第１章～第４章
◎佐藤　　大	独立行政法人大学入試センター 試験問題調査官	第３編第１章、第３編第３章
佐藤　友介	北海道札幌北陵高等学校 教諭	第３編第１章、第３編第３章
◎真井　克子	国立教育政策研究所 教育課程調査官（併 文部科学省 教科調査官）	第１編第１章、第２編第１章・第２章、第３編第１章～第４章
鮫島　朋美	東京学芸大学附属国際中等教育学校 教諭	第３編第３章
柴田　晴斗	福岡県立浮羽究真館高等学校 教諭	第１編第１章
神　　孝幸	国立教育政策研究所 学力調査官	第１編第１章、第３編第４章
◎野内　頼一	日本大学文理学部総合文化研究室 教授	第１編第１章、第２編第１章・第２章、第３編第１章～第４章
◎藤枝　秀樹	文部科学省 視学官	高等学校理科の目的とは
藤本　義博	岡山理科大学教職支援センター長	第１編第１章、第３編第４章
松髙　和秀	佐賀県立致遠館中学校・高等学校 教諭	第１編第１章
山口　晃弘	東京農業大学教職・学術情報課程 教授	第３編第２章
渡部　智博	立教新座中学校・高等学校 教諭	第２編第１章、コラム

コラム執筆者

飯田　寛志　静岡市立高等学校 校長

近藤　浩文　千歳科学技術大学 教授

林　　誠一　富山大学大学院教職実践開発研究科 教授

執筆協力者

岡本　　暁　島根県立出雲高等学校 教諭

佐藤　博義　大分県立大分工業高等学校定時制 教頭

出口　輝樹　奈良県立十津川高等学校 教諭

■ 編著者紹介

後藤 顕一（ごとう けんいち）
東洋大学食環境科学部教授・教職センター長〔博士(学校教育学)〕
東京都生まれ
2001 年　東京学芸大学大学院教育学研究科修了
2016 年　兵庫教育大学連合大学大学院 学校教育学博士

藤枝 秀樹（ふじえだ ひでき）
文部科学省初等中等教育局視学官〔修士(理学)〕
岡山県生まれ
1990 年　筑波大学大学院博士課程生物科学研究科中退
平成30年告示の改訂に携わる
元香川県公立高等学校教諭、元香川県教育センター指導主事

野内 頼一（のうち よりかず）
日本大学文理学部教授、前文部科学省教科調査官
茨城県生まれ
平成30年告示の改訂に関わる
元茨城県公立高等学校教諭、元茨城県高校教育課指導主事

佐藤 大（さとう ひろし）
独立行政法人大学入試センター試験問題調査官
北海道生まれ
1996 年　筑波大学卒業
元北海道公立高等学校教諭、
元北海道立教育研究所附属理科教育センター研究研修主事

伊藤 克治（いとう かつじ）
福岡教育大学教育学部教授〔博士(理学)〕
長崎県生まれ
1996 年　九州大学大学院理学研究科博士後期課程修了
〔博士(理学)〕

真井 克子（さない かつこ）
国立教育政策研究所教育課程調査官(併 文部科学省 教科調査官)
奈良県生まれ
平成29年告示中学校理科の改訂に関わる
元奈良県公立高等学校教諭、元奈良県立教育研究所指導主事、
元奈良県教育委員会事務局学校教育課指導主事・高校の特色づくり推進課係長

装丁：岡崎 健二
人物イラスト：石田 理紗、沖中 聖
編集協力：野々峠 美枝、山田 そのみ

本書のご感想を
お寄せください

資質・能力を育てる高等学校の全授業
探究型高校理科 365 日　化学基礎編

2024 年 4 月 6 日　第 1 版第 1 刷　発行

検印廃止

編著者　後藤　顕一
藤枝　秀樹
野内　頼一
佐藤　大
伊藤　克治
真井　克子
発行者　曽根　良介
発行所　㈱化学同人

〒600－8074　京都市下京区仏光寺通柳馬場西入ル
編集部　TEL 075-352-3711　FAX 075-352-0371
販売企画部　TEL 075-352-3373　FAX 075-351-8301
振　替　01010-7-5702
E-mail webmaster@kagakudojin.co.jp
URL https://www.kagakudojin.co.jp
印刷・製本　日本ハイコム㈱

ISBN978-4-7598-2350-9

エネルギーの単位の換算表

単　位	kJ mol^{-1}	kcal mol^{-1}	eV
1 kJ mol^{-1}	1	0.2390057	1.036427×10^{-2}
1 kcal mol^{-1}	4.184	1	4.336410×10^{-2}
1 eV	96.48534	23.06055	1

圧力の単位の換算表

単　位	Pa	atm	Torr
1 Pa	1	9.86923×10^{-6}	7.50062×10^{-3}
1 atm	101325	1	760
1 Torr	133.322	1.31579×10^{-3}	1

$1\,\mathrm{Pa} = 1\,\mathrm{N\,m^{-2}} = 1\,\mathrm{J\,m^{-3}} = 10^{-5}\,\mathrm{bar}$

SI 接頭語

大きさ	SI 接頭語	記号	大きさ	SI 接頭語	記号
10^{-1}	デ　シ (deci)	d	10	デ　カ (deca)	da
10^{-2}	センチ (centi)	c	10^{2}	ヘクト (hecto)	h
10^{-3}	ミ　リ (milli)	m	10^{3}	キ　ロ (kilo)	k
10^{-6}	マイクロ (micro)	μ	10^{6}	メ　ガ (mega)	M
10^{-9}	ナ　ノ (nano)	n	10^{9}	ギ　ガ (giga)	G
10^{-12}	ピ　コ (pico)	p	10^{12}	テ　ラ (tera)	T
10^{-15}	フェムト (femto)	f	10^{15}	ペ　タ (peta)	P
10^{-18}	ア　ト (atto)	a	10^{18}	エクサ (exa)	E
10^{-21}	ゼプト (zepto)	z	10^{21}	ゼ　タ (zetta)	Z
10^{-24}	ヨクト (yocto)	y	10^{24}	ヨ　タ (yotta)	Y

ギリシャ文字

ギリシャ文字	読み方	ギリシャ文字	読み方	ギリシャ文字	読み方
Α α	アルファ	Ι ι	イオタ	Ρ ρ	ロー
Β β	ベータ	Κ κ	カッパ	Σ σ	シグマ
Γ γ	ガンマ	Λ λ	ラムダ	Τ τ	タウ
Δ δ	デルタ	Μ μ	ミュー	Υ υ	ウプシロン
Ε ε	イプシロン	Ν ν	ニュー	Φ ϕ	ファイ
Ζ ζ	ゼータ	Ξ ξ	グザイ	Χ χ	カイ
Η η	イータ	Ο ο	オミクロン	Ψ ψ	プサイ
Θ θ	シータ	Π π	パイ	Ω ω	オメガ